甘肃省农业科学院年鉴

GANSU ACADEMY OF AGRICULTURAL SCIENCES YEARBOOK

2021

甘肃省农业科学院办公室　编

中国农业出版社
北　京

图书在版编目（CIP）数据

甘肃省农业科学院年鉴．2021／甘肃省农业科学院办公室编．—北京：中国农业出版社，2023.1
ISBN 978-7-109-30511-3

Ⅰ.①甘… Ⅱ.①甘… Ⅲ.①农业科学院－甘肃－2021－年鉴 Ⅳ.①S-242.42

中国国家版本馆CIP数据核字（2023）第039530号

甘肃省农业科学院年鉴．2021
GANSUSHENG NONGYE KEXUEYUAN NIANJIAN. 2021

中国农业出版社出版
地址：北京市朝阳区麦子店街18号楼
邮编：100125
责任编辑：程 燕
版式设计：王 晨　　责任校对：刘丽香　　责任印制：王 宏
印刷：中农印务有限公司
版次：2023年1月第1版
印次：2023年1月北京第1次印刷
发行：新华书店北京发行所
开本：889mm×1194mm 1/16
印张：17.75　　插页：16
字数：540千字
定价：190.00元

6月30日，在甘肃省“两优一先”表彰大会上，甘肃省农业科学院旱地农业研究所党总支获得“甘肃省先进基层党组织”荣誉称号。图为甘肃省委书记、省人大常委会主任尹弘同志为其颁发奖牌。

8月6日，甘肃省副省长孙雪涛莅临甘肃省农业科学院调研并主持召开现代种业发展座谈会，图为参观甘肃省农业科学院农业科技馆。

6月24—25日，国家农业绿色发展研究院院长、中国工程院张福锁院士一行来甘肃开展土壤质量调研考察，甘肃省农业科学院党委书记魏胜文陪同调研并对院属相关试验站工作进行检查指导。图为张福锁和魏胜文在张掖为中国农业大学资源与环境学院牵头、甘肃省农业科学院土壤肥料与节水农业研究所和张掖谷丰源公司共建的科技小院揭牌。

10月15日，中国农业科学院、中国工程院原副院长刘旭院士一行到甘肃省农业科学院开展甘肃省第三次全国农作物种质资源普查与收集行动工作调研。图为甘肃省农业科学院院长马忠明介绍“西北种质资源保存与创新利用中心”项目建设情况。

7月25日，全国政协委员、中国农业科学院原党组书记陈萌山一行来甘肃调研期间，甘肃省农业科学院党委书记魏胜文陪同调研，图为考察观摩甘肃省农业科学院会宁试验站。

1月13日，甘肃省科学技术厅党组书记、厅长张世荣一行莅临甘肃省农业科学院调研科技工作，图为参观农业科技馆。

1月14日，甘肃省农业科学院机关党委召开党员大会选举产生新一届机关委员会和机关纪律检查委员会。

1月21日，甘肃省农业科学院工会召开第五次会员代表大会，圆满完成换届选举工作。

2月3日，甘肃省农业科学院召开2021年工作会议。院长马忠明代表院领导班子做了题为《凝心聚力谋发展　继往开来创新局　为推进全省农业现代化提供科技支撑》的工作报告，并为新晋升的研究员颁发了聘书。

2月5日，甘肃省农业科学院开展“新春慰问送祝福，佳节真情暖人心”走访慰问活动。

3月4—10日，全国政协委员、甘肃省农业科学院院长马忠明参加全国政协十三届四次会议。

3月16日，甘肃省农业科学院召开党史学习教育动员大会，安排部署全院党史学习教育工作。

3月31日，甘肃省农业科学院召开巩固拓展脱贫攻坚成果同乡村振兴有效衔接工作会议。

4月1日，海南省农业科学院党组书记、院长周燕华一行3人来甘肃省农业科学院调研交流，图为参观农业科技馆。

4月13—14日，甘肃省农业科学院院长马忠明一行赴天津市参加由甘肃省科技厅组织的东西部协作对接工作，并代表甘肃省农业科学院与天津市农业科学院签订了科技合作框架协议。

4月16—21日，甘肃省农业科学院院长马忠明一行赴福建、海南及上海考察调研，图为与海南省农业科学院座谈。

4月27日，科学技术部国际合作司一级巡视员阮湘平一行在甘肃省科学技术厅副厅长巨有谦陪同下来甘肃省农业科学院调研，参观中以合作示范项目实施基地。

5月7日，甘肃省人民政府参事室党组书记、主任王华存带领省政府参事课题组一行来甘肃省农业科学院，就“双循环新发展格局中甘肃如何积极作为”课题进行调研座谈，并参观农产品贮藏加工研究所果酒果醋中试生产线。

5月8日，甘肃省农业科学院团委组织开展了“追寻红色记忆、践行青春使命——甘肃省农业科学院五四青年节主题活动”。

5月8日，“饲用高粱研发中心”揭牌暨合作项目签订仪式在甘肃省农业科学院科技成果孵化中心举行，图为甘肃省农业科学院院长马忠明为“饲用高粱研发中心”揭牌。

5月11日，应嘉峪关市政府邀请，甘肃省农业科学院院长马忠明一行赴嘉峪关市调研并与市政府签订科技合作框架协议。

5月13日，甘肃省党史学习教育第五巡回指导组组长王进明一行到甘肃省农业科学院就党史学习教育工作进行巡回指导。

5月20日，甘肃省脱贫攻坚总结表彰大会在兰州隆重举行，会上，甘肃省农业科学院脱贫攻坚工作协调领导小组办公室、派驻庆阳市镇原县方山乡贾山村驻村帮扶工作队荣获“全省脱贫攻坚先进集体”称号，旱地农业研究所吕军峰同志荣获“全省脱贫攻坚先进个人”称号。

5月21日，由科技部中国农村技术开发中心和甘肃省科学技术厅共同主办的“100+N”开放协同创新体系建设暨甘肃农业科技创新发展研讨会在兰州召开。甘肃省农业科学院院长马忠明参加会议并代表省属科研院所做典型发言。

6月2—3日，甘肃省农业科技创新联盟2021年工作会议在甘肃省农业科学院召开。图为与会领导为甘肃省马铃薯产业、食用百合、林果花卉种质资源三个新成立的分联盟授牌。

6月16日，“我为兰州添一抹绿”兰州市少年儿童第十二届生态道德实践活动在甘肃省农业科学院开营。

6月21—23日，由甘肃省纪委监委派驻甘肃省农业农村厅纪检监察组主办、甘肃省农业科学院纪委承办的纪检业务培训班在甘肃省农业科学院成功举办。

6月28—29日，甘肃省农业科学院院长马忠明带队赴黄羊镇和秦王川检查科研工作，图为现场检查胡麻育种项目。

6月30日，甘肃省农业科学院召开庆祝中国共产党成立100周年表彰大会。

6月30日，甘肃省农业科学院举行“光荣在党50年”纪念章颁发仪式，为党龄达50周年以上的老党员颁发纪念章。

6月30日，甘肃省农业科学院召开庆祝中国共产党成立100周年表彰大会，图为院党委书记魏胜文带领全体党员重温入党誓词。

7月1—8日，甘肃省农业科学院开展“七一”走访慰问老党员、生活困难党员和老干部活动，图为院党委书记魏胜文一行慰问张掖试验场老党员、困难党员。

6月20日，由中国农业大学国家农业绿色发展研究院主办，西北农林科技大学黄土高原土壤侵蚀与旱地农业国家重点实验室、兰州大学草地农业生态国家重点实验室、甘肃农业大学干旱生境作物学国家重点实验室、甘肃省农业科学院土壤肥料与节水农业研究所共同承办的“土壤质量提升理论与技术创新研讨会”在甘肃省农业科学院举行。

7月8日，由甘肃省人民政府主办、甘肃省农业科学院与甘肃省经济合作中心联合承办的第27届中国兰州投资贸易洽谈会现代丝路寒旱农业高质量发展论坛在兰州顺利召开。甘肃省农业科学院党委书记魏胜文、院长马忠明等领导参加论坛，马忠明院长主持会议。

7月12—14日，甘肃省农业科学院党委书记魏胜文赴甘南、临夏检查院列区域创新中心项目进展情况，图为检查畜草与绿色农业研究所承担实施的盘欧羊新品种群选育情况。

7月27—29日，甘肃省农业科学院院长马忠明带队赴武威、张掖开展科研工作检查，图为现场检查张掖试验站承担的青藏区综合试验基地（甘肃省）建设项目进展情况。

7月30日，甘肃省农业科学院召开2021年上半年科技工作情况通报会。

8月11日，第三届甘肃省农业科技成果推介会线上启动仪式在甘肃省农业科学院举行。

8月25日，由甘肃省农业科学院、中国社会科学文献出版社联合举办的《甘肃农业科技绿皮书：甘肃农业改革开放研究报告（2021）》成果发布会在甘肃兰州举行。甘肃省农业科学院党委书记魏胜文主持会议。

8月19—26日，甘肃省农业科学院院长马忠明参加全国政协开展的“加大中医药资源的发掘和保护”重点提案督办调研。

8月31日，甘肃省农业科学院召开干部会议，宣布了甘肃省人民政府、甘肃省委组织部关于樊廷录同志任甘肃省农业科学院党委委员、副院长的决定。

8月31日，甘肃省农业科学院召开十三届甘肃省委第八轮巡视第九巡视组巡视省农业科学院党委情况反馈意见整改工作会议。

9月1日，甘肃省科学院党委副书记、院长高世铭一行到甘肃省农业科学院调研交流。

9月10日，甘肃省农业科学院召开第十四次团员青年代表会议暨青年工作委员会成立会议，选举产生了第一届青年工作委员会。

9月16—18日，甘肃省农业科学院作物研究所、畜草与绿色农业研究所在东乡族自治县联合承办甘肃省小杂粮作物新品种选育与产业化示范、特色藜麦产业培育及科技扶贫模式推广现场观摩会。

9月23—29日，甘肃省农业科学院成功举办第十三届“兴农杯”职工运动会。

9月27日，山西省政协党组成员、副主席王立伟一行到甘肃省农业科学院小麦研究所清水试验站考察调研小麦种业发展情况。

10月13日，科学技术部外国专家服务司二级巡视员刘懋洲一行来甘肃省农业科学院调研引才引智工作。

10月11—14日，甘肃省农业科学院院长马忠明带领省政府决策咨询委员会“甘肃打造种业强省对策建议”课题组成员，赴酒泉市和张掖市调研玉米、瓜菜、马铃薯、油菜、中药材等种业发展。

11月23日，由科学技术部主办、甘肃省农业科学院承办的“现代旱作节水及设施农业技术国际培训班”在甘肃省农业科学院成功开班。

11月26日，十三届全国政协第57次双周协商座谈会在北京召开，全国政协委员、甘肃省农业科学院院长马忠明参加会议并发言。

12月7日，瓜州县委书记杨栋、副县长赵占龙，带领县农业农村局、县财政局及县农技中心负责人一行到甘肃省农业科学院对接科技合作事宜。

12月10日，甘肃省农业科学院召开甘肃省第三次全国农作物种质资源系统调查启动会。

12月14—16日，甘肃省农业科学院举办学习贯彻党的十九届六中全会和习近平总书记“七一”重要讲话精神研讨培训班。

12月16—18日，甘肃省农业科学院院长马忠明一行赴海南省三亚市参加“2021国际种业科学家大会”。

12月23日，甘肃省人民政府外事办公室到甘肃省农业科学院调研外事交流工作。

12月23日，宁夏农林科学院党委副书记白小军一行到甘肃省农业科学院调研种质资源库建设相关情况。

12月30日，甘肃省农业科学院举办“喜迎二十大、奋进新征程”迎新年环院健步走活动。

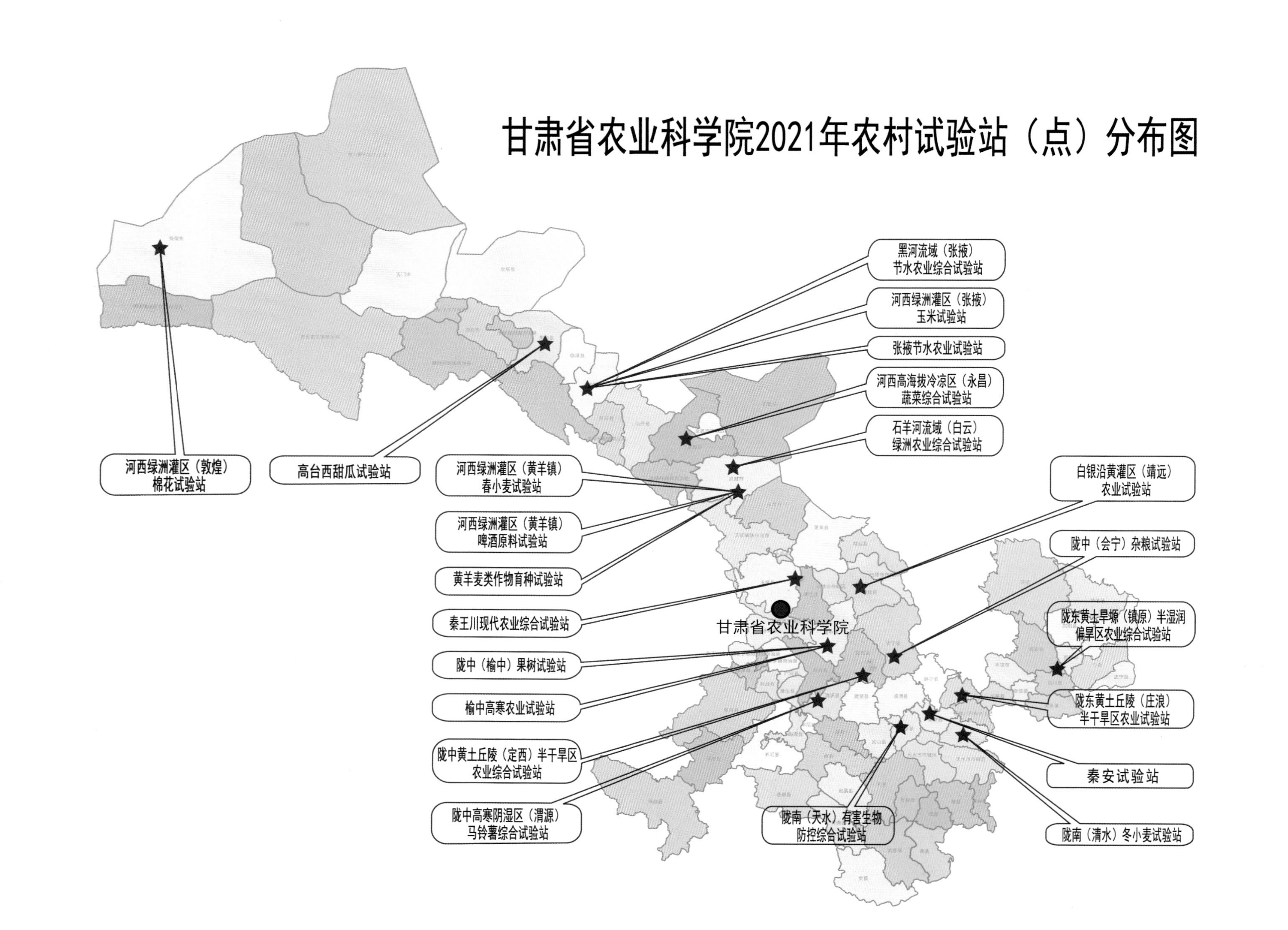
甘肃省农业科学院2021年农村试验站（点）分布图
河西绿洲灌区（敦煌）
棉花试验站
高台西甜瓜试验站
黑河流域（张掖）
节水农业综合试验站
河西绿洲灌区（张掖）
玉米试验站
张掖节水农业试验站
河西高海拔冷凉区（永昌）
蔬菜综合试验站
石羊河流域（白云）
绿洲农业综合试验站
河西绿洲灌区（黄羊镇）
春小麦试验站
河西绿洲灌区（黄羊镇）
啤酒原料试验站
黄羊麦类作物育种试验站
秦王川现代农业综合试验站
甘肃省农业科学院
陇中（榆中）果树试验站
榆中高寒农业试验站
陇中黄土丘陵（定西）半干旱区
农业综合试验站
陇中高寒阴湿区（渭源）
马铃薯综合试验站
陇南（天水）有害生物
防控综合试验站
白银沿黄灌区（靖远）
农业试验站
陇中（会宁）杂粮试验站
陇东黄土旱塬（镇原）半湿润
偏旱区农业综合试验站
陇东黄土丘陵（庄浪）
半干旱区农业试验站
秦安试验站
陇南（清水）冬小麦试验站

目　　录

一、总　　类

二、科技创新

三、乡村振兴与成果转化

四、人事人才

五、科技交流与合作

六、党的建设与纪检监察

七、咨询建议及管理服务

八、媒体报道

九、院属各单位概况

十、表彰奖励

十一、大事记

一、总　　类

概　　况

甘肃省农业科学院始建于1938年，是甘肃省唯一的综合性省级农业科研机构。2006年9月，经甘肃省人民政府批复，为省政府直属事业单位，正厅级建制，实行省财政一级预算和院（所）长负责制。建院以来共取得各类成果1 681项，其中获国家级奖励成果29项、省部级奖励成果396项、国家授权专利274项，制定国家标准、地方标准196项。

目前，内设机构有党委办公室（老干部处）、院办公室、人事处、科研管理处、财务资产管理处（基础设施建设办公室）、科技成果转化处、科技合作交流处、后勤服务中心。下属单位有作物研究所、马铃薯研究所、小麦研究所、旱地农业研究所、生物技术研究所、土壤肥料与节水农业研究所、蔬菜研究所、林果花卉研究所、植物保护研究所、农产品贮藏加工研究所、畜草与绿色农业研究所、农业质量标准与检测技术研究所、经济作物与啤酒原料研究所（加挂中药材研究所牌子）、农业经济与信息研究所等14个研究所，在张掖、武威黄羊镇、兰州市榆中县设有3个试验场（站）。设有国家绿色农业兰州研究分中心、国家大麦改良中心甘肃分中心、国家胡麻改良中心甘肃分中心、中美草地畜牧业可持续发展研究中心、国家甲级资质工程咨询中心、国家农产品加工研发果蔬分中心、国家农产品加工业预警甘肃分中心、西北农作物新品种选育国家地方联合工程研究中心、农业农村部农产品质量安全风险评估实验室、农业农村部西北作物抗旱栽培与耕作重点开放实验室、甘肃省优势农作物种子工程研究中心、甘肃省农产品贮藏加工工程技术研究中心、甘肃省旱作区水资源高效利用重点实验室、甘肃省农业废弃物资源化利用工程实验室、甘肃省无公害农药工程实验室、甘肃省中药材种质改良与质量控制工程实验室、甘肃省小麦种质创新与品种改良工程实验室、甘肃省马铃薯种质资源创新工程实验室等工程中心（实验室）和1个博士后科研工作站，有9个农业农村部野外科学观测试验站、14个现代农业产业技术体系综合试验站及20个院创新平台。

主要研究领域有农作物种质资源创新及新品种选育、主要农作物高产优质高效栽培、区域农业（旱作节水、生态环境建设）可持续发展、土壤肥料与节水农业、病虫草害灾变规律及综合控制、农业生物技术、林果花卉、农产品贮藏加工、设施农业、畜草品种改良、绿色农业、无公害农产品检验监测和现代农业发展、农业工程咨询设计等。

全院现有在职职工704人，其中硕士、博士308人，高级专业技术人才377人（含当年晋升人员）。入选国家“新世纪百千万人才工程”4人（在职3人）、国家级优秀专家3人、省优秀专家13人、省领军人才40人；

有享受国务院特殊津贴专家 38 人、省科技功臣 1 人、陇人骄子 2 人；全国专业技术人才先进集体 1 个、现代农业产业技术体系岗位科学家 12 人、综合试验站站长 14 人、农业农村部农业科研杰出人才 1 人、农业农村部农业科研创新团队 1 个、省宣传文化系统“四个一批”人才 1 人、博士生导师 6 人、硕士生导师 58 人。

盯紧目标任务　靠实工作责任
为全省农业高质量发展提供科技支撑
——在甘肃省农业科学院2022年工作会议上的报告

院长　马忠明

（2022年1月21日）

同志们：

2021年，我们亲历了党和国家历史上具有里程碑意义的大事。在“两个一百年”奋斗目标历史交汇的这一年，在开启全面建设社会主义现代化国家新征程上，我们以习近平新时代中国特色社会主义思想为指导，在省委、省政府的正确领导下，围绕全省农业农村工作总体部署，以服务全省现代农业发展和乡村全面振兴为方向，统筹新冠感染疫情防控和科技工作，团结带领全院广大职工，圆满完成了年度各项任务，实现了“十四五”发展良好开局，以实际行动向党的百年华诞献礼。

下面，我代表院领导班子向大会做工作报告。我报告的题目是《盯紧目标任务　靠实工作责任　为全省农业高质量发展提供科技支撑》。

一、2021年工作回顾

2021年，全院大力弘扬伟大建党精神，从百年党史中汲取智慧和力量，振奋精神、凝心聚力，发扬成绩、接续奋斗，以认真落实巡视反馈意见整改为契机，推动各项工作取得新成效。省农科院“十四五”发展规划制定出台，科技创新取得重要进展，产学研深度融合成效明显，人才队伍结构不断优化，平台条件建设步伐加快，交流与合作稳步推进，院所管理效能持续提升，全院对外影响力、美誉度显著提升。

全年新上项目309项，项目合同经费1.26亿元，到位经费8 100万元；国家重点研发计划项目“甘肃、宁夏优势特色产业提质增效技术集成与示范”获批立项，经费2 408万元。登记省级科技成果 63 项，获国家科学技术进步奖二等奖 1 项（协作）、神农中华农业科技奖三等奖 2 项（其中协作 1 项）、省哲学社会科学优秀成果奖二等奖 1 项。审定（登记、评价）新品种 18 个。获授权专利及计算机软件著作权 140 件、技术标准 37 件；出版专著 7 部，发表学术论文 299 篇。西北种质资源保存与创新利用中心完成主体工程。成功举办了第三届甘肃省农业科技成果推介会，隆重发布了《甘肃农业改革开放研究报告》。向省委办公厅和省政府参事室提交的 3 份咨询建议得到采纳，信息报送工作受到省委办公厅书面表扬。年初确定的各项工作指标全面完成，实现了“十四五”开门红。

下面，我从 10 个方面，回顾总结 2021 年度工作。

（一）坚持集思广益，“十四五”规划发布实施

谋篇布局，绘制“十四五”发展蓝图，是指导全院发展的一项重要工作。院里成立专门编写班子，在系统总结、深刻分析，开门问策、广泛论证的基础上，坚持“四个面向”和“农业科技自立自强”的鲜明导向，明确了“十四五”时期的发展定位和发展思路，提出实施“五大战略”、推进“五大工程”，实现“五个提升”的发展目标。同时，以任务使命清单的形式，在重点领域部署了 50 项科研任务，使之成为推进目标实现的重要抓手。

（二）坚持四个面向，科技创新取得重要进展

一是落实重大决策部署，种质创新取得显著成效。

加强种质资源收集保存。按照国家第三次农作物种质资源普查与收集工作总体部署和甘肃省具体要求，我院主动担当，完善工作机制，承接全省农作物种质资源普查与征集工作，已接受全省 83 个县（市、区）移交的2 640份种质资源，并整理移交国家种质资源库 831 份，新收集资源 1 268 份。积极配合全省“打好种业翻身仗”要求，组织全院相关研究所编制了全省种业强省科技支撑方案，凝练提出 17 个科研项目，参与编写了《振兴河西国家玉米繁育制种基地实施方案》。稳步推进平凉红牛种质保存与品种改良工作。

加快生物育种与优异种质创制。以常规育种为基础，推进生物育种方法和技术的研究应用。利用基因克隆、基因编辑、单倍体育种、分子设计育种等技术，创制了胡麻、油菜和玉米等作物优异种质，获得了抗虫和抗除草剂的转基因玉米自交系材料，筛选出优质强筋或紫色小麦、高维生素 C 马铃薯、高 α-亚麻酸胡麻、高油大豆、褐色中脉高粱、饲用青稞和高 β-葡聚糖含量青稞、富铁硒锌早熟马铃薯等优异育种材料 1 万余份。育成了优质兼抗条锈病、白粉病和叶锈病的小麦新种质。提出了作物种质资源田间抗旱性精准鉴定和表型高通量鉴定方法。建立了亚麻品种纯度和真实性分子鉴定技术，完成了亚麻指纹图谱构建技术体系。解析了甘肃地方桃资源“丁家坝李光桃”抗寒相关基因表达水平与低温逆境生理响应的关系，成功克隆出李光桃抗寒关键基因。

二是围绕产业重大需求，选育出一批重大品种（系）。

以宜机收、高值化、功能化、特色化为目标，育成高产耐密宜机收高产玉米新品种“陇单 336”，成为我院首个国审玉米品种，达到国家机械粒收玉米质量标准。小麦新品种兰天

36、陇春41、陇鉴107和陇鉴108成为支撑全省口粮安全的主推品种，兰天系列品种播种面积占全省冬小麦播种面积约40%，创陇南半吨小麦高产田。马铃薯新品系L16101—8单产突破3吨，居西北组第一位；陇薯6号干物质含量25.3%，完成国家品种登记。青贮玉米新品种陇青贮3号和4号产量高、性状好，深受养殖企业好评。高油高脂大豆新品系表现突出，陇黄1号作为李锦记酱制品专用品种建立了原料生产基地。油菜品种“陇油杂2号”机收亩产突破200公斤[①]，谷子新品种陇谷23号被评为全国一级优质米，啤酒大麦新品种2018C/102平均亩产686.03公斤，居国家区域试验首位。鲜食辣椒“陇椒11号”、西瓜新品种“陇科13号”，有望成为全省主栽品种之一。利用生物技术培育出的盘欧羊新品种，体格大，生长快，产肉性能高，是青藏高原第一个人工培育肉羊品种。

三是面向农业绿色发展，集成示范了一批重大技术模式。

以“耐密品种+生物降解膜、控释肥、延迟收获、秸秆还田”为主的旱地玉米低水分机械粒收技术模式，干旱年份创陇东旱塬吨粮田，生产成本降低20%。旱地立式深旋耕作栽培技术体系，显著提高了土壤贮水性能，马铃薯实现增产27.5%。旱地苹果化肥减施增效技术和果园绿肥改土肥田技术，化肥施用量减少35%、利用率提高13%。旱地小黑麦收后复种玉米、甜高粱饲草高效机械化种植技术，每亩鲜草产量分别达8吨和10吨。西瓜戈壁设施春茬基质袋栽培水肥优化管理方案，在灌溉定额减少30%条件下增产7%、水氮利用率提高5%。莴笋和结球生菜高质量种子生产技术，制种产量提高7.5%、种子发芽率提高到96%。板蓝根种子丸粒化、半夏优质种茎快繁、酿酒葡萄架形改造与花果精细化管理、玉米秸秆带状覆膜还田等技术，节本增效明显。研发出西甜瓜专用水溶肥产品4个，实现减肥24.5%、节水33%。

四是围绕甘味品牌建设，评价与加工技术应用成效显著。

制定14类甘肃名特优新农产品名录收集登录方案，开展了天水秦安县“秦安苹果”营养品质评价鉴定。建立了彩色马铃薯中花青素快速检测方法，形成了兰白区域多样化马铃薯品种主要营养功能指标和功能性成分名录。提出了苹果浆品质提升中益生菌混菌发酵菌株比例及发酵条件；优化了樱桃物流保鲜技术，提出了樱桃运输保鲜期、货架保鲜期及短期贮藏的技术方案。

（三）坚持质量优先，科研平台建设持续加强

一是“西北种质资源保存与创新利用中心”完成主体结构施工。截至2021年年底，墙体砌筑已完成80%以上，人防门已安装完成，地上采暖、给水、排水主管安装工程过半。资源库初步设计方案已通过初审。在基坑监测、全过程跟踪审计、电梯设备及安装、铝合金门窗材料供货、工程检测等工程环节，严格执行公开招标程序。同时，加强对施工现场常态化管理，严把进场材料质量关和施工质量关，跟踪审核，确保了施工质量和资金安全。

二是平台建设项目加快推进。国家糜子改良中心甘肃分中心、国家油料改良中心胡麻分中心、青藏区综合试验基地建设项目顺利通过省级竣工验收。2个种质资源库项目通过中期评估，2个省级重点实验室通过验收。5个农业农村部科学观测站和1个学科群实验站建设

① 公斤为非法定计量单位，1公斤等于1千克。

项目已完成绩效评估工作。果酒及小麦新产品研发平台建设完成年度合同任务。“一带一路”国际农业节水节能创新院、甘肃省数字农业工程研究中心获批建设，甘肃省智慧农业研究中心、国家农业信息化工程技术研究中心甘肃省农业信息化示范基地、智慧农业专家工作站挂牌运行。各项平台完成了各类观测监测任务、指标和上报数据的统计工作。经过积极协调，分别在瓜州县、碌曲县争取到试验站划拨用地。新一轮农业基本建设项目争取成效显著，24 项获省农业农村厅批复立项。全院新增仪器设备 82 台套，创新支撑能力有了新的提升。

（四）坚持服务生产，科技成果转移转化稳步推进

一是提升科技成果社会效益。推动科技成果走出实验室走出试验站进园区进企业，支撑地方农业产业发展。在全省不同类型区建立 45 个科技引领乡村振兴示范村（镇），推广 10 个重大品种，应用 10 项关键技术，转化 100 项先进适用成果。结合各类项目的实施，以试验站（点）等为辐射源，在全省不同生态区建立示范基地 68 个，推广面积 180 万亩①，开展培训 97 场次，培训农技人员和农民 8 840 余人次，新增效益 2.66 亿元，“陇字”号科技成果为全省现代农业发展和乡村振兴持续注入新动能。

二是加大成果宣传推介和中试熟化。以线上线下相结合的方式，成功举办“第三届甘肃省农业科技成果推介会”，发布了 20 项重大科技成果，推介展示了 100 项最新成果。线上云展馆展示成果 152 项，成果推介页面展示成果 222 项；在酒泉市农业科学研究院的线下地展，布设新品种、新技术 85 项。筛选 19 项重大科技成果，在《中国科技成果》等刊物做了重点宣传。资助成果转化总经费 500 万元。设立成果转化项目 18 项，示范优良品种 120 余亩、高效生产栽培技术 920 亩。

三是不断推进院地院企合作。继续推进跨界合作，拓展成果转移转化新渠道。充分发挥省级技术转移示范机构“领头雁”作用，与嘉峪关市政府签订科技合作协议；与郑州华丰草业科技公司签订科技合作协议并联合成立“饲用高粱研发中心”，搭建了科企合作的新平台。全院共签订成果转化合同 490 余项，合同经费 3 137 万元，到位经费 2 796 万元，净收入 2 521万元。

（五）坚持驻村帮扶，乡村振兴全面推进

一是做好脱贫攻坚与乡村振兴有效衔接。按照省委、省政府乡村振兴工作总体部署，充分发挥自身科技优势，选派 12 人组建新一轮驻村帮扶工作队 4 个，接续开展帮扶工作，确保目标不移、项目不断、人员不减、队伍不散。加强驻村工作队干部管理和资金保障，安排 100 万元专项资金，并协调解决好驻村工作中遇到的困难和问题。一年来，驻村工作队深入农户开展“两不愁三保障”问题排查，并开展防止返贫动态监测及“脱贫不稳定户、边缘易致贫户和严重困难户”户情摸底等工作，协助提升乡村治理水平，开展田间病害调查和生产技术指导，脱贫攻坚成果得到有效巩固和拓展。积极协助中组部和中国农业科学院在舟曲县的乡村振兴帮扶工作，完成了花椒产业发展规划。在全省脱贫攻坚战收官之际，省农科院多个集体和个人受到省、市及有关部门表彰奖励，镇原县委、县政府向省农科院送来感谢信，省农科院科技扶贫工作在脱贫攻坚的历史上留下了浓墨重彩的一笔。

二是持续培育壮大村级富民产业。选派

① 亩为非法定计量单位，1 亩等于 1/15 公顷。

160名“三区”科技人员到全省154个村庄，服务农户、企业、合作社及农民协会。累计创办领办企业、合作社3个，引进项目10个，建立示范基地136个，引进推广新品种新技术563个，举办技术培训300多场（次），培训农民和农技人员1.5万人（次）。在对口帮扶的4个村示范良种良法，发放良种10余吨，示范种植4 670亩，建设优质种苗15棚。通过指导撂荒地复垦、玉米青贮和改造标准化圈舍等措施，夯实了产业发展的基础。

（六）坚持引育并举，人才队伍建设不断加强

一是积极开展人才引进工作。着眼事业发展需求，首批引进博士研究生5人（其中3人正在办理相关手续）、硕士研究生1人，兰外试验站招聘本科生6人。发布2021年公开招聘公告两批次，完成第一批4名博士和1名高层次人才的面试考核；第二批7名博士、1名急需紧缺人才和13名硕士等人员公开招聘工作正在进行。

二是全力做好人才推荐培养。充分肯定人才贡献，积极拓展人才成长空间。推荐2021年中国工程院院士候选人1人，推荐各类人才工程候选人13人次。推荐1人入选省拔尖领军人才、4人入选省领军人才二层次，1名省领军人才任期考核优秀，1人被评为全国全民科学素质工作先进个人，2人获第十届甘肃青年科技奖，1人当选2021年甘肃省“最美科技工作者”。推荐23人次参加了高级研修、服务基层等活动。争取到国家级专家服务基层项目等4项，总经费160多万元。

三是努力做好人才服务。采集上报了600余名专业技术人员职称信息；经积极衔接，52名持有“陇原人才服务卡”A、B、C卡的专家，被核准在岗位结构比例外单列，为2名新引进的博士落实了住房等相关政策。全年有43人晋升了高一级职称，其中研究员17人、副研究员15人、中级职称11人，其中通过特殊人才通道晋升研究员6人、副研究员4人。完成职务职称变动及新进人员岗位设置、全院奖励性绩效工资和正常晋升薪级工资审批、工勤人员升等培训等工作。

（七）坚持标本兼治，管理服务水平不断提升

一是坚持以改促管。坚持台账管理，加大督查力度，推进省委省政府相关工作部署及全院年度工作任务按时推进、按期完成。根据省委第八轮巡视反馈意见和选人用人专项检查要求，做好巡视、检查反馈问题的整改。截至2021年年底，巡视反馈的14个方面89项具体问题已整改到位74项，专项检查反馈的6个方面14项问题已全部整改到位。着力解决报账难、报账繁和财务管理执行不统一的问题。组织开展了全院文秘人员及财务人员培训，提升了业务素质和工作效能。坚持严守红线、盘活资源、服务科研、动态管理的原则，统筹调整了院机关及研究所办公用房。

二是加强制度建设。对2005年以来制定出台的规章制度进行全面梳理，废止制度16项，修订了自然科学研究系列职称评价条件标准及合同管理、继续教育管理、基本建设项目管理等4项规章制度，制定出台了院属法人事业单位领导人员经济责任审计、奖励性绩效工资分配、重大科技成果奖励、督查督办及财务管理、预算管理、政府采购管理、国有资产管理、院级科研计划项目管理、科研项目管理、公务用车管理、公共会议室管理等方面的规章制度共12项。发布内部控制手册（试行），建立健全

长效机制，全面提升治理能力和治理水平。

三是加强综合治理。推进法制建设和平安甘肃建设，学法、用法、普法，充分发挥法律顾问作用，全面提升依法管理水平。做好疫情防控，全面落实当地政府部门防疫要求，坚持做好执勤值守、消毒消杀和核酸检测，最大限度地守护职工家属的生命健康。配合社区，组织职工家属完成核酸检测 6 轮、15 600 余人次。加强安全保卫，持续加大环境整治，进一步规范车辆出入及停放管理，不断优化美化院区环境。

四是做实民生工程。坚持以人民为中心，积极争取老旧小区改造项目，启动实施了 10 栋楼的外保温改造工程。足额清退了 17-20 号住宅楼 375 户职工集资房款余额。统筹资金近 700 万元，足额落实职工取暖费等福利待遇。入户走访，广泛听取 13、14 号楼 88 户住户的意见和需求，耐心细致做好工作，两栋楼电梯井现已全部封堵。及时维修供暖设施，保障了正常供暖。完成了创新大厦部分办公用房的保温改造和职工活动中心维修改造。新增、维修 30 套体育健身设施，安装 24 小时蔬菜销售扶贫专柜和净水供水设备。推行物业缴费便捷化，实现了银联刷卡、支付宝、微信等多种方式缴费，方便了全院职工生活。

（八）坚持开放包容，对外合作交流取得实效

一是国际合作进展良好。全年共实施国际合作类项目 13 项，引进农作物新种质 274 份，引智成果累计推广 3.7 万亩。与外国专家或国际组织举办各类视频会议 30 场次。以线上形式，首次承办科技部发展中国家“现代旱作节水及设施农业技术国际培训班”，来自亚、非、拉 17 个发展中国家的 56 位学员参加了培训。“中以友好现代农业合作项目”顺利实施，全套设备和技术进入试运行阶段。“中俄马铃薯种质创新与品种选育联合实验室”项目顺利实施，资源交换、试验示范有序开展。

二是学术交流内容丰富。成功举办第 27 届中国兰州投资贸易洽谈会“现代丝路寒旱农业高质量发展论坛”。与种业相关科研院所、企业共同发起成立了国际种业科学家联盟，1 人当选为联盟副主席。组织召开了甘肃省农业科技创新联盟 2021 年工作会议，牵头成立了马铃薯、食用百合、林果花卉种质资源等 3 个分联盟。组织参加了西北农林科技创新联盟第三届学术交流会、2021 年甘肃省学术年会及全国科普讲解大赛等活动。农科馆充分发挥科技宣传和科普教育作用，全年共接待各类科普参访团组 31 批 1 590 人次。

（九）坚持融合发展，试验场生产经营提质增效

三个试验场以建设综合性试验示范基地为目标，以强化优势产业引领、科技成果转化和科研服务保障为重点，坚持抓项目建设、所场融合、条件改善、成果转化，不断提升自我发展的能力，全年总体发展形势良好，超额完成年度目标任务。

一是优势产业培育初显成效。张掖节水农业试验站（简称张掖场）以早酥梨、苗木花卉种子种苗、玉米、酿酒高粱和高原夏菜制种为特色，齐头并进、多点开花。榆中高寒农业试验站（简称榆中场）优化花卉苗木产业结构，补齐特色蔬菜仓储保鲜短板，加快园林绿化苗木及特色林果品种示范推广，显著增加了经济效益。黄羊麦类作物育种试验站（简称黄羊场）在市场结构优化、科技成果孵化、种子繁育和科研服务等方面积极探索，效果明显。

二是所场合作纵深开展。试验场试验示范的基础条件更加完善，服务科研的后期保障能力显著提升，所场合作的内生动力充分释放。张掖场全年承担了土壤肥料与节水农业研究所等6个所、3个野外台站、9个课题组、30余名科技人员的相关研究任务。榆中场与林果花卉研究所等7个研究所建立稳定的合作关系；依托榆中场，林果花卉研究所、植物保护研究所、马铃薯研究所等3个所的7个创新团队已建设成国家级科研平台6个、省级平台6个，开展各类项目17项。黄羊场与院内5个研究所、6个团队开展合作研究11项，全年参观交流200多人次。

（十）坚持政治引领，党的领导更加坚强有力

一是坚持学思践悟，深入开展党史学习教育。紧紧围绕学史明理、学史增信、学史崇德、学史力行，系统谋划、认真组织实施党史学习教育。全院83个基层党组织、730多名党员踊跃参与，达到了学党史、悟思想、办实事、开新局的目的。院党委以上率下、带头学习，示范带动各级党组织开展集中学习300余次、专题研讨160余次。举办交流研讨会6次，党委班子成员带头讲党课21场次，组织开展“知史爱党　知史爱国”甘肃省庆祝中国共产党成立100周年“四史”宣传教育知识竞赛，召开了党史学习教育专题组织生活会。在院网站开辟党史学习教育专栏，积极协调省主流媒体刊发省农科院工作成效，上报《工作简报》24期。扎实为民办实事解难题，选派科技人员赴全省14个市（州）40多个县（区）开展科技下乡。

二是持续加强党的政治理论武装，提升政治能力。突出抓好党的十九届六中全会精神的学习，共组织召开党委专题学习会21次、党委理论学习中心组学习17次。举办了学习贯彻党的十九届六中全会和习近平总书记“七一”重要讲话精神研讨培训班，对县处级以上领导干部进行全覆盖轮训。选派8名领导干部参加了省委党校学习，39名县处级干部和19名科级干部分别参加了网络培训学习。

三是全面加强基层党组织建设，构筑坚强政治堡垒。压实各级党组织基层党建工作责任制，制定专项整治工作方案，召开党建工作推进会4次，完成党组织书记党建述职评议考核，压紧压实党组织和党组织书记抓党建政治责任。加强党支部建设标准化，从严落实“三会一课”等组织生活制度，“甘肃党建”上传率明显高于上一年度。加强党员教育管理，开展党员信教参教和涉黑涉恶问题整治工作“回头看”。新发展党员4名。旱地农业研究所被评为全省先进基层党组织，林果花卉研究所党支部被评为全省标准化先进党支部。召开庆祝建党100周年表彰大会，为50名老党员颁发了“光荣在党50年”纪念章，评选表彰了45名优秀共产党员、16名优秀党务工作者和15个先进基层党组织。

四是加强领导班子配备和干部育选管用，锻造过硬干部队伍。制定出台院管领导人员管理、考核、因私出国（境）等办法和档案管理办法以及院管领导班子考核办法。完成了25名县处级领导人员和1名院管科级人员试用期满考核、院管领导班子和领导人员年度工作和政治素质考核。轮岗交流县处级领导人员1名，提拔使用试验站（场）干部9名。举办县处级以上领导人员个人有关事项报告专题培训，深入开展领导干部因私出国（境）专项整治。

五是坚持全面从严治党，坚定不移推进党风廉政建设。加强廉政教育，学习贯彻落实纪

检监察工作部署，为院管领导和纪检干部上廉政党课 10 多次。坚持政治监督引领地位，紧扣“两个维护”，建立监督责任清单 21 条；以“六个一”活动为抓手，督促领导干部履行主体责任、第一责任和“一岗双责”；召开深化全面从严治党工作会议，与 29 个院属单位签订责任书。做实做细日常监督，坚持“严”的主基调，紧盯重点关键，加强对落实民主集中制、“三重一大”和“三不一末”的监督，加强对领导干部特别是“一把手”的监督；依规依纪处置巡视移交的 44 个问题后，发放纪检建议 6 份、工作提示 2 份，告诫提醒约谈 13 个单位；实现约谈全覆盖，层层传导压力，全院各级领导共约谈 1 000 多人次；上报监督情况 55 条、监督检查报告 16 份，做到了月月“有数据、见台账”；会同驻省农业农村厅纪检监察组对廉政责任书的落实、巡视巡察整改、违反中央八项规定精神自查自纠等进行考核督查，重点抽查 12 个单位；处置问题线索 50 多个，给予 2 人党纪、政务处分，2 人诫勉谈话。精准实施专项监督，年初年末 2 次督查巡察整改，7 个被巡察单位整改满意度达 93%以上；制定出台经济责任审计办法，委托第三方完成 10 个单位 22 名领导人员任中任期现场审计；按照“四个不放过”要求，督促 104 个问题的整改落实。持之以恒加强作风建设，立足实际梳理 7 个方面 34 个违反中央八项规定精神问题清单；紧盯 6 个督办问题，督促院属单位自查自纠问题 30 个；紧盯重要节点，提醒、教育和引导党员干部职工增强纪律规矩意识。

六是坚守意识形态主阵地，做好宣传思想工作。坚持党管宣传、党管意识形态，制定意识形态工作责任清单，加强宣传员队伍管理和思想政治宣传，严格院网站和微信公众号信息发布审核程序，同步抓好内部宣传与对外宣传，全年上传各类新闻信息近 500 条，在各大新闻媒体刊登、播放省农科院新闻报道 200 余篇（条）。加强先进典型宣传，推荐 1 人入选 2021 年“感动甘肃・陇人骄子”候选人。深入开展普法教育，全院职工参加了学法考试。大力推进精神文明建设，组织开展道德讲堂活动，完成了省级文明单位复查。

七是加强统战群团和老干部工作，凝聚强大发展合力。扎实开展党外知识分子思想政治工作和无党派代表人士队伍建设调研，召开统战工作座谈会，引导民主党派和党外知识分子不忘合作初心、勇担时代使命。举办第十三届“兴农杯”职工运动会，开展“半边天，在奋斗中绽放风采”先进女职工事迹分享会以及“一封家书”征文活动。完成院团委换届选举，成立院青年工作委员会。落实老干部“两项待遇”，支持老科协农科分校发挥作用，办好老年大学农科分校，鼓励退休人员发挥余热，汇聚了发展的合力。

同志们，过去一年取得的成绩来之不易、成之惟艰。这些成绩的取得，是省委、省政府正确领导和省直部门关心指导的结果，是全院广大职工无私奉献、顽强拼搏的结果，也是职工家属、离退休老同志和社会各界大力支持的结果。在此，我代表院领导班子，向大家表示衷心的感谢，并致以崇高的敬意！

在看到成绩的同时，我们也清醒地看到，工作中还存在一些明显的短板和突出的问题。一是支撑全省农业产业发展的能力和水平有待进一步提高，一些重点领域依然存在技术空白和研究真空。二是重大突破性成果和原创性技术少，协同创新不够，对外学术影响力有待进一步提升。三是高层次人才引进难、留住难的问题依然严峻，人才队伍断层与拔尖领军人才缺乏并存。四是体制机制改革力度不大，科技资源配置不优，创新活力激发不够，对科技人员赋权试点工作进展缓慢。五是科研仪器设备共享利用率低，实验室规范管理仍需加强。六是管理服务工作还不完全到位，制度不健全和执行不到位的问题依然存在。

这些问题，需要在今后工作中予以高度重视，并认真研究加以解决。

二、2022 年工作安排

工作思路及目标：以习近平新时代中国特色社会主义思想为指导，深入贯彻落实中共十九大及十九届历次全会精神，中央经济工作和农业工作会精神，按照省委、省政府决策部署，立足新发展阶段，贯彻新发展理念，构建新发展格局，推动农业高质量发展。胸怀“国之大者”，加强党建引领，统筹学科、人才、平台、基地和项目，加快推进全院农业科技自立自强，稳步推进科技成果转移转化，努力提升对全省现代农业发展和乡村振兴的支撑能力。力争全年新上项目合同经费稳定在 1.2 亿元以上，到位经费达到 9 000 万元。

重点推进八项任务：

（一）着眼生产重大需求，做好项目争取和成果谋划

落实“藏粮于地、藏粮于技”战略，全力以赴“保供给、破要害”，积极应对科技计划改革的重大需求，统筹协调、整合资源，积极对接国家及省层面项目计划与政策导向，加强沟通衔接，确保项目申报取得实效。争取主持 1～2 项科技部省部联动项目和 2～3 个课题，争取国家基金 15 项，科研基础条件建设 1～2 项。基于已有工作基础，积极申报国家科技进步奖和神农中华农业科技奖及省科技进步奖一等奖。

（二）着眼重大决策部署，实施“五大”科技行动

按照中央稳粮保供总体要求，落实“主产区、主销区、产销平衡区都要保面积、保产量”的要求，扭住种子和耕地两个要害强基础，加大攻关力度，完成“确保产销平衡区粮食基本自给”的目标，以高质量科技供给支撑农业高质量发展。

一是种业强省建设，实施“强种”科技行动。积极落实“打好种业翻身仗”战略，围绕全省种业振兴五大行动，持续推进种质资源整理与种质信息鉴定、挖掘和评价工作，完善种质资源信息共享服务平台。稳步推进基因克隆、基因编辑、倍性育种、种质资源高通量鉴定等技术的应用，创制一批优质种质及育种材料，提高育种效率。加快以玉米、马铃薯、小麦、油料、牛羊、蔬菜等作物新品种选育，力争在玉米机械粒收和高产青贮性状改良及品种选育、高淀粉和早熟马铃薯品种选育、机械收获油菜和胡麻品种选育、强筋和功能性小麦选育、高油高脂大豆品种选育等方面取得突破；加快平凉红牛地方种质保纯及品种改良及繁育、藏羊新品种选育及推广。积极对接省政府《振兴河西国家玉米繁育制种基地实施方案》，组织力量开展玉米种源科技攻关与品种选育、高质量种子生产等关键技术攻关。

二是围绕农田变良田，实施“沃田”科技行动。重点解决“耕地要害问题”，让更多农田变良田。集聚全院农业资源环境、作物、农机等学科领域，组织开展“秸秆还田、土壤改良、生物固氮、有机培肥、养分管理、污染防控、水肥一体化、盐碱地高效利用、旱作节水、农机装备”十大核心技术攻关。围绕全省六大产业需求，组织实施机械化秸秆还田、种

养循环与增施有机肥、旱作适水改土丰产增效、果园绿肥改土肥田、抗盐碱植物筛选与应用等沃田行动；配合高标准农田建设，加快环保型肥料、土壤结构调理剂、生物炭、微生物肥料、深松改土等产品与技术应用。积极参与全国土壤普查，充分发挥省农科院国家农业科学试验站的功能，优化完善耕地质量联网观测、土壤肥力长期定位监测等，构建高效协同的观测监测体系。

三是围绕全省粮油安全，实施稳产保供科技行动。根据甘肃省粮食和油料生产现状及重大需求，发挥全院种植业领域的学科优势及科研工作积淀，着力玉米、小麦、马铃薯、胡麻和油菜、大豆产量与效益，组织实施粮油丰产增效工程。在粮食和油料生产功能区，以经营主体为依托，推进抗逆丰产宜机收品种及全程机械化技术的集成应用。重点实施旱地马铃薯“双增三百”、旱地玉米“双增二百”、小麦“双增一百”、油料提质增收的粮油丰产增效行动，开发功能产品，延长粮油加工链，在适宜区示范大豆玉米复合种植技术模式。

四是围绕农业绿色生产，实施产品开发科技行动。围绕肥料、地膜、秸秆、农药、畜禽粪便等安全高效利用，重点筛选绿色饲料添加投入品、控释肥、生物降解膜、生物农药、土壤改良剂和微生物菌剂等新产品，集成示范水肥药膜绿色减量增效、秸秆饲料化、畜禽粪便无害化和尾菜资源化处理等关键技术与装备，引领农业绿色发展。加强与企业合作，筛选主要作物水肥一体化智能设备、农药高效施用设备、残膜回收机、作物低损收获机、果园高效作业机等；引进筛选蔬菜和中药材集约化育苗、低成本轻简化作业机械，提升主要农作物和果树机械化水平。加强作物营养强化产品筛选与应用，开展农产品品质与营养评价、低碳减污加工贮运、个性化营养功能性食品加工等技术与产品研发，积极对接企业，进一步丰富“甘味”农产品的内涵。

五是围绕“一县一业”，实施乡村振兴科技支撑行动。“精准确定监测对象，将有返贫致贫风险和突发严重困难的农户纳入监测范围”，持续巩固脱贫攻坚成效。以综合性农村试验站和重大项目为依托，在瓜菜、食用菌、果树、中药材、种业等主产区，围绕“一县一业”“一村一品”，构建多模式跨学科一体化的科技支撑示范样板，形成一批支撑引领乡村振兴的综合试验站与基地。以科技部“100＋N”协调创新体系为平台，以院区域创新项目为抓手，推进国家现代农业产业技术体系、省农业科技创新联盟服务于省农业科技园区、地方龙头企业和种业园区，加快形成“企业出题出资、科研机构答卷、企业阅卷、专家售后服务”的新机制，推动科技成果走出去，实现科企深度融合。按照农业农村部要求，整合全院马铃薯领域科技资源，推进定西市安定区现代农业先行示范县建设。加强调查研究和咨询服务，为乡村全面振兴提供智库支撑。

（三）着眼优化科研设施平台布局，完成“西北种质资源保存与创新利用中心”建设任务

围绕打造全院农业科技战略支撑力量为核心，统筹院内试验基地和试验场（站）资源，推动设施平台整体化、实体化、集约化建设，推进种质资源大楼、种质资源库（圃）、野外站、试验场、实验室等标准化、专业化、开放化运行。集全院力量，多方争取资金投入，全面完成“西北种质资源保存与创新利用中心”建设任务，完成仪器设备采购、安装及配套工程建设。全面完成在建的5个国家农业科学观

测实验站和1个农业农村部西北特色油料作物科学观测实验站建设任务。积极争取国家农业科学试验站、现代种业提升工程、植物保护能力提升工程等项目落地建设。主动与省业务主管部门衔接，申报相关领域重点实验室、农作物DUS测试中心、农作物种质资源鉴定圃等基础平台。推进瓜州试验站土地划拨和规划工作。加强实验室管理制度体系建设与仪器设备管理办法，发挥实验室支撑科技创新的主体功能，提升仪器设备使用效率。

（四）着眼人才精准引育，打造新时期科技创新人才体系

加强政策争取力度，不断完善配套措施，优化工作机制，营造人才成长成才和干事创业的良好环境。一是启动人才工程，在人才培育上有新举措。全面启动实施陇原农科英才培育工程，制定拔尖人才、领军人才、杰出青年、卓越人才、精英人才、柔性引才、全员能力提升等7项计划。探索实施“人才＋项目”“人才＋平台”“人才＋团队”“人才＋基地”“人才＋产业”等培养方式的组合使用。二是完善人事制度，在管理机制上有新探索。完成外聘人员、离岗创业人员、专业技术内部等级岗位晋升、继续教育、博士后科研工作站、高级专业技术人员考核和人事档案管理等制度机制建设。三是坚持点面结合，在破解难题上有新突破。持续做好试验场转制落实工作和编制调整理顺工作，为试验场规范管理奠定基础。

（五）着眼科企科产融合发展，提升转化平台水平和效益

一是创新成果转化机制。理顺成果转化激励管理制度和程序，激活科研人员科技创新动力和成果转化活力，发挥试点单位的作用，不断总结改革经验和创新成果转化模式。完善科技成果转化管理办法、科技成果转化贡献奖奖励暂行办法，出台科技成果评价办法、赋予科研人员职务科技成果所有权或长期使用权的办法。加快科技成果中试熟化，推动科技创新与产业发展深度融合，提高科技成果经济效益。以主动出击与以我为主相结合，创新性地加大成果推介宣传力度。筛选一批区域需求的硬成果，与政府部门、相关企业、农业合作社及生产大户进行对接宣传，促进转化应用。与农业龙头企业开展深度合作，建设产业研究院和研发中心2～3个。

二是创新成果转化平台管理。开展科技成果孵化中心开发建设，提升院科技成果孵化中心管理服务水平，将其建设成为集农业高新产业、智慧农业、服务咨询为一体的科技型市场，增强吸引力。继续推动院西区“甘肃省农业科技成果转移转化中心”和院“科技成果转化网络平台”建设。加强科技成果转化项目评审和管理，支持开展科技成果研发、中试、熟化和产业化。加强成果转化项目凝练、申报和实施，提升科技成果转化项目“撬动”作用，熟化全院科技成果，提升创新性、成熟性、先进性，推动科技成果的产业化和高质量转化。

（六）着眼发展新动能，不断拓展合作交流路径

一是全面落实合作研究任务。积极克服各种不确定因素的不利影响，探索合作交流新模式，全方位开展国内外合作与交流。依托原有项目和平台，积极巩固与荷兰、美国、加拿大、法国等在优势领域的合作研究。巩固“中以”合作基础，联合申报国际合作项目，定期开展线上技术交流和人员培训，加强技术交流和智力引进。不断加强与联合国粮食及农业组织、国际玉米小麦改良中心、国际马铃薯研究中心等国际农业组织的合作，进一步落实与联合国粮农组织合作内容，完成合作协议签署。拓展中俄马铃薯合作项目成果，稳步开拓与“一带一路”沿线国家合作。加强与甘肃省气象局等中央在甘单位合作，建立科研平台，共享科研资源。配合中国工程院，积极承办好中国工程院农学部院士甘肃行活动。

二是稳步开展农业技术和产品输出。积极探索省农科院农作物新品种、旱地节水农业、马铃薯脱毒种薯繁殖、寒旱果蔬高质高效生产、中药材、农作物专用肥、果蔬加工与储藏等优势农业科技向国外输出的途径与机制，有效服务发展中国家农业提档升级。重点围绕丝路寒旱农业，以“丝绸之路经济带”沿线国家为重点，积极申报俄语类援外培训班。

（七）着眼“放管服”改革，深化体制机制创新

以规范制度和提高制度执行力、激发释放创新活力为重点，深化“放管服”改革。一是坚持人民至上，统筹推进人事管理、财务管理、科研管理、成果转化、对外交流等协调改革，去除“官本位”，提高服务水平，强化部门协同、整体联动、数据共享、材料互认，推行限时办结制。重视做好民生改善，大力推进电梯加装、治安消防、便民服务以及环境整治。二是立足院列科研项目申报验收和财务报销等具体环节，按照有关规定及办法，简化财务预算科目，改革院列中青年基金项目验收机制，推出一批网上办、“零跑腿”服务事项清单和“只跑一次”事项清单，实现高效便捷化办理。改革会议费审批程序，下放学术会议费等审批权限。坚持放管结合，加强制度执行的监督与查办力度，针对间接经费计提等突出问题，加大督查督办。三是优化和调整院列项目支持机制，紧扣全院“十四五”重点任务，在生物育种、重大产业需求攻关、服务生产主战场、产业重大基础问题等方面，统筹设计一批项目、稳定支持一批项目、择优支持一批项目。探索推进任务牵引制、首席挂帅制，围绕产业链谋划创新链。四是稳定科技创新团队，健全成果转化队伍，形成供给与转化的“双核”驱动发展。鼓励多劳多得，基于不同岗位的不同贡献，合理确定奖励性绩效分配方案，激发科技创新的活力和成果转化的动力。五是理顺管理机制，进一步调动试验场主观能动性，加快改革发展步伐。要一手抓合作、促创新基地职能发挥，一手抓项目、促产业结构优化布局，不断增加试验场发展的活力和职工收入水平。

（八）着眼“巡视整改后半篇文章”，全面加强党的建设

以落实省委巡视整改要求为契机，全面加强党的建设，做好巡视整改后半篇文章，推进党建与科技创新融合发展。巩固深化党史学习教育成果，建立健全党史学习教育常态化、长效化制度，持续抓好党史学习和“为民办实事”实践活动。突出抓好党的十九届六中全会精神的学习贯彻，引导党员干部奋进新征程、建功新时代。严格遵守党的政治纪律和政治规矩，做好党的二十大代表酝酿推荐和省第十四次党代会代表推荐选举工作。进一步加强领导班子和干部队伍建设，完成院管领导班子和领导人员考核。扎实做好宣传工作，旗帜鲜明抓好意识形态工作，筑牢意识形态主阵地。围绕党史主题主线、主流本质抓好思想政治宣传引领，聚焦科研中心工作加强对外宣传、发出农科声音。不断加强统战群团工作，强化对各民主党派和党外知识分子的政治引领，指导知联

会发挥作用，全面落实党委联系服务专家制度；充分发挥群团组织作用，举办文化艺术节，开展青年工作品牌创建活动，突出“三项建设”，落实“两个待遇”，抓好老干部工作。

三、做好2022年工作的几点要求

（一）积极担当作为，对接落实“十四五”工作任务

2022年是全院“十四五”发展规划的全面推进之年。各单位、各部门要深刻理解“十四五”发展面临的形势和挑战，增强促进高质量发展的责任感、使命感，快速响应、积极行动，对标全院“十四五”发展规划确定的目标任务，找准自身定位，主动认领工作任务。各研究所要根据全院发展规划，落实任务、落实责任、落实要求，把承担发展的主体责任体现到推进工作任务上。职能部门要组织开展重点任务分解，为实现奋斗目标打好基础；要及时研究解决重点工作任务推进中遇到的共性问题，发挥好统筹协调职能；要依据规划要求，做好相应的资源调配、机制创新、制度完善，形成以重点工作任务为牵引的工作机制。上半年前，将组织开展“十四五”发展规划重点工作任务对接会，全面落实既定任务，明确责任主体。

（二）优化科技资源，不断提升科技创新水平

一要持续抓好学科建设。各研究所要进一步凝练学科方向，有所为有所不为，突出优势和特色，凸显服务产业发展的责任担当。要聚焦科技创新的重点领域，持续优化科技资源配置，为“十四五”时期科技事业发展奠定基础。要举好创新的“指挥棒”，纠正跟着项目跑的倾向，为长远发展积蓄能量。二要创新科研管理。坚持科研项目合同目标管理与过程管理相结合，既要给予课题负责人和科技人员充分的科研自主权，又要防范项目执行中的苗头性问题，为科研活动划好边界。要在院列项目的评审中稳步扩大“揭榜挂帅”的比重，有力有序推进创新攻关中“谁有本事谁上”的体制机制，强化解决问题成效的衡量标准。三要加强资源统筹。加强院内研究所之间的联合，促进学术交流，培育重大科技成果，形成具有“甘肃农科院”标志的成果，提升学术影响力。要通盘谋划试验基地、科学观测站建设，统筹做好实验室大型仪器设备购置和管理，提升支撑创新的能力。

（三）主动履职尽责，提高研究解决问题能力

一要增强工作的预见性。职能部门要积极谋划工作，及时跟进学习国家政策法规，熟悉上级主管部门工作要求，结合全院实际情况，提出富有预见性的工作方案，不断增强工作的主动性。要根据全年工作总体安排和阶段性重点工作，及早谋划好人才引进、资金预算、院列项目下达等工作，为各项任务落实创造有利条件。二要增强工作的系统性。各单位各部门要经常性地开展调研，立足当下、着眼长远，制定切实可行的工作方案。不仅要善于发现问题，梳理问题，更要善于研究问题，解决问题；不仅要解决好表面的问题、当下的问题，更要解决好本质的问题、长远的问题。要把对工作的系统谋划与分步实施有机结合起来，进一步增强职能部门之间的联合与协作，促进信息互通，加强工作交流，加大会商沟通，提升服务基层、服务科研的效能。三要增强工作的连续性。坚持“一张蓝图绘到底”，紧盯工作目标，安排部署工作任务，完善配套措施，把

认准的事情一抓到底。职能部门要做到事前有调研分析，事中有研究论证，事后有跟踪检查，确保工作抓出成效。要处理好“十四五”总体工作与年度工作的关系、当前与长远的关系，分阶段、分步骤地推进工作。

（四）弘扬科研作风，培育良好科研生态

一要持续强化科研作风建设。要以塑形铸魂科学家精神为抓手，积极营造良好科研生态和舆论氛围。大力弘扬新时代“农科精神”，发挥示范带动作用，把广大科技工作者的家国情怀、担当作风、奉献精神转化为科技创新的不竭动力。二要推进科研诚信建设。认真落实中共中央办公厅、国务院办公厅《关于进一步加强科研诚信建设的若干意见》，切实加强科研诚信道德教育，坚持预防和惩治并举，坚持自律和监督并重，坚持无禁区、全覆盖、零容忍，推进科研诚信建设制度化。严肃查处违背科研诚信要求的行为，探索对科研活动全流程诚信管理的具体措施。三要倡导创新文化建设。在全院营造鼓励大胆创新、勇于创新、包容创新的良好氛围，“坚持用创新文化激发创新精神、推动创新实践、激励创新事业”，让创新在全院蔚然成风。要让老一辈农业科技工作者身上的蹲点精神、“老黄牛”精神、“传帮带”精神继续闪耀光芒，让向上向好的舆论氛围，成为促进科技事业健康发展的强大精神动力。

（五）营造发展环境，汇聚奋进合力

一要积极对上汇报沟通。要关注省委、省政府对“三农”工作的重大部署，增强为省委、省政府出谋划策的自觉性，以《智库要报》等有效形式，积极发声，主动建言。职能部门要做好向省委、省政府和主管部门经常性的工作汇报，及时反映政策执行过程中遇到的问题和意见建议，为全院发展争取更好的外部环境。二要广泛荟萃明智民意。践行以人民为中心的理念，把听取职工群众意见建议作为改进工作的重要方法。要拓展听取职工群众意见建议的反馈渠道，善于让大家打开心扉说真话。要切实解决好职工群众关心的事，及时回应职工关切，做实做好民生工程。三要大力调动积极因素。不断丰富学术交流活动，营造求实创新、开放包容的学术文化。汇聚全院发展的强大正能量，发挥好院里推选的人大代表、政协委员职能，积极为全院事业发展和职工生活建言献策。四要创造工作生活新环境。要着眼科技事业发展的新要求和职工对美好生活的新期盼，不断改进提升安全保卫、后勤管理工作，为全院职工愉快工作、幸福生活创造良好环境。五要全力抓好疫情防控工作。持续做好疫情防控宣传，落实属地化管理的相关要求。结合科研工作季节性特征，统筹做好执勤、消杀、应急处置等各环节工作，做好常态化防控。创新工作机制，完善预案，健全党员先锋岗、志愿者等参与值班执勤的长效机制，切实为科研工作开展和职工生活提供保障。

同志们！新的一年，带给我们新的希望，也给予我们新的挑战。希望新时代全院的科技工作者们，以“不负历史、不负时代、不负人民”的使命感，胸怀理想、肩负使命，心系人民、脚踏实地，逐梦新时代、勇攀新高峰，在全院“十四五”发展中留下坚实的脚印，为富民兴陇做出更大的贡献！以优异成绩迎接中共二十大和省委十四次党代会召开。

最后，在新春佳节来临之际，祝全院职工及家属新春愉快、身体健康、和合如意！

谢谢大家！

2021年甘肃省农业科学院领导班子成员及分工

院领导班子成员

院党委书记：魏胜文

院　　长：马忠明

院党委委员、副院长：李敏权

院党委委员、副院长：贺春贵

院党委委员、副院长：宗瑞谦

院党委委员、纪委书记：陈　静

院党委委员、副院长：樊廷录

院领导班子成员分工

魏胜文：主持党委全面工作，负责组织、干部、群团工作。分管党委办公室、院工会、院团委。

马忠明：主持行政全面工作，负责审计方面工作。分管院办公室。

李敏权：负责人才、人事、老干部工作，分管人事处。联系马铃薯研究所、生物技术研究所、蔬菜研究所、植物保护研究所、农产品贮藏加工研究所、经济作物与啤酒原料研究所（中药材研究所）。

贺春贵：任职期间负责统战、扶贫开发与乡村振兴、企业改革、成果转化工作，分管成果转化处。联系作物研究所、小麦研究所、土壤肥料与节水农业研究所、畜草与绿色农业研究所（农业质量标准与检测技术研究所）、甘肃绿星农业科技有限责任公司（注：2021年12月，接中共甘肃省委组织部组任字〔2021〕479号文件通知，免去贺春贵同志甘肃省农业科学院党委委员职务；接甘肃省人民政府甘政任字〔2021〕49号文件通知，免去贺春贵同志甘肃省农业科学院副院长职务，退休）。

宗瑞谦：负责宣传、财务资产管理、基础设施建设、综合治理、后勤服务工作，分管财务资产管理处（基础设施建设办公室）、后勤服务中心。联系旱地农业研究所、林果花卉研究所、农业经济与信息研究所、张掖试验场（张掖节水农业试验站）、榆中试验场（榆中高寒农业试验站）、黄羊试验场（黄羊麦类作物育种试验站）。

陈　静：负责纪委全面工作，分管纪委、监察室。

樊廷录：负责科研、科技合作交流工作，分管科研管理处、科技合作交流处［注：2021年9月，接中共甘肃省委组织部组任字〔2021〕267号文件通知，樊廷录同志任甘肃省农业科学院党委委员；接甘肃省人民政府甘政任字〔2021〕34号文件通知，樊廷录同志任甘肃省农业科学院副院长（试用期一年）］。

（此分工经院党委会议2021年9月3日研究确定）

院党委

院党委第一届委员会委员

书　记：魏胜文

委　员：魏胜文　李敏权　贺春贵
宗瑞谦　陈　静　汪建国

院纪委

院纪委第一届委员会委员

书　记：陈　静

副书记：程志斌

委　员：陈　静　程志斌　胡新元
刘元寿　马心科

组织机构及领导成员

职能部门

院办公室

主　任：胡新元

副主任：张开乾（正处级）

党委办公室（老干部处）

主　任：汪建国

副主任：王季庆（正处级）　蒲海泉

　　　　王　来

老干部处处长：王季庆（兼）

副处长：蒲海泉（兼）

纪律检查委员会（监察室）

副书记：程志斌

监察室主任：程志斌（兼）

监察室副主任：高育锋

人事处

处　长：马心科

副处长：葛强组

科研管理处

处　长：杨天育

副处长：展宗冰

财务资产管理处（基础设施建设办公室）

处　长：刘元寿

副处长：马　彦（正处级）　王晓华

基建办主任：马　彦（兼）

副主任：王晓华（兼）

科技成果转化处

副处长：田　斌（正处级）　张朝巍

科技合作交流处

处　长：王　敏

副处长：张礼军

党群组织

院工会

主　席：汪建国（兼）

常务副主席：王　方（正处级）

院机关党委

书　记：汪建国（兼）

副书记、纪委书记：张有元（正处级）

院青工委

主　任：王　来（兼）

副主任：郭家玮（兼）

院团委

书　记：郭家玮

副书记：陈文越

院党外知识分子联谊会

会　长：马忠明

副会长：马　明　颉敏华

秘书长：窦晓利

中国民主同盟甘肃省农业科学院支部

主任委员：杨晓明

副主任委员：高彦萍

九三学社甘肃省农业科学院支社

主任委员：李宽莹

副主任委员：包奇军

中国民主促进会甘肃省农业科学院支部

主任委员：鲁清林

院属单位

作物研究所

党总支书记、副所长：张建平

副所长：董孔军

小麦研究所

副所长：曹世勤　柳　娜

马铃薯研究所

所　长：吕和平

党总支书记、副所长：文国宏

旱地农业研究所

所　长：张绪成

党总支书记、副所长：乔小林

副所长：李尚中　陈光荣

生物技术研究所

所　长：陈玉梁

党总支书记、副所长：崔明九

土壤肥料与节水农业研究所

所　长：汤　莹

党总支副书记、副所长：郭天海

副所长：杨思存

蔬菜研究所

所　长：侯　栋

党总支书记、副所长：常　涛

副所长：张玉鑫　王佐伟

林果花卉研究所

所　长：王　鸿

党总支书记、副所长：王卫成

植物保护研究所

所　长：郭致杰

党总支副书记、副所长：刘永刚

副所长：于良祖

农产品贮藏加工研究所

党总支书记、副所长：胡生海

副所长：颉敏华　李国锋

畜草与绿色农业研究所（农业质量标准与检测技术研究所）

所　长：马学军

党总支书记、副所长：白　滨

党总支副书记、副所长：杨富海(正处级)
谢志军

经济作物与啤酒原料研究所（中药材研究所）

所　长：王国祥

党总支副书记、副所长：边金霞

农业经济与信息研究所

党总支书记、副所长：陈文杰

副所长：王志伟　张东伟　马丽荣

后勤服务中心

党总支书记、主任：李林辉

党总支副书记、副主任：张国和

副主任：王建成

张掖节水农业试验站（场）

党委书记、站（场）长：鞠　琪(正科级)

党委副书记、纪委书记、副站（场）长：蔡子文（正科级）

党委委员、副站（场）长：赵泽普（正科级）、李长亮（副科级）

工会主席：王兆杰（副处级）

榆中高寒农业试验站（场）

党总支书记、站（场）长：李国权（正科级）

副站（场）长：蒋恒（正科级）

党总支委员、副站（场）长：裴希谦（正

科级）

工会主席：张世明（副处级）

黄羊麦类作物育种试验站（场）

党支部书记、站（场）长：杜明进（正科级）

党支部委员、副站（场）长：郭开唐（正科级）

甘肃绿星农业科技有限责任公司

经理、党支部书记：田　斌（兼）

（注：以上信息以 2021 年 12 年 31 日为准）

人大、政府、政协、民主党派及党外知识分子联谊会任职情况

政协第十三届全国委员会委员　马忠明

政协甘肃省第十二届委员会常务委员　吴建平

政协甘肃省第十二届委员会委员　马　明　王兰兰

兰州市安宁区十八届人大代表　李敏权

兰州市安宁区十九届人大代表　宗瑞谦

政协兰州市安宁区第九届委员会常委　杜　惠

政协兰州市安宁区第九届委员会委员　颉敏华

甘肃省人民政府参事　鲁清林

省党外知识分子联谊会常务理事　马忠明

中国民主同盟甘肃省第十四届委员会委员　杨晓明

九三学社甘肃省第八届委员会委员　李宽莹

中国民主促进会甘肃省第八届委员会委员　鲁清林

甘肃欧美同学会会长　吴建平

甘肃欧美同学会常务理事　王　鸿

议事机构

深入开展作风建设年活动集中整治形式主义官僚主义领导小组

组　长：魏胜文　马忠明

副组长：李敏权　贺春贵　宗瑞谦
陈　静（常务）　樊廷录

成　员：汪建国　胡新元　程志斌
马心科　杨天育　刘元寿
马　彦　王晓巍　王　敏
李林辉

领导小组办公室设在院纪委，程志斌同志兼任办公室主任。

新型冠状病毒感染的肺炎疫情防控工作领导小组

组　长：魏胜文　马忠明

副组长：李敏权　贺春贵　宗瑞谦（常务）
陈　静　樊廷录

成　员：汪建国　胡新元　程志斌
马心科　杨天育　刘元寿
马　彦　王晓巍　王　敏
李林辉　张建平　曹世勤
吕和平　张绪成　陈玉梁
汤　莹　侯　栋　王　鸿
郭致杰　胡生海　马学军
白　滨　王国祥　王志伟
田　斌　鞠　琪　李国权
杜明进

办公室设在后勤服务中心，李林辉兼任办公室主任，张开乾、王来、张国和、王建成同志为副主任。

成果转化领导小组

组　长：马忠明　魏胜文

副组长：李敏权　贺春贵（常务）
宗瑞谦　陈　静　樊廷录

成　员：汪建国　胡新元　程志斌
马心科　杨天育　刘元寿
王晓巍　王　敏　马　彦
李林辉　张建平　曹世勤
吕和平　张绪成　陈玉梁
汤　莹　侯　栋　王　鸿
郭致杰　胡生海　马学军
白　滨　王国祥　王志伟
田　斌　鞠　琪　李国权
杜明进

领导小组办公室设在成果转化处，王晓巍同志兼任办公室主任。

精神文明建设工作领导小组

组　长： 魏胜文

副组长： 宗瑞谦　汪建国

成　员： 胡新元　程志斌　马心科　杨天育　刘元寿　王晓巍　王　敏　马　彦　李林辉　王　来　张建平　曹世勤　文国宏　乔小林　崔明九　郭天海　常　涛　王卫成　刘永刚　胡生海　谢志军　杨富海　边金霞　陈文杰　鞠　琪　李国权　杜明进

领导小组办公室设在党委办公室，王来同志兼任办公室主任。

意识形态工作领导小组

组　长： 魏胜文

副组长： 宗瑞谦

成　员： 汪建国　胡新元　程志斌　马心科　杨天育　刘元寿　王晓巍　王　敏　李林辉　陈文杰　王　来

领导小组办公室设在党委办公室，王来同志兼任办公室主任。

保密委员会

主　任： 魏胜文

副主任： 李敏权

委　员： 汪建国　胡新元　程志斌　马心科　杨天育　刘元寿　王晓巍　马　彦　王　敏　张开乾

领导小组办公室设在院办公室，胡新元同志兼任办公室主任。

网络安全和信息化工作领导小组

组　长： 魏胜文

副组长： 宗瑞谦

成　员： 汪建国　胡新元　程志斌　马心科　杨天育　刘元寿　王晓巍　王　敏　李林辉　陈文杰　王　来

领导小组办公室设在党委办公室，王来同志兼任办公室主任。

内部控制工作领导小组

组　长： 马忠明

副组长： 宗瑞谦

成　员： 汪建国　胡新元　程志斌　马心科　杨天育　刘元寿　王晓巍　马　彦　王　敏　李林辉　王晓华

领导小组办公室设在财务资产管理处，王晓华同志兼任办公室主任。

乡村振兴工作协调领导小组

组　长： 马忠明

副组长： 贺春贵　樊廷录

成　员： 汪建国　胡新元　程志斌　马心科　杨天育　刘元寿　王晓巍　王　敏　马　彦　张建平　曹世勤　吕和平　张绪成　陈玉梁　汤　莹

侯　栋　王　鸿　郭致杰
胡生海　马学军　白　滨
王国祥　王志伟　鞠　琪
李国权　杜明进

领导小组办公室设在成果转化处，王晓巍同志兼任办公室主任。院脱贫攻坚与乡村振兴有效衔接工作划归乡村振兴工作协调领导小组。

档案工作领导小组

组　长：马忠明
副组长：胡新元
成　员：汪建国　程志斌　马心科
杨天育　刘元寿　王晓巍
王　敏　张开乾　马　彦
李林辉　张建平　吕和平
张绪成　陈玉梁　汤　莹
侯　栋　王　鸿　郭致杰
胡生海　马学军　白　滨
王国祥　陈文杰　曹世勤
鞠　琪　李国权　杜明进

领导小组办公室设在院办公室，张开乾同志兼任办公室主任。

职称改革工作领导小组

组　长：马忠明
副组长：魏胜文　李敏权
成　员：贺春贵　宗瑞谦　陈　静
樊廷录　汪建国　胡新元
马心科　杨天育　王晓巍

高、中级职称考核推荐小组

组　长：马忠明
副组长：魏胜文　李敏权
成　员：贺春贵　宗瑞谦　陈　静
樊廷录　汪建国　胡新元
程志斌　马心科　杨天育
刘元寿　王晓巍　马学军
王　鸿　王志伟　王国祥
白　滨　吕和平　汤　莹
陈玉梁　张绪成　胡生海
侯　栋　郭致杰　曹世勤

企业改革工作领导小组

组　长：马忠明
副组长：贺春贵
成　员：胡新元　马心科　杨天育
刘元寿　王晓巍　李林辉
田　斌　张朝巍

领导小组办公室设在成果转化处，张朝巍同志兼任办公室主任。

平安甘肃建设工作领导小组

组　长：宗瑞谦
成　员：汪建国　胡新元　程志斌
马心科　杨天育　刘元寿
马　彦　王晓巍　王　敏
李林辉　张建平　曹世勤
常　涛　文国宏　乔小林
崔明九　王卫成　刘永刚
胡生海　谢志军　陈文杰
郭天海　边金霞　杨富海
田　斌　王建成
联络员：王建成

领导小组办公室设在后勤服务中心，王建成同志兼任办公室主任。

人口与计划生育委员会

主　任：宗瑞谦
副主任：李林辉
成　员：汪建国　胡新元　张建平
曹世勤　常　涛　文国宏
乔小林　崔明九　王卫成
刘永刚　胡生海　谢志军
陈文杰　郭天海　边金霞
杨富海　田　斌　王建成

领导小组办公室设在后勤服务中心，王建成同志兼任办公室主任。

爱国卫生运动委员会

主　任：宗瑞谦
副主任：李林辉
成　员：王季庆　张建平　曹世勤
常　涛　文国宏　乔小林
崔明九　王卫成　刘永刚
胡生海　谢志军　陈文杰
郭天海　边金霞　杨富海
田　斌　王建成　陈忠星（城市社区党支部书记）

领导小组办公室设在后勤服务中心，王建成同志兼任办公室主任。

职工住房分配及老旧小区改造工作领导小组

组　长：宗瑞谦
副组长：李林辉
成　员：汪建国　胡新元　程志斌
马心科　杨天育　刘元寿
王晓巍　马　彦　王　敏
李林辉　张建平　曹世勤
常　涛　文国宏　乔小林
崔明九　王卫成　刘永刚
胡生海　谢志军　陈文杰
郭天海　边金霞　杨富海
田　斌

领导小组办公室设在后勤服务中心，李林辉同志兼任办公室主任。

二、 科技创新

概　况

2021年是“两个一百年”奋斗目标历史交汇的一年，在开启全面建设社会主义现代化国家新征程上，全院围绕全省农业农村工作总体部署，以“强科技”引领支撑“强工业”“强省会”“强县域”，深入实施“强种”“沃田”、稳产保供、产品开发和乡村振兴五大科技支撑行动，圆满完成了年度各项任务。

全年新上项目309项，项目合同经费1.26亿元，到位经费8 100万元；国家重点研发计划项目“甘肃、宁夏优势特色产业提质增效技术集成与示范”获批立项，经费2 408万元。登记省级科技成果63项，获国家科技进步奖二等奖1项（协作）、神农中华农业科技奖三等奖2项（其中协作1项）、省哲学社会科学优秀成果奖二等奖1项。审定（登记、评价）新品种18个。获授权专利及计算机软件著作权140件、技术标准37件；出版专著7部，发表学术论文299篇。成功举办了第三届甘肃省农业科技成果推介会，发布了《甘肃农业改革开放研究报告》。

一、发布实施“十四五”规划

坚持“四个面向”和“农业科技自立自强”导向，明确了“十四五”时期的发展定位和发展思路，提出实施“五大战略”、推进“五大工程”，实现“五个提升”的发展目标，在重点领域部署了50项科研任务。

二、种质创新取得显著成效

一是按照国家第三次农作物种质资源普查与收集工作总体部署和甘肃省具体要求，接受全省83个县（市、区）移交的2 640份种质资源，并整理移交国家种质资源库831份，新收集资源1 268份。编制了全省种业强省科技支撑方案，凝练提出17个科研项目，参与编写了《振兴河西国家玉米繁育制种基地实施方案》，稳步推进平凉红牛种质保存与品种改良工作。

二是加快生物育种与优异种质创制，利用基因克隆、基因编辑、单倍体育种、分子设计育种等技术，获得了抗虫和抗除草剂的转基因玉米自交系，创制了优质兼抗条锈病、白粉病和叶锈病的小麦新种质。筛选出优质强筋或紫色小麦、高维生素C马铃薯、高α-亚麻酸胡麻、高油大豆、褐色中脉高粱、饲用青稞和高β-葡聚糖含量青稞、富铁硒锌早熟马铃薯等优异育种材料1万余份。提出了作物种质资源田间抗旱性精准鉴定和表型高通量鉴定方法。建立了亚麻品种纯度和真实性分子鉴定技术，完成了亚麻指纹图谱构建技术体系。成功克隆出李光桃抗寒关键基因。

三是围绕产业重大需求，选育出一批重大

品种（系）。育成高产耐密宜机收高产玉米新品种“陇单336”，成为全院首个国审玉米品种，达到国家机械粒收玉米质量标准。小麦新品种兰天36、陇春41、陇鉴107和陇鉴108成为支撑全省口粮安全的主推品种，兰天系列品种播种面积占全省冬小麦播种面积约40%，创陇南半吨小麦高产田。陇黄1号大豆作为李锦记酱制品专用品种建立了原料生产基地。谷子新品种陇谷23号被评为全国一级优质米。利用生物技术培育出的盘欧羊新品种，是青藏高原第一个人工培育肉羊品种。

三、重大技术模式集成示范效果明显

以“耐密品种+生物降解膜、控释肥、延迟收获、秸秆还田”为主的旱地玉米低水分机械粒收技术模式，干旱年份创陇东旱塬吨粮田，生产成本降低20%。旱地立式深旋耕作栽培技术体系，显著提高了土壤贮水性能，实现马铃薯增产27.5%。旱地苹果化肥减施增效技术和果园绿肥改土肥田技术，化肥施用量减少35%、利用率提高13%。旱地小黑麦收后复种玉米、甜高粱饲草高效机械化种植技术，亩鲜草产量分别达8吨和10吨。西瓜戈壁设施春茬基质袋栽培水肥优化管理方案，在灌溉定额减少30%条件下增产7%、水氮利用率提高5%。研发出西甜瓜专用水溶肥产品4个，实现减肥24.5%、节水33%。

四、农产品质量评价与加工技术应用进展良好

围绕甘味品牌建设，制定14类甘肃名特优新农产品名录收集登录方案，开展了天水秦安县“秦安苹果”营养品质评价鉴定。建立了彩色马铃薯中花青素的快速检测方法，形成了兰白区域多样化马铃薯品种主要营养功能指标和功能性成分名录。提出了苹果浆品质提升中益生菌混菌发酵菌株比例及发酵条件；优化提出了樱桃运输保鲜期、货架保鲜期及短期贮藏的技术方案。

五、科研平台建设持续加强

一是“西北种质资源保存与创新利用中心”完成主体结构施工，墙体砌筑已完成80%以上，人防门已安装完成，地上采暖、给水、排水主管安装工程过半。资源库初步设计方案已通过初审。

二是平台建设项目加快推进。国家糜子改良中心甘肃分中心、国家油料改良中心胡麻分中心、青藏区综合试验基地建设项目顺利通过省级竣工验收。2个种质资源库项目通过中期评估，2个省级重点实验室通过验收。5个农业农村部科学观测站和1个学科群实验站建设项目已完成绩效评估工作。“一带一路”国际农业节水节能创新院、甘肃省数字农业工程研究中心获批建设，甘肃省智慧农业研究中心、国家农业信息化工程技术研究中心甘肃省农业信息化示范基地、智慧农业专家工作站挂牌运行。新增仪器设备82台套，创新支撑能力有了新的提升。

三是积极申报农业农村部现代种业提升工程2022—2025年储备建设项目11项、农业科技创新能力条件建设项目15项、植物保护能力提升工程项目3项、数字农业项目3项，切实加强了种业条件建设。新一轮农业基本建设项目争取成效显著，24项获省农业农村厅批复立项。

科研成果

省科技进步奖

多抗高产广适兰天系列冬小麦新品种选育与应用

获奖单位：小麦研究所

主研人员：鲁清林　张礼军　周　刚　汪恒兴　白玉龙　张文涛　周　洁　郭四拜　剡旭珍　杨晓辉　朱浩军　化青春　杨玉梅　马正忠

奖励等级：一等奖

旱区西甜瓜水肥高效利用关键技术创新集成与示范

获奖单位：土壤肥料与节水农业研究所

主研人员：马忠明　薛　亮　冯守疆　杜少平　冉生斌　李伟绮　薛　莲　白玉龙　唐文雪　罗双龙

奖励等级：二等奖

设施桃新品种选育及绿色提质增效技术研发与集成应用

获奖单位：林果花卉研究所

主研人员：王发林　王　鸿　陈建军　李宽莹　赵秀梅　张文利　裴希谦　张银祥　刘　芬　杨怀峰

奖励等级：二等奖

西北旱区马铃薯主粮化关键技术体系创建与应用

获奖单位：马铃薯研究所

主研人员：胡新元　谢奎忠　李建武　李　梅　柳永强　杨昕臻　罗爱花　李高峰　陆立银　田世龙

奖励等级：二等奖

高海拔冷凉区花椰菜种质创制及新品种选育与应用

获奖单位：蔬菜研究所

主研人员：陶兴林　朱惠霞　胡立敏　刘明霞　杨海兴　李晓芳　常　涛　王　萍　段艳巧　魏红霞

奖励等级：二等奖

马铃薯脱毒种薯繁育技术集成模式研究与应用

获奖单位：马铃薯研究所

主研人员：张　武　高彦萍　吴雁斌　梁宏杰　王　敏　席春艳　吕和平　李学才　陈　富　张彤彤

奖励等级：二等奖

玉米新品种陇单 9 号和陇单 10 号选育及应用

获奖单位：作物研究所

主研人员：何海军　周玉乾　杨彦忠
连晓荣　寇向龙　王晓娟
周文期

奖励等级：三等奖

甘蓝型油菜种质创新与新品种选育及应用

获奖单位：作物研究所

主研人员：董　云　王　毅　靳丰蔚
刘婷婷　方　彦　张炳炎
张晓文　马哈个　徐一涌
邬晓华

奖励等级：三等奖

高值抗逆胡麻新品种选育及应用技术集成

获奖单位：作物研究所

主研人员：赵　玮　党　照　李晓蓉
李博文　赵　利　齐燕妮
尚　艳

奖励等级：三等奖

优质高秆饲草高效利用关键技术应用与示范

获奖单位：畜草与绿色农业研究所

主研人员：董　俊　黄　杰　郝怀志
王国栋　杨　钊　王　斐
郝生燕

奖励等级：三等奖

西北地区玉米主要土传病害绿色防控体系构建与应用

获奖单位：植物保护研究所

主研人员：郭　成　段灿星　王春明
邢会琴　郭致杰　周天旺
荆卓琼

奖励等级：三等奖

小麦条锈菌条中 34 号监测及防控技术研究与示范

获奖单位：植物保护研究所

主研人员：贾秋珍　曹世勤　张　勃
孙振宇　张晶东　王万军
周喜旺

奖励等级：三等奖

苹果现代生物发酵加工关键技术集成创新与应用

获奖单位：农产品贮藏加工研究所

主研人员：康三江　张海燕　曾朝珍
张霁红　袁　晶　宋　娟
慕钰文

奖励等级：三等奖

西北水土流失和瘠薄干旱中低产田改良技术集成示范

获奖单位：甘肃省农业科学院

主研人员：郭天文　张平良　谭雪莲
车宗贤　郭全恩　董　博
卢秉林

奖励等级：三等奖

甘肃省不同生态区食用菌栽培关键技术集成创新与示范

获奖单位：甘肃省农业科学院

主研人员：张桂香　杨建杰　杨　琴
任爱民　耿新军　刘明军
张文斌

奖励等级：三等奖

省自然科学奖

小麦重要性状遗传解析及基因聚合方法研究

提名单位：甘肃省农业科学院
主研人员：杨芳萍　白　斌　刘金栋
兰彩霞　夏先春
奖励等级：三等奖

省第十六次哲学社会科学优秀成果奖

《甘肃农业科技绿皮书：甘肃农业现代化发展研究报告（2019）》

获奖单位：甘肃省农业科学院
主研人员：魏胜文　乔德华　张东伟
汤瑛芳　王建连　白贺兰
刘锦晖
奖励等级：二等奖

神农中华农业科技奖

绿洲灌区盐渍化土壤改良关键技术研究与示范

获奖单位：土壤肥料与节水农业研究所
主研人员：郭全恩　曹诗瑜　展宗冰
郭世乾　南丽丽　王　卓
车宗贤　刘海建　白　斌
展成业
奖励等级：三等奖

获省部级以上奖励成果简介

成果名称： 北方旱地农田抗旱适水种植技术及应用

验收时间： 2018年

获奖级别： 国家科技进步奖二等奖

主要完成人： 樊廷录（第三名）

获奖编号： 2020-J-251-2-03-D03

完成单位： 甘肃省农业科学院（合作，第三名）

成果简介：

该成果聚集了甘肃省农业科学院与中国农业科学院、辽宁省农业科学院、山西省农业科学院等单位20多年的大量合作研究结果。甘肃省农业科学院依托镇原旱农试验站，明确了旱地农田水分变化及应对气候变化的作物响应机制，提出了抗旱适水种植结构；破解了垄沟覆盖集雨、土壤增碳扩容、作物产量—群体—水分关系等水分高效利用难题；筛选出了高水分效率小麦和玉米品种，攻克了机械化垄沟集雨种植机艺一体化、玉米适水定密参数、秸秆适水还田改土等关键技术及机械；大量集成示范，形成了旱作覆盖集雨种植技术模式，支撑了西北抗旱节水增粮和国家旱地农业发展。

成果名称： 多抗高产广适兰天系列冬小麦新品种选育与应用

验收时间： 2014、2015、2016、2018年

获奖级别： 甘肃省科技进步奖一等奖

获奖编号： 2021-J1-022

完成单位： 甘肃省农业科学院小麦研究所

成果简介：

针对陇南小麦条锈病常发易变、生产品种抗性易丧失、高秆品种易倒伏等一系列关键问题，利用兰天系列品种的抗锈性，结合周麦、济麦、陕麦等主产麦区品种矮秆、紧凑、丰产特性，历时20多年的优中选优，育成了兰天30号、兰天33号、兰天34号、兰天35号、兰天36号5个冬小麦新品种。育成品种抗锈性显著提高，且兼抗多种病虫害。株型更加紧凑，增产潜力显著提高，兰天36号在陇南徽县创造620.9公斤/亩的高产纪录。自2013年以来，5个品种在我国条锈病核心疫源区累计推广570.7万亩，新增粮食26 973.2万公斤，新增利润72 534.8万元。其中，2018—2020年累计推广365.2万亩，新增粮食17 270.5万公斤，节省农药及防治成本5 478.0万元，新增利润46 441.3万元，在国家增粮、减药增效、农民增收等方面意义重大。

成果名称： 旱区西甜瓜水肥高效利用关键技术创新集成与示范

验收时间： 2015年5月

获奖级别： 甘肃省科技进步奖二等奖

获奖编号： 2021-J2-052

完成单位： 甘肃省农业科学院土壤肥料与

节水农业研究所

成果简介：

项目通过研究阐明了西瓜甜瓜耗水、需肥规律，西瓜平均耗水量为397.9毫米，N、P、K吸收量为6.7、1.1、7.1 g/株；甜瓜平均耗水量为404.4毫米，N、P、K吸收量为6.7、1.5、7.2 g/株；探明主要元素对西瓜生长的影响为P＞N＞K，Ca＞Mg，B、Fe＞Zn、Mn。提出了灌区甜瓜垄膜沟灌水肥高效利用技术，在灌溉定额2 700立方米/公顷，氮磷钾用量分别为260、133和88公斤/公顷时，经测评，较传统模式增产5.87%，WUE、NUE分别提高5.9、6.5个百分点。集成了半干旱区西瓜垄上沟播集雨高效栽培技术，在栽培密度12 827株/公顷，氮磷钾用量分别为225、163和202公斤/公顷时，较传统模式增产14.5%，WUE、NUE分别提高11.7、4.6个百分点。集成了砂田西瓜注水补灌水肥高效利用技术，在注水量为105立方米/公顷，氮磷钾用量分别为120、170、200公斤/公顷时，较传统管理增产32.7%，WUE、NUE分别提高25.1%、26.3%。研发了“西甜瓜稳定性缓释复合肥”，优化元素配方并添加稳定性肥料长效剂，使氮素释放期与西甜瓜需肥规律契合，实现生育期一次性施肥；经测评，增产7.12%，节本2 568元/公顷；氮磷钾利用率提高3.04、1.64、5.67个百分点。

近三年推广105.7万亩，总增产59.6万吨；新增收益6.1亿元。研发新肥料1个，出版专著3部，发表论文22篇，颁布地方标准7项。

成果名称：设施桃新品种选育及绿色提质增效技术研发与集成应用

验收时间：2018年5月

获奖级别：甘肃省科技进步奖二等奖

获奖编号：2021-J2-009

完成单位：甘肃省农业科学院林果花卉研究所

成果简介：

项目育成了适宜设施栽培的桃新品种“陇油桃2号”“甘露早油”“陇蜜10号”。研发的日光温室桃限根基质栽培模式，减少客土量70%；使用限根栽培专用基质后，产量提高10.1%；研发的温度和水分智能控制系统，实现了温室温度和土壤水分的智能控制；提出的温室桃病虫害绿色防控技术实现了果实发育期内农药的“0”使用；集成应用了水肥一体化施用、病虫害绿色防控等11项日光温室桃高效栽培技术，使得温室桃的栽培管理效率提高100%，人工成本节省42%，实现了芽苗定植17个月每亩1 800公斤的早果丰产目的。

项目成果授权实用新型专利5项，出版专著1部，发表论文26篇。成果在甘肃秦安、兰州、河西地区及新疆、青海等地广泛应用，近3年累计新增产值3.24亿元。

成果名称：西北旱区马铃薯主粮化关键技术体系创建与应用

验收时间：2014年12月、2016年4月、2017年12月、2020年5月、2020年8月

获奖级别：甘肃省科技进步奖二等奖

获奖编号：2021-J2-049

完成单位：甘肃省农业科学院马铃薯研究所

成果简介：

项目从主粮化品种筛选、专用品种选育、繁种技术创新、绿色高效生产、主粮化产品研发等方面，构建了西北旱区马铃薯主粮化关键技术体系并推广应用。

构建了以薯块干物质含量、产量及加工特

性等为主的主粮化品种评价体系，筛选出适宜甘肃省种植的主粮化马铃薯品种 9 个，选育出专用新品种陇薯 15 号，研发出试管苗大田直栽等繁种技术。以主粮化品种为核心，集成应用了连作障碍防控、氮肥减施、有机肥替代等技术，构建了不同生态区绿色高效生产模式。研究了不同主粮化马铃薯品种营养品质和加工特性，研发出了以马铃薯为主要原料的面条、馒头、薯饼以及蛋糕、固体饮料等产品，并制定了产品加工工艺。

发表论文 26 篇，其中 SCI 收录 4 篇，制定企业标准 2 项，注册商标 1 项。该成果支撑了国家马铃薯主粮化战略实施，推动了马铃薯产业的科技进步，为国家粮食安全提供了技术支撑。

成果名称：马铃薯脱毒种薯繁育技术集成模式研究与应用

验收时间：2017 年 11 月

获奖级别：甘肃省科技进步奖二等奖

获奖编号：2021-J2-050

完成单位：甘肃省农业科学院马铃薯研究所

成果简介：

本项目首创组培苗全开放快繁技术，配套高效脱毒与数字化管理技术，病毒脱除率提高 11.17%，快繁效率提高 12 倍，成本降低 40% 以上。创新试管薯种薯繁育技术体系，平均结薯 1.46 粒/株，安全贮藏 175 天，首次大田土壤播种成功，成本降低 32.01%。基于环保需求，用椰糠替代蛭石，重复利用 3 次，平均结薯 2.88 粒/株，成本降低 18.18%。集成雾培原原种高效生产模式，结薯 76～104 粒/株，安全贮藏 240 天以上，播后亩产 3 500 公斤以上。明确了甘肃省马铃薯主要病毒病及危害，建立了脱毒种薯繁育病虫害全程防控技术，节药 20%，种薯质量合格率 100%。优化黑膜覆盖垄作种薯繁育技术，平均增产 14.64%。

建立示范基地 9 个，培训技术员和农民 6 230人次。近 3 年示范推广 171.11 万亩，新增产值 6.92 亿元，新增利润 4.85 亿元，节本 1.06 亿元，发表论文 21 篇，专利 1 项，地方标准 1 项。

成果名称：高海拔冷凉区花椰菜种质创制及新品种选育与应用

验收时间：2015 年、2016 年、2019 年

获奖级别：甘肃省科技进步奖二等奖

获奖编号：2021-J2-012

完成单位：甘肃省农业科学院蔬菜研究所

成果简介：

项目在育种技术创新、种质资源创制、新品种培育及栽培技术配套等方面取得了突出成绩。明确了花椰菜雄性不育败育类型，阐明了温敏雄性不育败育过程中酶、蛋白质、内源激素等生理生化指标变化规律，揭示了雄性不育败育机制；解析了雄性不育转录组信息，挖掘出不育相关基因 22 个；突破了小孢子培养和分子标记辅助育种技术，建立了花椰菜高效育种技术体系；搜集花椰菜种质资源 700 余份，自主创新优异种质资源 52 份；选育出了“圣雪三号”“圣雪四号”及“陇雪 1 号”3 个适宜高海拔冷凉区栽培的高产优质花椰菜新品种；创建了冷凉干旱粮作区花椰菜全膜双垄三沟栽培技术。

该成果在兰州、定西、张掖等市建立核心示范基地 18 个，亩均增产 300 公斤以上，亩均增收 800 元以上。累计示范推广 26.18 万亩，新增经济效益 29 847.02 万元。制定地方标准 1 项，授权软件著作权 1 件，发表学术论

文19篇。

成果名称：玉米新品种陇单9号、陇单10号选育及应用

验收时间：2012年2月

获奖级别：甘肃省科技进步奖三等奖

获奖编号：2021-J3-022

完成单位：甘肃省农业科学院作物研究所

成果简介：

项目采用单倍体诱导技术与常规育种技术相结合的方法，选育出耐旱、耐瘠薄、稳产、宜机收玉米品种陇单9号和陇单10号。陇单9号和陇单10号生育期与对照先玉335相当，陇单9号耐旱、耐密、抗倒、宜机收籽粒；陇单10号抗病、丰产性好，平均亩产986.0～1 090.5公斤，较对照增产6.8%～7.9%。陇单9号和陇单10号的容重、粗蛋白含量均达到我国饲料玉米的二级标准，陇单10为高淀粉和优质蛋白品种。

该成果2012—2020年在甘肃及宁夏引(扬)黄灌区、陕西陕北、渭北旱作区、新疆等地区推广种植，累计推广面积423.4万亩，平均增产68.5公斤/亩，新增纯收益172.0元/亩，总增产粮食29 002.9万公斤，新增经济效益72 933.9万元，社会经济效益显著。

成果名称：优质高秆饲草高效利用关键技术应用与示范

验收时间：2019年6月

获奖级别：甘肃省科技进步奖三等奖

获奖编号：2021-J3-023

完成单位：甘肃省农业科学院畜草与绿色农业研究所

成果简介：

项目分别引进饲用玉米品种16个、饲用高粱品种13个、饲用藜麦品种1个、巨菌草品种1个；筛选出适宜甘肃省种植的不同类型优质高秆饲草品种4个。研究并明确了甘肃省主要栽培的高秆饲草的饲用品质，规范并集成了配套饲养管理技术，研发出适宜牛羊精准饲喂的优化全混合饲粮配方6个，建立了优质高秆饲草饲料化高值利用技术体系，走出了草牧业高质量发展和草畜一体化深度融合发展的新路子。

项目获得授权专利3件，发表论文16篇，颁布地方标准2项，登记软件著作权1项。近3年在甘肃河西、陇中及陇东等地累计示范推广种植高秆饲草29.7万亩，育肥出栏牛羊22.83万头（只），新增销售额21.54亿元，新增利润5.12亿元，经济、社会效益显著。

成果名称：西北地区玉米主要土传病害绿色防控体系构建

验收时间：2019年9月

获奖级别：甘肃省科技进步奖三等奖

获奖编号：2021-J3-024

完成单位：甘肃省农业科学院植物保护研究所

成果简介：

项目明确了西北地区玉米根际土壤中镰孢菌种群结构，建立了镰孢根腐病菌的RT-qPCR检测体系；首次报道3种镰孢菌为国内外玉米茎腐病新病原；精准鉴定出对茎腐病和丝黑穗病均表现高抗的玉米种质36份、新品种122个；挖掘和精细定位了2个抗茎腐病新基因；育成了3个绿色抗病品种；筛选出对玉米具有促生和防病效果的俄罗斯木霉和短密木霉，分别为国内和甘肃新记录种，并研制出短密木霉水分散粒剂配方；集成了以利用抗病品种为主，农业、生物和化学防治为辅的玉米主

要土传病害绿色防控技术体系，社会、经济和生态效益显著。

发表论文32篇、论著1部，审定玉米新品种3个，授权国家发明专利2项、实用新型专利2项，获计算机软件著作权1项，颁布地方标准2项。

成果名称： 小麦条锈菌条中34号监测及防控技术研究与示范

验收时间： 2017年9月

获奖级别： 甘肃省科技进步奖三等奖

获奖编号： 2021-J3-025

完成单位： 甘肃省农业科学院植物保护研究所

成果简介：

项目立足甘肃实际，对条锈菌条中34号的发生流行展开了系统性研究，发现以条中34号为代表的贵农22致病类群自2014年始，居甘肃省小麦条锈菌群体中的第一位，出现频率最高达38.2%和72.1%；条中34号由条中32号发展而来，含有条中32号和条中33号所没有的毒性基因 *VYr10*、*VYr24*、*VYr26*、*VYr2a+3a+4a+16*，较条中32号和条中33号的毒性谱更宽、致病性和繁殖能力更强，是目前甘肃省及中国小麦生产上毒性最强的小种类型。针对条中34号的流行危害，筛选出抗病材料3 146份，明确了42份生产品种及230份农家品种中供检测基因 *Yr5*、*Yr9*、*Yr10*、*Yr15*、*Yr18*、*Yr26* 的分布；标记出对条中34号表现显性遗传的抗病新基因 *YrBJ399*；提出甘肃陇南越夏区小麦抗病育种策略及防控对策，取得的成果在甘肃省得到了广泛应用，对实现藏粮于技、保障甘肃省及我国黄淮海麦区粮食安全起到了重要的科技支撑作用。

发表论文15篇，审定新品种1个，创制出优异材料30份。

成果名称： 甘蓝型油菜种质创新与新品种选育及应用

验收时间： 2018年12月

获奖级别： 甘肃省科技进步奖三等奖

获奖编号： 2021-J3-028

完成单位： 甘肃省农业科学院作物研究所

成果简介：

项目创制的早熟、矮秆、无分枝、多分枝、核不育两型系等种质资源兼有优质、抗病、耐密等特性。选育的油菜新品种陇油杂1号中晚熟，平均折合亩产254.50公斤，具有良好的丰产性和稳产性；陇油杂2号中早熟，含油率达47.02%，含油量居春油菜区登记品种第一名。这两个品种品质均达到了国际双低标准。育成的油菜杂交种丰产性好，适应性强，兼具适宜机收特性，实现了农机农艺融合，满足了油菜机收需求。

该成果2019年至2021年在甘肃省及青海、内蒙古、新疆等地区推广种植，累计推广面积127万亩，平均增产15.34公斤/亩，新增纯收益73.60元/亩，总增油菜籽1 905.00万公斤，新增经济效益8 166.35万元，社会经济效益显著。

成果名称： 高值抗逆胡麻新品种选育及应用技术集成

验收时间： 2012年12月

获奖级别： 甘肃省科技进步奖三等奖

获奖编号： 2021-J3-049

完成单位： 甘肃省农业科学院作物研究所

成果简介：

项目育成胡麻新品种陇亚12号2011年通过国家品种鉴定，2018年通过非主要农作物品种登记。创制筛选高值抗逆胡麻种质资源83份，挖掘胡麻抗盐基因2个，并筛选出QTL定位区段3个；研发胡麻轻简化抗逆栽培装置6套，胡麻耐盐性鉴定技术1套，盐碱地胡麻栽培技术1套；研发亚麻籽功能食品3种；获授权国家发明专利3项，国家实用新型专利6项，制定地方标准2项，出版专著2部，发表论文7篇；本项目2018—2020年在甘肃、宁夏、内蒙古和河北累计产生经济效益14 012.8万元。

成果名称：苹果现代生物发酵加工关键技术集成创新与应用

验收时间：2019年12月

获奖级别：甘肃省科技进步奖三等奖

获奖编号：2021-J3-064

完成单位：甘肃省农业科学院农产品贮藏加工研究所

成果简介：

项目采用组学技术对苹果酒、苹果醋、苹果酵素等发酵中的微生物多样性进行了系统分析，研究提出了发酵菌种的复合优化和混合发酵技术方案；通过建立偏最小二乘回归分析模型对发酵阶段酶活性与风味物质之间的相关性进行了研究；系统研究了苹果酵素自然发酵过程中代谢物质的动态变化规律；通过开展不同糖浓度及pH条件下酵母发酵液的转录组和代谢组学分析，明确了苹果白兰地酿造过程中酿酒酵母的差异基因表达及差异代谢途径；通过电子舌进行特征数据分析，建立了能够高效、准确区分不同产地、不同品种原料、不同储存期的苹果白兰地产品的PCA和DFA模型，为鉴别区分不同产地原料加工的产品类别提供了理论依据；通过分析苹果白兰地橡木桶陈酿过程中挥发性香气成分的变化，揭示了不同陈酿期酒体呈现出不同的风味特征。

项目申报的“一种提高苹果白兰地中酯类含量的方法”获得国家发明专利授权，完成省级登记成果5项，制订企业标准2项，出版学术专著1部，发表论文24篇，指导建成生产线6条。其核心技术已在静宁沁园春酒业、天水旱坡红酒业、天水裕源果蔬和宁安金丰果业等6家生产企业应用推广，2018—2020年间已累计生产各类苹果发酵类加工产品2 381.90吨，完成产值15 735.50万元，实现利税5 113.68万元，经济效益和社会效益均十分显著。

成果名称：西北水土流失和瘠薄干旱中低产田改良技术集成示范

验收时间：2017年6月

获奖级别：甘肃省科技进步奖三等奖

获奖编号：2021-J3-065

完成单位：甘肃省农业科学院

成果简介：

项目基于西北地区中低产田主要类型、分布及特点，围绕水土流失、瘠薄干旱、沙化及次生盐渍化四大类主要中低产田，系统开展了中低产田改良关键技术研究与技术集成。研发了新修梯田快速熟化、瘠薄干旱农田增碳培肥、旱地水肥高效耦合、沙化土壤防风蚀培肥和次生盐渍化农田改良等技术模式，研发了生土土壤熟化调理剂、钠质碱土改良剂和腐殖酸盐碱土改良剂等物化产品。在新垦农田快速熟化培肥、马铃薯连作化感自毒物质累积及生物改良、瘠薄农田增碳培肥、旱地水肥高效耦合、淡盐化耕层水盐调控及土壤改良物化产品研发等方面取得了创新性成果。

该成果在西北水土流失、瘠薄干旱、沙化

及盐渍化不同类型区建立了核心示范区 17 个，耕地地力提升 1～2 个等级，农田综合生产力提高 25% 以上。各项技术近三年累计推广 709.53 万亩，新增效益 7.99 亿元。获得国家专利 7 项，软件著作权 3 项，发表论文 20 篇。为西北中低产田改良提供技术支撑和示范引领作用。

成果名称：甘肃省不同生态区食用菌栽培关键技术集成创新与示范

验收时间：2017 年 6 月

获奖级别：甘肃省科技进步奖三等奖

获奖编号：2021-J3-067

完成单位：甘肃省农业科学院蔬菜研究所

成果简介：

本项目立足甘肃省不同生态区气候和原料特点，开展了食用菌资源利用与种质创新、新型栽培基质研发、区域特色高效栽培等关键技术研究。挖掘出祁连山野生食用菌新种类 1 个、中国新纪录种 2 个；筛选出不同生态区栽培的香菇、平菇、双孢蘑菇优良品种 10 个；研发了以果树枝条、玉米秸秆为主料复混优化配方 7 个，双孢蘑菇高效覆土配方 1 个；研究总结出香菇优质菇培育技术及双孢蘑菇精准配料技术、催蕾技术与工厂化生产技术工艺 4 项；集成创新不同生态区香菇、平菇和双孢蘑菇高效栽培技术模式 7 项；制定了甘肃省食用菌产业区划意见报告 1 项；出版了《甘肃省食用菌资源利用与高效栽培技术》专著 1 部，发表论文 28 篇，取得授权专利 6 项。形成了不同生态区食用菌科学、精准、高效的栽培管理技术，在康县、陇西、渭源、天祝、永昌、张掖等地累计推广香菇、平菇、双孢蘑菇新品种新技术 3 670 万袋，82 万平方米，产菇 5.65 万吨，产值 5.15 亿元，纯收益 2.85 亿元。

成果名称：小麦重要性状遗传解析及基因聚合方法研究

验收时间：2016、2018 年

获奖级别：甘肃省自然科学奖三等奖

获奖编号：2021-Z3-007

完成单位：甘肃省农业科学院小麦研究所

成果简介：

项目采用常规育种与生物技术等方法，率先解析了小麦春化、光周期、矮秆等重要农艺性状主要基因及 *Lr*34/*Yr*18/*Pm*38 在世界小麦主产国的分布频率及在我国不同麦区的遗传效应，揭示了我国及甘肃省小麦品种面筋强度及色素基因的分布频率；立足于陇南麦区应用长达 50 多年的持久抗性亲本平原 50、Ibis，Libellula 和 Strampeli、中抗品种中 892，发现了 26 个新抗病 QTL 及连锁分子标记，揭示了以上品种持久抗病的分子遗传机理；基于条锈病辅助选择技术国家发明专利及成株抗病品种选育策略培育小麦新品系 23 份。

本研究成果发表 SCI 论文 11 篇，CSCD 期刊 10 篇，5 篇代表性 SCI 论文被他引 128 次，CSCD 论文被引用 80 次。在国内外小麦重要农艺性状遗传解析和基因发掘、分子标记辅助选择中起到了一定的引领作用。

成果名称：《甘肃农业科技绿皮书：甘肃农业现代化发展研究报告（2019）》

出版时间：2019 年 4 月

获奖级别：甘肃省第十六次哲学社会科学优秀成果奖二等奖

完成单位：甘肃省农业科学院

成果简介：

《甘肃农业现代化发展研究报告（2019）》

从现代农业的“三大支柱”谋篇布局，全景式地呈现并分析了甘肃农业现代化发展进程中的重点、热点、难点问题。全书由总报告、产业体系篇、生产体系篇和经营体系篇四部分组成。

总报告基于协调发展的视角，探讨了新形势下甘肃农业现代化发展的整体趋势及发展障碍，提出了用新思维促进全省现代农业发展的措施建议；产业体系篇以甘肃省特色农业、农产品加工业、戈壁农业、农业新业态发展为主要内容；生产体系篇以甘肃农业科技化、良种化、机械化、信息化、优质化、绿色化发展为主要内容；经营体系篇以人力资源支持现代农业发展、新型农业经营主体发展、品牌化发展、农地制度改革与集体经济发展、农业社会化服务等为主要内容。

该书是甘肃农业科技绿皮书系列的第三部专著成果，由社会科学文献出版社出版发行。全书共包括18篇研究报告，总计31.7万字。

成果名称：绿洲灌区盐渍化土壤改良关键技术研究与示范

验收时间：2016年6月

获奖级别：神农中华农业科技奖三等奖

获奖编号：2021-KJ125-3

完成单位：甘肃省农业科学院土壤肥料与节水农业研究所

成果简介：

该成果系统地阐明甘肃绿洲灌区灌溉水盐分类型、矿化度、温度、水吸力、地下水位对水盐迁移参数的影响，揭示了环境因子对土壤表层盐分累积的关系，研发了物理、化学、生物和工程4项盐渍化土壤改良关键技术。①针对苹果园钠盐毒害，提出果园春季适宜灌水定额为2 700立方米/公顷。②研制出盐碱土调理剂系列产品，委托甘肃瓮福化工、西部环保公司中试生产，施用改良剂pH减小0.10～0.41个单位，增产3.33%～25.2%，亩增收300～500元。③筛选四翅滨藜和柳枝稷能明显降低土壤盐分、钠和氯离子含量。④研发板结盐渍化土壤渗水装置1套和开挖沟槽秸秆回填技术1项，可有效解决土壤水分入渗问题，土壤脱盐率达4.8%～16.7%。

该成果近两年累计推广面积137.16万亩，新增纯收益3.89亿元。发表研究论文47篇，授权国家发明专利6项。

论文著作

论文、著作数量统计表

单　位	论　文			著作/实用技术手册
	总数	SCI	CSCD（IF>1）	
作物所	29	1	6	1
小麦所	5	0	3	0
蔬菜所	22	0	5	0
马铃薯所	21	0	2	0
旱农所	35	2	22	1
生技所	7	0	4	0
土肥所	37	2	15	0
林果所	37	0	17	0
植保所	27	2	20	2
加工所	21	1	2	0
畜草所	18	0	7	1
质标所	6	0	1	0
经啤所	11	0	6	0
农经所	14	0	1	0
院机关	1	0	0	1
张掖场	2	0	0	0
黄羊场	0	0	0	0
榆中场	0	0	0	0
后勤中心	0	0	0	0
合　计	293	8	111	6

SCI 论文一览表

论文题目	第一作者	发表刊物	发表期数及页码	第一单位
The OsIME4 gene identified as a key to meiosis initiation by RNA in situ hybridization	周文期	Plant Biology	2021 年第 23 卷第 5 期，861-873	作物所
Agronomic system for stabilizing wheat yields and enhancing the sustainable utilization of soil: A 12-year in-situ rotation study in a semi-aridagro-ecosystem	赵　刚	Journal of Cleaner Production	2021 年第 321 卷，1-12	旱农所
Enhanced maize yield and water-use efficiency via film mulched ridge-furrow tillage with straw incorporation in semiarid regions	杨封科	Archives of Agronomy and Soil Science	2021 年第 67 卷第 5 期，1-15	旱农所
Evaluation of soil enzyme activities as soil biological activity indicators in desert-oasis transition zone soils in China	郭全恩	Arid Land Research and Management	2021 年第 35 卷第 2 期，162-176	土肥所
Long-Term Chili Monoculture Alters Environmental Variables Affecting the Dominant Microbial Community in Rhizosphere Soil	郭晓冬（通讯作者）	Frontiers in Microbiology	2021 年第 12 卷，1-15	土肥所
Assembly and annotation of whole-genome sequence of Fusariumequiseti	李雪萍	Genomics	2021 年第 113 卷第 4 期，2870-2876	植保所
Seed blends of pyramided Cry/Vip maize reduce Helicoverpa zea populations from refuge ears	郭建国	Journal of Pest Science	2021 年第 94 卷，959-968	植保所
Effects of Lactobacillus plantarum fermentation on the chemical structure and antioxidant activity of polysaccharides from bulbs of Lanzhou lily	黄玉龙（通讯作者）	ACS Omega	2021 年第 6 卷第 44 期，29839-29851	加工所

共计 8 篇

CSCD 来源期刊论文

论文题目	第一作者及通讯作者	发表刊物	发表期数及页码	第一单位（通讯作者单位）
小麦种质资源耐深播性评价体系研究	李永生	麦类作物学报	2021 年第 41 卷第 2 期，37-43	作物所
大豆种质资源不同生育时期抗旱性鉴定评价	王兴荣	植物遗传资源学报	2021 年第 22 卷第 6 期，1582-1594	作物所
水分亏缺下化肥减量配施有机肥对棉花光合特性与产量的影响	冯克云	作物学报	2021 年第 47 卷第 1 期，125-137	作物所
Co-γ 射线辐射胡麻种子的诱变效应研究	赵　利	中国油料作物学报	2021 年第 43 卷第 5 期，834-842	作物所
快中子诱变突变体的表型鉴定及配合力效应分析	刘忠祥	中国农业科技导报	2021 年第 23 卷第 6 期，184-194	作物所
氮肥对粳性和糯性糜子干物质积累和产量性状及氮肥利用效率的影响	张　磊	核农学报	2021 年第 35 卷第 12 期，2860-2868	作物所
贵农系列小麦种质资源在甘肃陇南的抗条锈病研究	曹世勤	植物遗传资源学报	2021 年第 22 卷第 4 期，1048-1053	小麦所
抗条锈小麦新品种——兰天 40 号	张文涛	麦类作物学报	2021 年第 41 卷第 9 期，1180	小麦所
节水优质春小麦新品种——陇春 41 号	柳　娜	麦类作物学报	2021 年第 41 卷第 12 期，1	小麦所
戈壁荒漠区基质槽培辣椒耗水特征及产量品质对水分调控的响应	马彦霞	灌溉排水学报	2021 年第 40 卷第 11 期，1-8	蔬菜所
洋葱茎基盘腐烂病药剂田间筛选试验	张俊峰	植物保护	2021 年第 47 卷第 2 期，288-292	蔬菜所
薄皮甜瓜新品种“甘甜 3 号”	程　鸿	园艺学报	2021 年第 48 卷第 S2 期，2873-2874	蔬菜所
角瓜与南方根结线虫非亲和互作相关 miRNAs 的鉴定	叶德友	华北农学报	2021 年第 36 卷第 6 期，333-340	蔬菜所
稳定性肥料配施微生物菌剂对莴笋生长及品质的影响研究	蒯佳琳	干旱地区农业研究	2021 年第 39 卷第 2 期，24-30	蔬菜所
98%棉隆在马铃薯原原种生产中对疮痂病的防治效果	梁宏杰	农药	2021 年第 60 卷第 2 期，150-153	马铃薯所

（续）

论文题目	第一作者及通讯作者	发表刊物	发表期数及页码	第一单位（通讯作者单位）
马铃薯新品种陇薯16号的选育	李建武	中国蔬菜	2021年第2期，101-103	马铃薯所
不同耕作方式对旱地全膜双垄沟播玉米产量和水分利用的影响	张绪成	生态学报	2021年第41卷第9期，603-3611	旱农所
立式深旋耕作对西北半干旱区马铃薯水肥利用和产量的影响	张绪成	植物营养与肥料学报	2021年第27卷第2期，191-203	旱农所
旋耕深度对西北黄土高原旱作区土壤水分特性和马铃薯产量的影响	张绪成	作物学报	2021年第47卷第1期，138-148	旱农所
全膜覆土种植和施肥对旱地苦荞耗水特征及产量的影响	方彦杰	作物学报	2021年第47卷第6期，1149-1161	旱农所
半干旱区立式深旋耕和有机无机肥配施对饲用玉米水分利用效率和产量的影响	方彦杰	应用生态学报	2021年第32卷第4期，1327-1336	旱农所
密度和施肥对旱地马铃薯干物质积累、产量和水肥利用的影响	柳燕兰	作物学报	2021年第47卷第2期，320-331	旱农所
耕作和施肥方式对土壤水分及饲用玉米产量的影响	方彦杰	核农学报	2021年第35卷第9期，2127-2135	旱农所
半干旱区党参地膜覆盖和立式深旋耕作的水分利用和产量效应	侯慧芝	中药材	2021年第3期，520-525	旱农所
不同复种油菜-轮作模式对马铃薯耗水特征及产量的影响	谭雪莲	干旱地区农业研究	2021年第39卷第2期，137-142，149	旱农所
立式深旋耕作和覆膜对种植党参土壤物理性状及耗水特性的影响	侯慧芝	土壤与作物	2021年第10卷第4期，412-421	旱农所
半干旱区全膜覆土穴播对小麦土壤氮素矿化、无机氮及产量的影响	张平良	中国土壤与肥料	2021年第5期，192-199	旱农所
秸秆还田量对旱地全膜覆土穴播春小麦水分利用及产量的影响	侯慧芝	麦类作物学报	2021年第41卷第4期，457-464	旱农所

（续）

论文题目	第一作者及通讯作者	发表刊物	发表期数及页码	第一单位（通讯作者单位）
小麦旗叶与幼苗性状的 QTL 分析	李兴茂	麦类作物学报	2021 年第 5 期，532-537	旱农所
不同水分麦粒重 QTL 定位及其元分析	倪胜利	甘肃农业大学学报	2021 年第 56 卷第 3 期，45-54	旱农所
控释氮肥全量基施对旱地玉米产量和水肥利用率的影响	张建军	水土保持学报	2021 年，第 35 卷第 2 期，170-177	旱农所
覆膜种植方式对旱作大豆生长发育、产量及水分利用效率的影响	王立明	中国农学通报	2021 年第 37 卷第 21 期，8-14	旱农所
深施肥对立式深旋耕马铃薯水分利用效率及产量的影响	于显枫	中国农业科技导报	2021 年第 23 卷第 7 期，182-190	旱农所
不同厚度地膜对废旧地膜残留、回收影响及其使用选择概述	于显枫	农学学报	2021 年第 11 卷第 1 期，32-36	旱农所
不同降雨年型黑膜垄作对土壤水肥环境及马铃薯产量和效益的影响	杨封科	中国农业科学	2021 年第 54 卷第 20 期，4312-4325	旱农所
西北春玉米籽粒乳线和水分变化与灌浆特性的关系	王淑英	玉米科学	2021 年第 29 卷第 6 期，59-67	旱农所
休耕和种植作物对黑麻土壤肥力的影响	姜小凤	水土保持学报	2021 年第 35 卷第 1 期，229-235	旱农所
种植模式对当归根际细菌群落多样性及代谢通路的影响	姜小凤	应用生态学报	2021 年第 32 卷第 2 期，4254-4262	旱农所
胡麻-小麦轮作更替土壤的细菌群落多样性分析	王立光	干旱地区农业研究	2021 年第 39 卷第 5 期，84-89	生技所
胡麻/小麦间作与胡麻-小麦轮作对土壤理化特性及胡麻生长的影响	王立光	中国农业科技导报	2021 年第 23 卷第 12 期，161-171	生技所
黄淮麦区部分小麦品种粒重基因 TaGS5-A1 的等位变异分布及其效应分析	李静雯	麦类作物学报	2021 年第 43 卷第 3 期，272-280	生技所
高丹草多倍体的诱导与鉴定	王　炜	西北农业学报	2021 年第 30 卷第 9 期，1394-1401	生技所
留茬免耕播种对河西绿洲灌区春小麦出苗和产量的影响	卢秉林	应用生态学报	2021 年第 32 卷第 9 期，3249-3256	土肥所

（续）

论文题目	第一作者及通讯作者	发表刊物	发表期数及页码	第一单位（通讯作者单位）
不同用量有机酸土壤调理剂对土壤养分和作物生长的影响	崔　恒	应用生态学报	2021 年第 32 卷第 12 期，4411-4418	土肥所
不同氮肥减施量下玉米针叶豌豆间作体系的产量及效益	卢秉林	植物营养与肥料学报	2021 年第 27 卷第 9 期，1560-1570	土肥所
甘肃省武山县土壤养分特征及综合肥力评价	吴科生	中国土壤与肥料	2021 年第 3 期，347-353	土肥所
风沙土上不同用量有机酸土壤调理剂应用效果综合评价	崔　恒	中国土壤与肥料	2021 第 8 期，39-46	土肥所
灌漠土长期有机配施土壤肥力特征和作物产量可持续性分析	吴科生	水土保持学报	2021 年第 35 卷第 3 期，333-340	土肥所
基于产量和环境友好的黄土高原半干旱区玉米氮肥投入阈值研究	唐文雪	农业资源与环境学报	2021 年第 39 卷第 4 期，726-733	土肥所
河西绿洲灌区灌漠土长期秸秆还田土壤肥力和作物产量特征分析	吴科生	草业学报	2021 第 30 卷第 12 期，59-70	土肥所
有机肥与氮肥配施对膜下滴灌西瓜生长、产量和品质的影响	罗双龙	干旱地区农业研究	2021 年第 39 卷第 1 期，136-142	土肥所
水肥用量对制种玉米水肥利用及种子活力的影响	连彩云	干旱地区农业研究	2021 年第 39 卷第 1 期，128-135	土肥所
甘肃两种典型盐成土不同粒径土壤颗粒中盐分离子的分布特征	郭全恩	干旱地区农业研究	2021 年第 39 卷第 05 期，216-221	土肥所
甘肃河西绿洲灌区农田耕层土壤养分调查与评价	黄　涛	甘肃农业大学学报	2021 年第 56 卷第 1 期，126-132	土肥所
腐殖酸煤对牛粪好氧堆肥臭气释放量及微生物群落多样性的影响	赵　旭	生物技术通报	2021 年第 37 卷第 12 期，104-112	土肥所
河西走廊灌溉玉米施肥现状评价与减肥对策	赵建华	玉米科学	2021 年第 29 卷第 4 期，169-174	土肥所
SODm 尿素氮减量对河西绿洲灌区春玉米产量效益及氮利用效率的影响	崔云玲	云南农业大学学报（自然科学）	2021 年第 36 卷第 2 期，353-358	土肥所

（续）

论文题目	第一作者及通讯作者	发表刊物	发表期数及页码	第一单位（通讯作者单位）
陇东旱地苹果园不同地面覆盖的水分和养分效应	尹晓宁	农业工程学报	2021 年第 37 卷 20 期，117-126	林果所
黄土高原长期覆膜苹果园土壤物理退化与细根生长响应研究	孙文泰	植物生态学报	2021 年第 45 卷第 9 期，972-986	林果所
梨树对白粉病的抗性与叶片结构的关系	曹素芳	果树学报	2021 年第 38 卷第 12 期，2148-2155	林果所
油桃极早熟新品种“甘露早油”的选育	赵秀梅	中国果树	2021 年第 38 卷 12 期，65-66	林果所
利用叶绿素荧光技术分析 2 个草莓品种的低温适应性	杨馥霞	中国果树	2021 年第 3 期，13-19	林果所
陇东旱塬苹果细根对覆膜的可塑性响应	孙文泰	中国生态农业学报	2021 年第 29 卷第 9 期，1533-1545	林果所
西北旱地苹果细根分布及水力特征对长期覆膜的响应	孙文泰	生态环境学报	2021 年第 30 卷第 7 期，1375-1385	林果所
长期覆膜旱地苹果园表层土壤“隐性”退化下活性有机碳与酶活性差异	孙文泰	水土保持学报	2021 年第 35 卷第 5 期，272-279	林果所
杏李远缘杂交新品种“陇缘红”的选育	赵秀梅	果树学报	2021 年第 28 卷第 3 期，447-450	林果所
抹芽和花前摘心对河西走廊酿酒葡萄果实品质、产量及枝条的影响	郝　燕	经济林研究	2021 年第 39 卷第 1 期，176-183	林果所
不同产量水平对威代尔果实品质和枝条抗寒性的影响	朱燕芳	西北林学院学报	2021 年第 36 卷第 2 期，102-109	林果所
不同配方施肥对花椒幼树生长的影响	韩富军	经济林研究	2021 年第 39 卷第 3 期，58-65	林果所
5 个砧木苹果枝条的抗寒性评价	刘兴禄	果树学报	2021 年第 38 卷第 8 期，1264-1274	林果所
施用枝条堆肥对梨果和土壤质量影响效应的综合评价	曹　刚	果树学报	2021 年第 38 卷第 8 期，1285-1295	林果所
早熟优质梨新品种甘梨 2 号的选育	李红旭	果树学报	2021 年第 38 卷第 9 期，1611-1614	林果所

（续）

论文题目	第一作者及通讯作者	发表刊物	发表期数及页码	第一单位（通讯作者单位）
早熟桃新品种陇蜜10号的选育	陈建军	果树学报	2021年第38卷第6期，1013-1016	林果所
青稞普通根腐病的调查与病原鉴定	李雪萍	草业学报	2021年第30卷第7期，190-198	植保所
青海省青稞普通根腐病的调查与病原鉴定	李雪萍	植物保护学报	2021年第48卷第4期，757-765	植保所
黄芪根瘤象甲发生规律及生物学特性	刘月英	植物保护学报	2021年第48卷第3期，577-584	植保所
燕麦紫斑病的病原	何苏琴	菌物学报	2021年第40卷第7期，1627-1638	植保所
几种除草剂对兰州百合田杂草的防除效果及其安全性评价	牛树君	植物保护	2021年第47卷第6期，296-301	植保所
河西走廊灌溉玉米田病虫草害发生和农药使用现状与减量对策	王春明	玉米科学	2021年第29卷第4期，88-96	植保所
2017—2018年甘肃省小麦条锈菌生理小种变异监测	贾秋珍	植物保护	2021年第47卷第2期，214-218	植保所
腐烂茎线虫对当归细胞结构和生理特性的影响	漆永红	农学学报	2021年第11卷第6期，36-41	植保所
党参茎基腐病镰孢菌鉴定及其对杀菌剂的敏感性研究	漆永红	农学学报	2021年第11卷第2期，74-78	植保所
28份高粱品种对丝黑穗病的抗性评价及发病条件研究	郭　成	植物保护	2021年第47卷第5期，282-285	植保所
狼毒残渣的资源化利用探索	李建军	中国农学通报	2021年第37卷第10期，121-125	植保所
9种叶面处理剂对马铃薯早晚疫病的防控效果	王　立	西北农业学报	2021年第30卷第3期，439-444	植保所
不同杀菌剂对3种马铃薯病害病原菌的毒力测定	惠娜娜	西北农业学报	2021年第30卷第8期，1251-1254	植保所
甘肃玉米镰孢茎腐病病原菌种群多样性分析	郭　成	核农学报	2021年第35卷第11期，2521-2527	植保所
7种杀菌剂对马铃薯晚疫病的田间防效	惠娜娜	中国植保导刊	2021年第41卷第10期，68-70	植保所

（续）

论文题目	第一作者及通讯作者	发表刊物	发表期数及页码	第一单位（通讯作者单位）
喷雾助剂对灭草松防除马铃薯田阔叶杂草藜的增强作用	王玉灵	中国马铃薯	2021 年第 35 卷第 3 期，250-254	植保所
甘肃省亚麻田杂草种类及危害程度评价	王玉灵	中国麻业科学	2021 年第 43 卷第 3 期，126-129	植保所
96 份玉米杂交种抗矮花叶病鉴定与评价	周天旺	西北农业学报	2021 年第 30 卷第 8 期，1243-1250	植保所
42 份鲜食玉米品种对丝黑穗病和瘤黑粉病的抗性	郭　成	西北农业学报	2021 年第 30 卷第 9 期，1427-1433	植保所
低 O_2 高 CO_2 贮藏环境对马铃薯块茎淀粉—糖代谢的影响	田甲春	核农学报	2021 年第 35 卷第 8 期，1832-1840	加工所
1-甲基环丙烯在西兰花贮藏保鲜中的应用研究进展	李长亮	食品与发酵工业	2021 年第 47 卷第 4 期，299-304	加工所
青贮甜高粱替代不同比例甜高粱青干草对德州驴驹生长性能、营养物质消化率及血清生化指标的影响	王　斐	动物营养学报	2021 年第 33 卷第 8 期，4560-4568	畜草所
不同类型饲草高粱生产性能与饲用品质的差异分析	何振富	草业学报	2021 年第 29 卷第 7 期，1446-1453	畜草所
不同甜高粱品种（系）在甘肃旱作区的产量与营养品质比较	何振富	草业科学	2021 年第 38 卷第 5 期，947-957	畜草所
牛呼吸道疾病综合征防治研究进展	陈　平	中国兽医学报	2021 年第 41 卷第 10 期，2064-2068	畜草所
精料补饲水平对藏羊屠宰性能和器官发育的影响	王彩莲	草业科学	2021 年第 38 卷第 2 期，348-357	畜草所
不同品种藜麦幼苗对干旱胁迫的生理响应及耐旱性评价	刘文瑜	干旱地区农业研究	2021 年第 39 卷第 6 期，10-18	畜草所
物候期对放牧牦牛瘤胃液、牧草中脂肪酸及乳脂中共轭亚油酸组成的影响及其相关性分析	潘发明	草业学报	2021 年第 30 卷第 3 期，110-120	畜草所
引起向日葵盘腐和瘦果花皮的根霉种类及其生物学特性	白　滨	植物病理学报	2021 年第 51 卷第 6 期，828-839	质标所
利用体外产气法评价玉米秸秆黄贮与甜菜块根组合效应	冉生斌	草业科学	2021 年第 38 卷第 6 期，1171-1180	经啤所

（续）

论文题目	第一作者及通讯作者	发表刊物	发表期数及页码	第一单位（通讯作者单位）
覆膜对高寒阴湿区当归土壤质量、植株生长和杂草发生的影响	米永伟	应用生态学报	2021年第32卷第09期，3152-3158	经啤所
当归果翅对种子吸水与发芽进程的影响	米永伟	植物研究	2021年第41卷第02期，174-179	经啤所
减施化肥和配施有机肥对酿酒葡萄梅鹿辄产量和品质的影响	马忠明	水土保持通报	2021年第41卷第2期，188-193，200（CSCD扩增版）	经啤所
优质、高产、广适啤酒大麦新品种——甘啤8号	包奇军	麦类作物学报	2021年第41卷第9期，1181	经啤所
甘肃啤酒大麦品种与欧洲、北美啤酒大麦品种农艺性状及品质比较分析	包奇军	中国农业科技导报	2022年第24卷第3期，57-66	经啤所
兰州白兰瓜引种史略探	梁志宏	干旱区资源与环境	2021年第4期，78-82	农经所

共计109篇

科技著作、实用技术手册

书　名	第一主编	出版社	出版时间	单　位	字数（万）
小扁豆	杨晓明	中国农业科学技术出版社（978-7-5116-5149-5）	2021年4月	作物所	14.6
半干旱区全膜覆盖马铃薯高产高效种植的理论与技术	张绪成	中国农业出版社（978-7-109-27814-1）	2021年4月	旱农所	29
全膜双垄沟播玉米田杂草发生危害规律及关键防控技术	胡冠芳	中国农业科学技术出版社（978-7-5116-5370-3）	2021年6月	植保所	35.6
中国梨树病虫诊断及其防控原色图谱	郭致杰	甘肃科学技术出版社 978-7-5424-2877-6	2021年12月	植保所	80
甘肃省现代草食畜牧业的理论和实践	郎　侠	中国农业科学技术出版社（978-7-5116-5453-3）	2021年9月	畜草所	33.5

（续）

书　名	第一主编	出版社	出版时间	单　位	字数（万）
甘肃农业改革开放研究报告（2021）	魏胜文	社会科学文献出版社（978-7-5201-8016-0）	2021 年 4 月	省农科院	29.6
共计 6 部					

审定（登记） 品种简介

品种名称：甘啤 8 号

审定（登记）编号：大麦（青稞）（2021）620014

选育单位：甘肃省农业科学院经济作物与啤酒原料研究所

品种来源：以啤 4 号为母本，chariot 为父本，杂交选育而成的常规品种。原代号 0416。

特征特性：二棱皮大麦，春性。生育期 90 天左右，属中晚熟品种。幼苗匍匐，叶色绿，株高约 84.5 厘米，茎秆黄色，地上茎 5～6 节，茎秆粗壮，基部节间较短，穗下节长，弹性较好，抽穗时株型松紧中等，穗全抽出，闭颖授粉，穗长方形；灌浆后期茎弯曲，穗层整齐，穗长约 9.2 厘米；穗粒数约 23.7 粒，疏穗型。一般密度条件下，单株有效分蘖 3～4 个，长芒，黄色锯齿，千粒重约 46 克，粒色淡黄，种皮薄，粒径大，皱纹细腻，籽粒椭圆形，饱满，粉质。较抗倒伏，而且抗干热风、抗条纹病和其他大麦病害。

产量表现：该品种在 3 年甘肃省区域试验中平均单产 562.04 公斤/亩，比对照增产 6.8%，产量居第一位；在 2015—2016 年国家大麦（春播）品种区域试验平均单产 473.41 公斤/公顷，比对照增产 10.8%。

栽培要点：甘肃省适宜播量为 17.5～22.5 公斤/亩；氮磷肥最好作底肥或基肥一次性施入，化肥用量为：N：8～10 公斤/亩，最高不应超过 12 公斤/亩，P_2O_5：8～10 公斤/亩，氮磷比 1∶1 左右，K_2O：2～3 公斤/亩；播种前用 3%的敌萎丹悬浮种衣剂按种子量 0.2% 拌种或包衣，防治条纹病。全生育期灌水 2 次，生育期灌溉定额 200～250 立方米。

适宜范围：适宜在我国北方春大麦种植区种植。

品种名称：甘啤 9 号

审定（登记）编号：大麦（青稞）（2021）620013

选育单位：甘肃省农业科学院经济作物与啤酒原料研究所

品种来源：啤 4 号航天诱变选。原代号 HF-05-1-11。

特征特性：二棱、皮大麦，春性。生育期约 100 天，属中晚熟品种。幼苗匍匐，叶色深绿，株高约 78.4 厘米，茎秆黄色，地上茎 5～6 节，茎秆粗壮，基部节间较短，穗下节长，弹性较好，抽穗时株型松紧中等，穗全抽出，闭颖授粉，穗长方形；灌浆后期茎弯曲，穗层整齐，穗长约 8.0 厘米；穗粒数约 22.8 粒，疏穗型。一般密度条件下，单株有效分蘖3～4 个，长芒，黄色锯齿，千粒重约 47.8 克，粒色淡黄，种皮薄，粒径大，皱纹细腻，籽粒椭圆形，饱满，粉质。较抗倒伏，而且抗干热风、抗条纹病和其他大麦病害。

产量表现：该品种在3年甘肃省区域试验中平均折合产量551.22公斤/亩，比对照甘啤4号增产5.2%。在2年国家大麦（春播）品种区域试验中平均折合产量482.81公斤/公顷，比对照增产12.7%。

栽培要点：甘肃省适宜播量为17.5～22.5公斤/亩；氮磷肥最好作底肥或基肥一次性施入，化肥用量为：N：8～10公斤/亩，最高不应超过12公斤/亩，P_2O_5：8～10公斤/亩，氮磷比1∶1左右，K_2O：2～3公斤/亩；播种前用3%的敌萎丹悬浮种衣剂按种子量0.2%拌种或包衣，防治条纹病。全生育期灌水2次，生育期灌溉定额200～250立方米。

适宜范围：适宜在我国北方春大麦种植区种植。

品种名称：甘饲麦1号

审定（登记）编号：大麦（青稞）（2021）620012

选育单位：甘肃省农业科学院经济作物与啤酒原料研究所

品种来源：以法瓦维特为母本，吉53为父本，杂交选育而成的常规品种。原代号9406。

特征特性：二棱、皮、春性。生育期约100天，属中熟品种。幼苗半匍匐，叶色深绿。旗叶叶耳白色。抽穗时株型松紧中等。茎秆黄色，地上茎5节，穗茎节较长，弹性好，叶片开张角度大，冠层透光好。穗全抽出，闭颖授粉。穗长方形，有侧小穗，黄色。灌浆后期穗轴略有弯曲，穗层整齐。穗长8.5～9.0厘米。疏穗型，二棱。长芒，无锯齿，黄色。穗粒数约22粒。千粒重45～48克。粒色淡黄，种皮薄，粒径大，皱纹细腻，籽粒椭圆形，饱满，粉质。一般密度条件下，单株有效分蘖2.5～3.0个，分蘖力强，成穗率高。茎秆弹性好，高抗倒伏。抗条纹病及其他大麦病害。抗干热风能力强。综合农艺性状好，适应性广。

产量表现：在全省多年多点试验中，抽穗期植株生物亩鲜重3 155.6～3 888.9公斤，干重517.5～684.4公斤；灌浆期植株生物亩鲜重3 422.2～4 088.9公斤，亩生物干重808.0～1 026.7公斤；成熟期植株生物亩鲜重1 955.6～2 577.8公斤，干重1 053.9～1 220.3公斤。

栽培要点：甘肃省河西灌区适宜亩播量为17.5～22.5公斤；氮磷肥最好作底肥或基肥一次性施入，化肥用量为：N：6～8公斤/亩，最高不应超过10公斤/亩，P_2O_5：6～8公斤/亩；干旱地区适宜亩播量为15～20公斤。

适宜范围：适宜在甘肃省不同生态区种植。

品种名称：陇青1号

审定（登记）编号：大麦（青稞）（2021）620011

选育单位：甘肃省农业科学院经济作物与啤酒原料研究所

品种来源：以9810为母本，（法瓦维特×ZYM0981）为父本，杂交选育而成的常规品种。原代号0406。

特征特性：二棱、裸、春性。生育期约129天，属中晚熟品种。幼苗半匍匐，叶色深绿。抽穗时株型松紧中等。茎秆黄色，地上茎5节，穗茎节较长，弹性好，叶片开张角度大，冠层透光好。穗全抽出，闭颖授粉。穗长方形，有侧小穗，黄色。灌浆后期穗轴略有弯曲，穗层整齐。穗长7.7厘米。疏穗型，长芒，锯齿，黄色。穗粒数约30粒。籽粒椭圆形，饱满，一般密度条件下，单株有效分蘖2.5～3.0个，分蘖力强，成穗率高。茎秆弹性好，高抗倒伏。抗条纹病及其他大麦病害。抗干热风能力强。综合农艺性状好，适应性广。

产量表现：陇青1号在2017—2018年（分别在甘南藏族自治州卓尼县、临潭县、迭部县，武威天祝县，山丹军马场）两年多点区域试验，平均亩产333.1公斤，较当地对照增产11.5%，产量位居参试品种第一位，其中2017年在天祝县亩产588.90公斤，较对照昆仑14增产51.4%。2020年在山丹军马场示范种植2 000亩，平均亩产为408公斤。

栽培要点：甘肃省河西灌区适宜亩播量为17.5～22.5公斤；氮磷肥最好作底肥或基肥一次性施入，化肥用量为：N：6～8公斤/亩，最高不应超过10公斤/亩，P_2O_5：6～8公斤/亩；干旱地区适宜亩播量为15～20公斤。

适宜范围：适宜我国青稞种植区种植。

品种名称：陇单336

审定（登记）编号：国审玉20210192

选育单位：甘肃省农业科学院作物研究所

品种来源：以BSK卡570为母本，BSKZ82为父本，杂交选育而成的杂交种。原代号博盛3号。

特征特性：北方早熟春播玉米。出苗至成熟125.9天，比对照德美亚3号早熟1.2天。幼苗叶鞘紫色，叶片绿色，叶缘绿色，花药浅紫色，颖壳浅紫色。株型半紧凑，株高272厘米，穗位高102厘米，成株叶片数17.6片。果穗筒型，穗长18.5厘米，穗行数15.0，穗粗4.8厘米，穗轴红，籽粒黄色、半马齿，百粒重37.2克。接种鉴定，感大斑病，感丝黑穗病，感灰斑病，中抗茎腐病，中抗穗腐病，籽粒容重758克/升，粗蛋白含量10.15%，粗脂肪含量3.58%，粗淀粉含量75.46%，赖氨酸含量0.27%。

产量表现：2018—2020年参加北方早熟春玉米组区域试验，两年平均亩产783.1公斤，比对照德美亚3号增产5.41%。2020年生产试验，平均亩产744.8公斤，比对照德美亚3号增产3.2%。

栽培要点：（1）在适应区春季4月15日左右播种。（2）每亩保苗6 000株。（3）在起垄或播种时施足底肥，每亩施磷酸二铵30公斤，有条件的可施农家肥；在拔节期和抽雄期各追施尿素15公斤和20公斤。（4）苗期应视墒情采取蹲苗措施，使其健壮，控制株高（控旺不控弱，控湿不空干），苗期注意中耕除草。抽雄期施肥水猛攻，此期注意用颗粒剂防玉米螟。完熟后适时收获。

适宜范围：适宜在黑龙江、甘肃、内蒙古、宁夏、吉林、河北和山西等早熟春玉米区种植。

品种名称：陇中黄605

审定（登记）编号：甘审豆20210004

选育单位：甘肃省农业科学院作物研究所

品种来源：以中品03-5179母本，中黄30为父本。原代号GZ13-632-13。

特征特性：春播生育期平均136天，比对照陇豆2号早熟3天。株型收敛，有限结荚习性。株高83.8厘米，主茎17.4节，有效分枝3.1个，底荚高度9.7厘米，单株有效荚数54.2个，单株粒重20.5克，百粒重21.4克。叶圆形，紫花，棕毛。籽粒扁圆形，种皮黄色、微光泽，种脐黑色。接种鉴定，抗花叶病毒病，中抗灰斑病。籽粒粗蛋白含量40.50%，粗脂肪含量20.85%。

产量表现：2018—2019年参加甘肃省大豆品种区域试验，平均亩产202.58公斤，比对照陇豆2号增产17.90%。2020年生产试验平均亩产197.20公斤，比对照陇豆2号增产16.04%。

栽培要点：春播4月下旬至5月上旬播种，夏播6月下旬播种，亩种植密度1.2万～1.4万株。播前结合整地施优质有机肥2 000公斤/亩，施磷酸二氢铵10.0～15.0公斤/亩，结合灌水在初花期追施尿素5.0～8.0公斤/亩。出苗后及时中耕除草，加强田间管理。在落叶达90%及时收获，过早、过晚均会影响品种产量和品质。

适宜范围：适合在甘肃省陇东、天水、沿黄灌区、河西灌区春播，陇南市夏播。

品种名称：陇亚16号

审定（登记）编号：GPD亚麻（胡麻）(2021) 620005

选育单位：甘肃省农业科学院作物研究所

品种来源：以陇亚9号为母本，丰产、抗病品系材料8939-7-4-1为父本，杂交选育而成的常规品种。原代号99012-3。

特征特性：油用型常规种。花冠蓝色、种子褐色。株高45.1～74.6厘米，工艺长度23.5～56.0厘米，分枝数1.8～13.0，单株果数10.4～31.3，果粒数4.2～8.3，千粒重4.0～8.0克，单株产量0.4～1.0克，生育期99～120天。含油率40.4%，亚麻酸含量45.2%，高抗（HR）枯萎病，综合性状优良。

产量表现：2017—2018年参加甘肃省区域试验，2017年折合亩产119.9公斤，较对照品种陇亚13号增产5.9%，居参试材料第1位；2018年折合亩产85.5公斤，较对照品种陇亚13号增产5.5%，居参试材料第5位；两年18点次试验折合亩产102.2公斤，较对照品种陇亚13号增产5.7%、增产达极显著水平，居参试材料第2位，两年18点次试验中有14点次增产，增产点占77.8%。

栽培要点：(1) 轮作倒茬：根据当地种植结构与小麦、豆类等作物进行合理轮作。(2) 适期早播：一般川水地以3月下旬至4月上旬播种为宜，高寒山区以4月中、下旬播种为宜。(3) 合理密植：亩播量山旱地3～4公斤，保苗25万～35万株；灌溉区每亩播量5～6公斤，保苗35万～45万株。(4) 加强水肥管理：施肥以基肥为主，追肥为辅。基肥要足，提倡秋施肥，亩施农家肥2 000～3 000公斤，磷酸二铵15～30公斤；追肥要早，可结合苗期头次灌水或自然降雨亩追施尿素5～6公斤。灌水头水要足，二水应根据天气控制水量，防止倒伏。(5) 病虫草害防治：白粉病的防治于发病初期施用40%氟硅唑乳油7.5克/亩或43%戊唑醇悬浮剂15克/亩兑水45公斤/亩进行茎叶喷雾。地老虎、金针虫等地下害虫防治可采用40%辛硫磷乳油进行土壤处理；蚜虫、菜青虫等地上害虫防治可于发病初期施用4.5%高效氯氰菊酯乳油2 000倍液喷雾防治。及时中耕锄草，杂草化学防治采用30%辛酰溴苯腈乳油100毫升/亩+108克/升高效氟吡甲禾灵乳油60毫升/亩兑水45公斤/亩进行茎叶喷雾，防治最佳时期为胡麻株高5～10厘米。

适宜范围：陇亚16号适宜于在甘肃兰州、白银、定西、平凉、张掖及省外同类生产区域种植。

品种名称：陇亚17号

审定（登记）编号：GPD亚麻（胡麻）(2021) 620006

选育单位：甘肃省农业科学院作物研究所

品种来源：以温敏型雄性不育系1S为母本，丰产、抗病品系93059为父本，杂交选育而成的常规品种。原代号200617-8。

特征特性：油用型常规种。花冠蓝色、种子褐色。株高61.3～81.0厘米，工艺长度28.3～60.0厘米，分枝数3.8～16.1，单株果数10.1～24.9，果粒数4.1～8.2，千粒重6.1～7.9克，单株产量0.3～1.2克，生育期97～126天。含油率39.5%，亚麻酸含量43.1%，高抗（HR）枯萎病，综合性状优良。

产量表现：2017—2018年参加全国区域试验，2017年折合亩产109.1公斤，较对照品种陇亚10号增产11.5%，居参试材料第3位；2018年折合亩产86.5公斤，较对照品种陇亚10号增产9.7%，居参试材料第6位；两年18点次试验折合亩产97.8公斤，较对照品种陇亚10号增产10.7%、增产达极显著水平，居参试材料第5位。

栽培要点：（1）轮作倒茬：根据当地种植结构与小麦、豆类等作物进行合理轮作。（2）适期早播：一般川水地以3月下旬至4月上旬播种为宜，高寒山区以4月中、下旬播种为宜。（3）合理密植：亩播量山旱地3～4公斤，保苗25万～35万株；灌溉区每亩播量5～6公斤，保苗35万～45万株。（4）加强水肥管理：施肥以基肥为主，追肥为辅。基肥要足，提倡秋施肥，亩施农家肥2 000～3 000公斤，磷酸二铵15～30公斤；追肥要早，可结合苗期头次灌水或自然降雨亩追施尿素5～6公斤。灌水头水要足，二水应根据天气控制水量，防止倒伏。（5）病虫草害防治：白粉病的防治于发病初期施用40%氟硅唑乳油7.5克/亩或43%戊唑醇悬浮剂15克/亩兑水45公斤/亩进行茎叶喷雾。地老虎、金针虫等地下害虫防治可采用40%辛硫磷乳油进行土壤处理；蚜虫、菜青虫等地上害虫防治可于发病初期施用4.5%高效氯氰菊酯乳油2 000倍液喷雾防治。及时中耕锄草，杂草化学防治采用30%辛酰溴苯腈乳油100毫升/亩+108克/升高效氟吡甲禾灵乳油60毫升/亩兑水45公斤/亩进行茎叶喷雾，防治最佳时期为胡麻株高5～10厘米。

适宜范围：陇亚17号适宜在甘肃兰州、定西、平凉，张掖及宁夏、新疆、内蒙古、河北、山西等同类生态区域种植。

品种名称：陇糜18号

选育单位：甘肃省农业科学院作物研究所

品种来源：以山西雁北大黄糜为母本，以镇原笊篱头二汉糜为父本有性杂交后系统选育而成。原系号：9404-3-8-2-2-1。

特征特性：粳性，中熟，生育日数97～110天，株高157.7～167.8厘米，主茎节数6.9～7.2节。主穗长35.7～38.1厘米，侧穗。绿色花序，籽粒黄色，卵圆形，穗粒重12.6～12.8克，千粒重7.3～7.5克，商品性状优良。

产量表现：2017—2018年参加甘肃省糜子品种多点区域试验，平均产量3 709.05公斤/公顷，比对照陇糜10号增产7.63%。2019年在甘肃省7个试点进行生产试验，平均产量2 927.06公斤/公顷，较对照品种陇糜10号增产5.19%。2019—2020两年国家糜子（粳性）品种区域试验平均单产3 609.9公斤/公顷，在内蒙古通辽、内蒙古达拉特旗、内蒙古赤峰、陕西榆林、甘肃会宁、宁夏固原等试点表现增产。

栽培要点：旱地春播区应在5月中下旬播种，亩施优质农家肥2 000公斤、尿素8公斤、过磷酸钙 25 公斤。夏播复种区，抢时早播种是夺取复种糜子丰产的技术关键，应在 6 月底或 7 月初完成播种，旱地复种区前作收获后，及时铺施底肥，并结合耕翻亩施农家肥 3 000公斤、尿素 12 公斤、过磷酸钙 35 公斤；水地复种区亩施农家肥 4 000 公斤、尿素 15 公斤、过磷酸钙 50 公斤。旱地春播每亩保苗 5 万株，旱地复种每亩保苗 8.5 万株，水地复种每亩保苗 14 万株。

适宜范围：陇糜 18 号适宜在内蒙古通辽、内蒙古达拉特旗、内蒙古赤峰、陕西榆林、宁夏固原甘肃省白银、定西等地及其相似生态区海拔 1 650～1 900 米的地区春播，在甘肃省庆阳、平凉等海拔 1 200～1 400 米的地区复种。

品种名称：陇糜 19 号

选育单位：甘肃省农业科学院作物研究所

品种来源：以陇糜 8 号为母本，以雁黍 8 号为父本有性杂交后系统选育而成。原系号：0515-2-2。

特征特性：糯性，中早熟，生育期 93～95 天。株高 151.9～154.9 厘米，主茎节数 7.1～7.3 节。主穗长 34.6～35.7 厘米，侧穗。绿色花序，籽粒黄色，卵圆形，米粒黄色。穗粒重 10.9～12.2 克，千粒重 7.8～8.2 克。

产量表现：2017—2018 年参加甘肃省糜子品种多点区域试验，平均产量 3 550.8 公斤/公顷，比对照晋黍 8 号增产 19.51%。2019 年在甘肃省 7 个试点进行生产试验，平均产量 3 088.95公斤/公顷，较对照品种晋黍 8 号增产 6.95%。2019—2020 年两年国家糜子（糯性）品种区域试验平均单产 3 572.1 公斤/公顷，比平均产量增产 7.88%。

栽培要点：旱地春播区应在 5 月中下旬播种，亩施优质农家肥 2 000 公斤、尿素 8 公

斤、过磷酸钙 25 公斤。夏播复种区，抢时早播种是夺取复种糜子丰产的技术关键，应在 6 月底或 7 月初完成播种，旱地复种区前作收获后，及时铺施底肥，并结合耕翻亩施农家肥 3 000公斤、尿素 12 公斤、过磷酸钙 35 公斤；水地复种区亩施农家肥 4 000 公斤、尿素 15 公斤、过磷酸钙 50 公斤。旱地春播每亩保苗 5 万株，旱地复种每亩保苗 8.5 万株，水地复种每亩保苗 14 万株。

适宜范围：适宜在河北张家口、内蒙古通辽、内蒙古达拉特旗、内蒙古准格尔旗、甘肃华池、甘肃白银、山西大同等地及其相似生态区海拔 1 650～1 900 米的地区春播，在海拔 1 200～1 400 米的地区复种。

品种名称：陇春 42 号

审定（登记）编号：甘审麦 2021003

选育单位：甘肃省农业科学院小麦研究所

品种来源：以永 2312/中作 871 为母本，永 3263 为父本，杂交选育而成的常规品种。原代号 4035。

特征特性：属春性品种，幼苗生长习性直立型，生育期 100 天，株高 85 厘米，穗长 9.8 厘米，穗纺锤形，长芒，白粒。成穗数 38.8 万个，穗粒数 42 粒，千粒重 43.7 克，容重 816 克/升，中抗条锈病，中抗-中感白粉病，蛋白质含量 14.4%，稳定时间 2.4 分钟。

产量表现：2018—2019 年甘肃省西片水地春小麦品种区域试验，两年平均亩产 528.4 公斤，比对照宁春 4 号增产 5.0%。2020 年甘肃省春小麦生产试验中，陇春 42 号平均亩产 556.8 公斤，比对照宁春 4 号增产 8.2%。

栽培要点：一般 3 月中、下旬播种，播量以亩保苗 40 万～45 万为宜。根据土壤肥力水平，亩施农家肥 4 000～5 000 公斤，尿素 18～

20公斤，磷酸二胺22～25公斤为底肥，拔节期追施尿素2.5～5公斤。注意开花后喷药防治吸浆虫1～2次，及时灌水。

适宜范围： 陇春42号适宜在甘肃省河西水地品种类型区种植。

品种名称： 陇春43号

审定（登记）编号： 甘审麦2021004

选育单位： 甘肃省农业科学院小麦研究所

品种来源： 以衡7728为母本，陇春27号为父本，杂交选育而成的常规品种。

特征特性： 属春性品种，幼苗生长习性直立型，生育期101天，株高87.4厘米，穗长8.9厘米，穗长方形，长芒，白粒。成穗数25.2万个，穗粒数33.5粒，千粒重39.5克，容重796克/升，抗旱，抗青干，中抗条锈病，中抗-中感白粉病，抗黄矮病，抗赤霉病，蛋白质含量11.11%，稳定时间1.2分钟。

产量表现： 2018—2019年甘肃省旱地春小麦区域试验中，两年10点中10点增产，陇春43号平均亩产204.98公斤，比对照西旱2号增产10.02%。2020年甘肃省旱地春小麦生产试验中，陇春43号平均亩产238.8公斤，比对照西旱2号增产9.81%。

栽培要点： 一般3月中下旬播种，播量以亩保苗22万为宜。根据土壤肥力水平，亩施农家肥3 500～4 000公斤，尿素10公斤，过磷酸钙80～100公斤（磷二铵10～15公斤）做底肥。

适宜范围： 陇春43号适宜在甘肃省中部春麦旱地品种类型区种植。

品种名称： 陇春杂2号

审定（登记）编号： 甘审麦20210005

选育单位： 甘肃省农业科学院小麦研究所

品种来源： 以隐性核不育系1028A为母本，陇春27号为父本，杂交选育而成的旱地春小麦杂交种。

特征特性： 属春性品种，幼苗生长习性直立型，生育期97天，株高94.4厘米，穗长9.2厘米，穗近长方形，长芒，红粒。成穗数17.42万个，穗粒数39.31粒，千粒重39克，容重780克/升，抗旱，抗青干，中抗条锈病，中感白粉病，蛋白质含量15.44%，稳定时间2.9分钟。

产量表现： 2018—2019年甘肃省旱地春小麦区域试验中，两年10点中10点增产，陇春杂2号平均亩产199.01公斤，比对照西旱2号增产6.82%。2020年甘肃省旱地春小麦生产试验中，陇春杂2号平均亩产228.9公斤，比对照西旱2号增产5.27%。

栽培要点： 一般3月中、下旬播种，播量以亩保苗20万～22万为宜。根据土壤肥力水平，亩施农家肥4 000～5 000公斤，尿素8～12.5公斤，过磷酸钙80～100公斤（磷二铵10～15公斤）做底肥，在拔节期遇雨亩追施尿素5～8公斤。开花后喷药防治蚜虫和吸浆虫1～2次。

适宜范围： 陇春杂2号适宜在甘肃省中部春麦旱地品种类型区种植。

品种名称： 兰天43号

审定（登记）编号： 甘审麦20210015

选育单位： 甘肃省农业科学院小麦研究所

品种来源： 以兰天23号为母本，周麦18号为父本。原代号08-3。

特征特性： 属冬性品种，生育期244.5天，与对照相同。幼苗半直立，叶色较深，分蘖力较强。株高77.1厘米，株型紧凑，抗倒性强。旗叶上冲，整齐度好，穗层整齐，熟相好。穗型长方形，无芒、白壳、红粒，籽粒半硬质，饱满度好。亩穗数 42 万穗，穗粒数 44.2 粒，千粒重 44.4 克。抗病性鉴定，免疫条锈病，中抗白粉病。品质检测结果，籽粒容重 790 克/升，蛋白质含量 13.59%，湿面筋含量 32.0%，稳定时间 1.9 分钟，吸水率 62.6%，最大拉伸阻力 105E.U，拉伸面积 27 平方厘米。

产量表现： 2017—2019 年参加甘肃省冬小麦品种区域试验，平均亩产 468.4 公斤，比对照兰天 33 号增产 4.2%。2019—2020 年生产试验平均亩产 495.6 公斤，比对照兰天 33 号增产 3.4%。

栽培要点： 9—10 月播种，每亩适宜基本苗 30 万～40 万株。

适宜范围： 适宜在甘肃省陇南川地冬麦品种类型区种植。

品种名称： 陇番 15 号

审定（登记）编号： GPD 番茄(2021) 620042

选育单位： 甘肃省农业科学院蔬菜研究所

品种来源： 以 09103 为母本，09104 为父本育成的一代杂交种，原代号 2009-B21。

特征特性： 属无限生长类型、中晚熟品种。生长势中等，第一花序出现节位 6～8 片叶，花序间隔 3～5 片叶，叶量适中；平均单果质量 279.5 克，成熟果实粉红色、圆形，果面光滑，无果肩，果脐小，果肉较硬，畸形裂果率低，商品性好；可溶性固形物含量 5.37%，糖酸比适宜，口感酸甜，风味品质佳；高抗叶霉病，抗病毒病及早疫病，综合抗病性强。

产量表现： 2012—2015 年度多点区域试验中，陇番 15 号平均亩产 6 574.40 公斤，比对照中杂 9 号增产 13.55%。2013—2016 年度生产试验中，陇番 15 号平均亩产 6 533.75 公斤，比对照中杂 9 号增产 13.83%。

栽培要点： 春季塑料大棚一般 2 月初播种，栽培密度每亩 3 100 株左右，日光温室冬春茬一般 12 月上旬播种，栽培密度每亩 3 000 株左右。定植前施足基肥，每亩施优质农家肥 5 000 公斤，饼肥 200 公斤，磷酸二铵 50 公斤，宜采用单秆整枝，每穗留果 3～4 个，其余疏除，结果期要适时灌水追肥，适时采收。

适宜范围： 陇番 15 号适宜甘肃省及北方地区设施栽培。

品种名称： 陇椒 13 号

审定（登记）编号： GDP 辣椒(2021) 620610

选育单位： 甘肃省农业科学院蔬菜研究所

品种来源： 以辣椒材料 1474 为母本，1439 为父本，杂交选育而成的杂交品种。原代号 2015B31。

特征特性： 陇椒 13 号属早熟一代杂种，生长势强，株高 87 厘米，株幅 70 厘米，单株结果数 21 个，果实羊角形，果长 28 厘米，果宽 3.1 厘米，肉厚 0.27 厘米，平均单果重 66 克，果色绿，果面皱、味辣，果实商品性好。播种至始花期天数为 92 天，播种至青果始收期 131 天，维生素 C 含量 88.0 毫克/100 克，干物质含量 8.2 克/100 克，可溶性糖含量 3.0 克/100 克，品质优良，耐低温光照，抗病毒病，中抗疫病，丰产性好，日光温室种植亩产量为 5 000 公斤左右。

产量表现： 在塑料大棚品比试验中陇椒 13 号总产量为 5 142.8 公斤/亩，较陇椒 2 号增产 54.6%。在日光温室多点区域试验中，陇椒 13 号总产量 5 092.8 公斤/亩，较对照陇椒

2 号增产 19.4%。

栽培要点：（1）采用育苗移栽，苗龄 60～70 天。（2）日光温室栽培：垄宽 80 厘米，沟宽 50 厘米，垄高 20～25 厘米，每垄定植两行，株距 45 厘米，每穴 2 株。（3）塑料大棚栽培：垄宽 60 厘米，沟宽 35 厘米，垄高 15～20 厘米，每垄定植两行，株距 40 厘米，每穴 2 株。（4）露地栽培：垄宽 55 厘米，沟宽 35 厘米，垄高 15～20 厘米，每垄定植两行，株距 35 厘米，每穴 2 株。（5）每亩施腐熟农家肥约 5 000 公斤作基肥，在垄底施磷酸二铵20～30 公斤。（6）进入盛果期后，结合浇水每亩追尿素 15 公斤，磷酸二铵 20 公斤，隔 1 水追 1 次肥。（7）每 15 天左右浇一次水。

适宜范围：适宜于北方地区及气候类型相似地区的塑料大棚、日光温室和露地种植。

品种名称：陇鉴 115

审定（登记）编号：甘审麦 20210016

选育单位：甘肃省农业科学院旱地农业研究所

品种来源：以 1R15/陇鉴 386 的 F1 代为母本，陇鉴 386 为父本，杂交选育而成的常规品种。原代号 F108-6。

特征特性：属冬性品种，幼苗生长习性半直立型，全生育期 273 天，叶色浅绿色，分蘖力强。株高 97 厘米，株型紧凑，旗叶下批，穗长方形，长芒，白粒，角质，亩穗数 36 万穗，穗粒数 37 粒，千粒重 36 克。抗病性鉴定：抗条锈病，中抗白粉病。品质检测结果：籽粒容重 787 克/升，蛋白质含量 15.08%，湿面筋（14%湿基）含量 30.0%，稳定时间 18.4 分钟，吸水量（14%湿基）58.5 毫升/100 克，拉伸面积 207 平方厘米，最大拉伸阻力 716EU，面包体积 880 毫升，面包评分 90.3 分。

产量表现：2017—2019 年甘肃省冬小麦区域试验中，两年 14 个点中 13 个点增产，陇鉴 115 平均亩产 337.6 公斤，比对照陇育 4 号增产 9.9%。2019—2020 年生产试验平均亩产 281.9 公斤，比对照陇育 4 号增产 4.5%。

栽培要点：适宜 9 月下旬播种，每亩适宜基本苗 18 万～20 万株。注意成熟期及时收获，以免降雨危害。

适宜范围：陇鉴 115 适宜在甘肃省陇东冬麦旱地品种类型区种植。

品种名称：陇金 5 号

审定（登记）编号：GPD 桃（2021）620030

选育单位：甘肃省农业科学院林果花卉研究所

品种来源：陇油桃 1 号实生苗选育而成的常规品种。原代号 05-8-1。

特征特性：晚熟品种，果实发育期 132 天。果实圆形，平均单果重 301 克，最大单果重 355 克。果顶圆平、缝合线中，梗洼中，果皮底色为浅黄色，果面 3/4 以上着红色斑纹；果皮中，不能剥离；果肉黄色，近核处有很少红色素；肉质硬，汁液多，纤维少，风味甜；果核红褐色，近圆形，粘核；果肉水分含量为 85.2%、可溶性固形物 14.44%、可溶性糖 12.3%、可滴定酸 0.238% 、维生素 C 含量 3.57 毫克/100 克，果实适口性好、风味甜、品质优；果实硬度较高，耐贮运，商品性状突出。

产量表现：树势较强，花芽形成好，复花芽多，花芽起始节位 2～3 节，各类果枝均能结果。幼树以长、中果枝结果为主。极丰产，

4 年生树亩产可达 1 500 公斤，盛果期树亩产 2 400 公斤以上。

栽培要点：树形三主枝开心型树形株行距 3 米×（4～5）米，“Y”型树形株行距可选用 2 米×（4～5）米。该品种丰产性好，应加强肥水管理。有机肥 3～4 立方米/亩，氮肥（N）12～16 公斤/亩，磷肥（P_2O_5）7～9 公斤/亩，钾肥（K_2O）17～20 公斤/亩。该品种坐果率高，应合理留果，有利果个的增大和品质的提高。一般长果枝留果 3 个，中果枝 2 个，短果枝 1 个，花束状果枝可不留果。产量控制在每亩2 400公斤左右为宜。

适宜范围：适宜在甘肃省桃主产区的兰州、天水、陇南等地种植。

知识产权

授权国家发明专利名录

专利名称	专利号	专利权人	发明人
一种转育改良油菜细胞质雄性不育系的方法	201810139417.4	作物所	董　云等
一种油用亚麻常规品种真实性的 SSR 分子标记检测方法	202110186427.5	作物所	赵　利等
一种通过合理套种实现农业防治棉田叶螨的防治方法	201911068358.7	作物所	冯克云等
一种胡麻品种萌发期耐盐性快速鉴定方法	201910044099.8	作物所	赵　玮等
一种提高马铃薯病毒脱除效率的方法	201811425149.9	马铃薯所	高彦萍等
旱地小麦全生物降解地膜与秸秆周年覆盖免耕栽培方法	201711009094.9	旱农所	马明生等
一种微生物菌剂及其制备方法	202010096674.1	旱农所	董　博等
过氧化物酶在堆肥中的应用及堆肥制备方法以及堆肥的应用	201910572829.1	旱农所	董　博等
一种可降解液态地膜的使用方法	201910108435.0	旱农所	董　博等
一种甘露子施肥覆膜播种一体机	202010281972.8	旱农所	王　磊等
一种甲基磺酸乙酯诱变高粱种子的育苗方法	201910840527.8	生技所	王　炜等
一种食用百合种质资源的分子鉴别方法	201810228737.7	生技所	欧巧明等
一种用于畜禽粪便快速腐熟的复合菌剂及其制备方法	201810557239.7	土肥所	赵　旭等
一种原生态修复固废堆场坝体的方法	201910021510.X	土肥所	郭全恩等
一种畜禽养殖废弃物面源污染处理装置	202010221865.6	土肥所	杨虎德等
一种农业土壤翻耕修复装置	202010222011.X	土肥所	杨虎德等
一种甜瓜长效缓释专用肥的施用方法	201911169952.5	土肥所	薛　亮等

（续）

专利名称	专利号	专利权人	发明人
基于甜瓜 *CmROR2* 基因的抗白粉病种质筛选方法及其应用	201810293806. 2	蔬菜所	程 鸿等
一种桃砧木培养基及其使用方法	202011525613. 9	林果所	王 鸿等
一种经济高效的苹果树拉枝方法	201811522365. 5	林果所	牛军强等
一株副地衣芽孢杆菌及其应用	202011446421. 9	植保所	刘永刚等
一株土地类芽孢杆菌 YC16-08 及其应用	201810954789. 2	植保所	徐生军等
短密木霉 GSAAMLSHU-1 及其应用	201810331181. 4	植保所	郭 成等
短密木霉的固体培养和液体发酵工艺	201810333470. 8	植保所	王春明等
一种以羟丙基-β-环糊精为缓释载体的右旋香芹酮马铃薯抑芽剂	20190486757. 9	加工所	葛 霞等
一种二棱裸大麦的选育方法	201810900966. 9	经啤所	包奇军等
一种促进当归繁殖基材发芽的方法	201810458560. X	经啤所	米永伟等
一种果园肥料混施整平机	202011565813. 7	农经所	秦春林等
适时灌溉系统	2021105698	土肥所	孙建好等
A Soil activator and preparation method	2021102769	植保所	郭致杰

共计 30 项

授权实用新型专利名录

专利名称	专利号	专利权人	发明人
一种盐碱地胡麻栽培用有机肥筛选实验装置	2020221226776	作物所	祁旭升等
一种旱田胡麻品种筛选模拟实验棚	2020222811616	作物所	冯克云等
一种盐碱地胡麻种植用施肥装置	2020222804631	作物所	冯克云等
一种盐碱地胡麻栽培用幼苗培育装置	2020221226795	作物所	董 云等
一种精确控制播种密度的旱砂地胡麻播种装置	2020221677234	作物所	赵 利等
一种盐碱地胡麻种植用挂接式施肥装置	2020221839120	作物所	罗进仓
一种便携式田间玉米照相用固定装置	2020232412129	作物所	赵 玮等
一种青贮玉米秸秆粉碎打包装置	2020232482259	作物所	齐燕妮等

（续）

专利名称	专利号	专利权人	发明人
一种用于春油菜种植的浇水器	202020721556.0	作物所	齐燕妮等
一种春油菜种植施肥装置	202020720710.2	作物所	齐燕妮等
一种春油菜种植用可调节的播种装置	202020720710.2	作物所	齐燕妮等
一种春油菜种植用药物喷洒装置	202020721544.8	作物所	赵　玮等
一种棉花地的锄草装置	202021266239.0	作物所	赵　玮等
一种小麦地秸秆覆盖用粉碎装置	20212027949.6	小麦所	杨长刚等
一种马铃薯试管苗无菌快繁装置	202021923949.6	马铃薯所	贾小霞等
一种超净工作台用培养基分装器	202120955184.2	马铃薯所	贾小霞等
一种可实现穴距和穴粒数调节的可调式播种器	202021885330.0	旱农所	侯慧芝等
一种沙漠植树用节水装置	20203080014.9	旱农所	张国平等
一种用于沙漠荒漠化治理的植物固定装置	202023015507.4	旱农所	王红丽等
一种用于果树施肥沟起沟装置施肥机械	202021851701.3	旱农所	曾　骏等
手持式金银花干燥程度的测试仪	202120616793.5	旱农所	姜小凤等
一种金银花伸缩式滴淋培育架	202120616058.4	旱农所	姜小凤等
一种立式深旋松耕施肥一体机	202022977543.2	旱农所	董　博等
一种行间除草装置	202120037184.4	旱农所	张建军等
一种播种机的供种装置	202120176058.7	旱农所	周　刚等
一种自走式百合施肥机	202022387538.6	土肥所	俄胜哲等
一种旋耕式多功能农机	202021875977.5	土肥所	温美娟等
一种重金属污染土壤多级淋洗装置	202022552907.2	土肥所	俄胜哲等
一种重金属土壤上下层互换装置	202022552908.7	土肥所	俄胜哲等
一种重金属固体钝化剂均匀深施装置	202022552909.1	土肥所	俄胜哲等
一种矿物生物炭瓜菜栽培基质的加工装置	202121176026.3	蔬菜所	杜少平等
一种日光温室蔬菜栽培基质袋快速开孔器	202021775890.0	蔬菜所	蒯佳琳等
一种基质槽栽培蔬菜打孔器	202021777063.5	蔬菜所	蒯佳琳等
一种莴笋种植用浇灌喷淋器	202120809835.7	蔬菜所	刘明霞等

（续）

专利名称	专利号	专利权人	发明人
一种辣椒授粉器	202120506818.6	蔬菜所	陶兴林等
一种辣椒种子晾晒装置	202120506203.3	蔬菜所	陶兴林等
一种西甜瓜种子消毒装置	202120903107.2	蔬菜所	张化生等
一种甜瓜育苗补光种植设备	202120868977.0	蔬菜所	张化生等
一种小型果蔬采摘器	202120078959.2	林果所	杨馥霞等
一种藤蔓固定器	202120423318.6	林果所	汤　玲等
一种设施温室草莓栽种工具	202023180026.9	林果所	贺　欢等
一种草莓取种夹	202023047337.8	林果所	汤　玲等
一种新型果树绑枝专用绳	202022767147.7	林果所	王发林等
一种基于果树根系生长原位的根际土壤取样器	202120365148.0	林果所	任　静等
一种葡萄疏花器	202021207910.4	林果所	王玉安等
一种果树授粉器	202022799057.6	林果所	胡　霞等
一种果树涂白装置	202022790575.1	林果所	胡　霞等
一种用于果树深沟施肥的改土装置	202022487479.X	林果所	赵明新等
一种果树施肥装置	202022487147.1	林果所	李红旭等
一种果树穴位施肥装置	202120826050.0	林果所	牛军强等
一种叶面喷肥装置	202120826129.3	林果所	牛军强等
一种组合式葡萄栽培架	202021679306.1	林果所	郝　燕等
一种葡萄立体栽培装置	202021679499.0	林果所	郝　燕等
一种二裂式柱形赤眼蜂释放器	202021249315.7	植保所	魏玉红等
多用途食叶昆虫微虫笼	202022756242.7	植保所	张大为等
一种植被保护用的灭虫药物喷洒装置	202120812365X	植保所	漆永红等
一种玉米田立体式打药装置	202021391866.7	植保所	郭建国等
一种玉米病虫草害图像自动化采集设备	202022498880.3	植保所	郭建国等
一种生鲜农产品贮藏设施	20201837028.8	加工所	田世龙等
一种发酵装置	202121039371.2	加工所	张霁红等
一种辅助发酵装置	202121029280.0	加工所	张霁红等
一种水果白兰地蒸馏装置	202121034868.5	加工所	李玉新等
一种黑山羊养殖用羊舍消毒装置	202023014412.0	畜草所	宫旭胤等

（续）

专利名称	专利号	专利权人	发明人
一种牛羊畜牧养殖用喂食槽	202022967383.3	畜草所	郎　侠等
藜麦皂苷清洗装置	202120770672.6	畜草所	黄　杰等
藜麦浸泡搓洗一体罐	202120770671.1	畜草所	黄　杰等
一种藜麦种子发芽装置	202121375549	畜草所	刘文瑜等
一种可助藜麦快速生长的种植装置	202121375553.7	畜草所	刘文瑜等
一种畜禽饲料高效发酵设备	202020409470.4	畜草所	潘发明等
一种畜牧用饲料混合装置	202020989327.7	畜草所	郝生燕等
一种党参移栽装置	202120287595.9	质标所	李晓蓉等
一种胡麻脱粒装置	202120287594.9	质标所	李晓蓉等
一种木霉菌发酵用生产装置	202023077434.1	质标所	柳利龙等
一种丸粒化种子快速干燥装置	202021434969.7	经啤所	蔡子平等
一种党参立体栽培攀爬网	202021928068.3	经啤所	蔡子平等
一种大麦分级筛选装置	202021993107.8	经啤所	张华瑜等
一种大麦除芒装置	202021966283.2	经啤所	张华瑜等
一种旱生药用植物栽培装置	202022486518.4	经啤所	张迎丰等
一种水肥一体化作物根部固态磷肥施肥器	202021775998X	经啤所	陈　娟等
一种果树栽培施肥装置	202022663937.0	张掖场	鞠　琪等
一种用于苹果栽培的扶植架	202022659349.X	张掖场	鞠　琪等
一种捕捉梨小食心虫的装置	202120396011.1	张掖场	赵朔阳等
一种梨小食心虫诱捕器	202021924460.0	榆中场	李国权等
一种用于农林业便于移植的苗木栽植器	202021901263.7	榆中场	魏玉萍等
一种农林业种植用灌木粉碎装置	202021715114.1	榆中场	魏玉萍等
			共计 85 项

授权外观设计专利名录

专利名称	专利号	专利权人	发明人
包装箱（核桃）	202130082481.6	加工所	吴小华等
			共计 1 项

计算机软件著作权名录

软件名称	登记号	著作权人
农作物种质资源管理系统 V1.0	2021SR0249947	祁旭升等
棉花种植智能监测管理软件	2021ISRE0000865	冯克云等
棉花种植生产智能管理平台	2021ISRE000929	冯克云等
马铃薯栽培生长发育管理系统	2021SR0429130	黄　伟等
马铃薯种质的离体循环保存条件实时监测系统	2021SR0654888	齐恩芳等
生态失衡草原快速改良修复方法的监测系统	2020SR1883771	张国平等
农业科研经济效益核算系统 V1.0	2021SR0882329	欧巧明
黄花菜品种资源分子身份证标识系统 V1.0	2021SR0882266	欧巧明
农作物品种资源遗传背景分子信息数据库系统 V1.0	2021SR0882328	欧巧明
智能适时灌溉储水罐水位监测及远程控制软件	2021SR0230257	孙建好等
适时灌溉土壤水分动态与水平衡通量模拟软件	2021SR0120177	李伟绮等
痕量灌溉土壤水分动态和水量平衡模拟软件	2021SR1323522	李伟绮等
甘蓝类蔬菜种质资源信息管理系统 V1.0	2021SR0398609	陶兴林等
莴苣属蔬菜种质资源信息管理系统 V1.0	2021SR0398610	刘明霞等
加工辣椒种质资源信息管理系统 V1.0	2021SR0398585	朱惠霞等
苹果自动化施肥物联网控制系统	2021SRE015959	牛军强等
苹果自动化灌溉管控软件	2021SRE015979	牛军强等
桃全光迷雾绿枝扦插水分控制系统 V1.0	2021SR1153977	王　鸿等
桃硬枝扦插温度控制系统 V1.0	2021SR1153961	王　鸿等
一种黄芩根腐病的防治方法智能应用管理平台	2021SR1015126	漆永红等

（续）

软件名称	登记号	著作权人
一种土壤活化剂应用效果测评系统	2021SR0622487	郭致杰等
一种土壤活化剂配方成分设计系统	2021SR0629551	郭致杰等
一种土壤活化剂实施例结果对比分析软件	2021SR0622489	郭致杰等
一种土壤活化剂制备过程管理监测系统	2021SR0622540	郭致杰等
一种土壤活化剂土壤活化效果数据采集分析软件	2021SR0622488	荆卓琼等
新型肉驴全混合饲料配方设计系统 V1.0	2021SRE005870	王　斐等
肉羊场养殖环境智能监测评估软件 V1.0	2021R11L2586189	郎　侠等
肉羊场养殖环境温湿度自适应调节软件 V1.0	2021R11L2586308	郎　侠等
肉羊场养殖设备自动化投料控制系统 V1.0	2021R11L2586442	郎　侠等
基于物联网的肉羊场养殖视频监控系统 V1.0	2021R11L2586692	王彩莲等
肉羊饲养日常记录可视化登记查询软件 V1.0	2021R11L2586922	王彩莲等
肉羊饲养成长状态实时监测记录软件 V1.0	2021R11L2587739	王彩莲等
肉羊饲养废水智能无害化处理系统 V1.0	2021R11L2586075	刘立山等
土壤检测数据分析系统	2021SR0180984	李金娟等
小杂粮生产销售一站式服务平台	2021SR1370991	柳利龙等
山旱地小杂粮质量追溯系统	2021SR1647117	柳利龙等
陇研助手系统	2021SR1103767	白玉龙等
果树栽培营养管理系统 V1.0	2021SR0985810	李　星等
		共计 38 项

授权植物新品种权名录

品种名称	品种权号	品种权人	培育人
甘啤 8 号	CNA20171984.5	经啤所	潘永东等
			共计 1 项

认定标准

省级地方标准名录

标准名称	标准编号	发布机构	完成单位	编撰人
盐碱荒地快速改良技术规程	DB62/T 4122—2020	甘肃省市场监督管理局	土肥所	王成宝等
紫苏品种　陇苏1号	DB62/T 4431—2021	甘肃省市场监督管理局	旱农所	张国平等
旱地全膜双垄沟播玉米栽培技术规程	DB62/T 2604—2021	甘肃省市场监督管理局	旱农所	王红丽等
小麦品种　陇鉴110	DB62/T 4380—2021	甘肃省质量技术监督局	旱农所	李兴茂等
小麦品种　陇紫麦1号	DB62/T 4381—2021	甘肃省质量技术监督局	旱农所	李兴茂等
大豆标准　陇黄1号	DB62/T 4428—2021	甘肃省质量技术监督局	旱农所	王立明等
大豆标准　陇黄2号	DB62/T 4429—2021	甘肃省质量技术监督局	旱农所	陈光荣等
马铃薯-大豆带状复合种植技术规程	DB62/T 4427—2021	甘肃省质量技术监督局	旱农所	陈光荣等
核桃贮藏保鲜技术规程　第1部分：青皮核桃	DB62/T 4307—2021	甘肃省质量技术监督局	加工所	陈　柏等
核桃贮藏保鲜技术规程　第2部分：脱青皮鲜核桃	DB62/T 4307—2021	甘肃省质量技术监督局	加工所	颉敏华等
高原夏菜采后处理与贮藏保鲜技术规程	DB62/T 4296—2021	甘肃省质量技术监督局	加工所	冯毓琴
兰州百合贮藏保鲜技术规程	DB62/T 4297—2021	甘肃省质量技术监督局	加工所	冯毓琴
果树枝条堆肥还园技术规程	DB62/T 4304—2021	甘肃省质量技术监督局	林果所	曹　刚等
桃　陇蜜11号	DB62/T 4300—2021	甘肃省质量技术监督局	林果所	陈建军等
桃　陇蜜15号	DB62/T 4301—2021	甘肃省质量技术监督局	林果所	赵秀梅等
密闭杏园改造技术规程	DB62/T 4305—2021	甘肃省质量技术监督局	林果所	王玉安等
杏　陇杏3号	DB62/T-4303—2021	甘肃省质量技术监督局	林果所	王玉安等
杏　陇杏1号	DB62/T 4302—2021	甘肃省质量技术监督局	林果所	王玉安等
桃苗木繁育技术规程	DB 62/T 4306—2021	甘肃省质量技术监督局	林果所	王　鸿等

（续）

标准名称	标准编号	发布机构	完成单位	编撰人
胡麻耐盐性鉴定技术规范	DB62/T 4356—2021	甘肃省质量技术监督局	生技所	张艳萍
盐碱地胡麻栽培技术规程	DB62/T 4357—2021	甘肃省质量技术监督局	生技所	张艳萍
河西地区杂交西瓜种子制种田套种向日葵栽培技术规程	DB62/T 4430—2021	甘肃省市场监督管理局	蔬菜所	张化生等
小麦品种　兰航选 122	DB62/T 4331—2021	甘肃省市场监督管理局	小麦所	杜久元等
小麦品种　兰天 134	DB62/T 4332—2021	甘肃省市场监督管理局	小麦所	杨芳萍等
小麦品种　兰天 33 号	DB62/T 4462—2021	甘肃省市场监督管理局	小麦所	白玉龙等
小麦品种　兰天 34 号	DB62/T 4463—2021	甘肃省市场监督管理局	小麦所	鲁清林等
小麦品种　兰天 35 号	DB62/T 464—2021	甘肃省市场监督管理局	小麦所	鲁清林等
小麦品种　兰天 36 号	DB62/T 4465—2021	甘肃省市场监督管理局	小麦所	鲁清林等
小麦品种　兰天 39 号	DB62/T 4466—2021	甘肃省市场监督管理局	小麦所	鲁清林等
小麦品种　兰天 40 号	DB62/T 4467—2021	甘肃省市场监督管理局	小麦所	鲁清林等
小麦品种　兰天 42 号	DB62/T 4468—2021	甘肃省市场监督管理局	小麦所	鲁清林等
燕麦抗主要病虫害鉴定技术规范	DB62/T 4438—2021	甘肃省市场监督管理局	植保所	郭　成等
农作物种质资源种子入库技术规程	DB62/T 4362—2021	甘肃省市场监督管理局	作物所	李　玥等
饲用高粱　陇草 1 号	DB62/T 4320—2021	甘肃省市场监督管理局	作物所	葛玉彬等
饲用高粱　陇草 2 号	DB62/T 4321—2021	甘肃省市场监督管理局	作物所	葛玉彬等
油菜品种　陇油杂 1 号	DB62/T 4369—2021	甘肃省市场监督管理局	作物所	董　云等
油菜品种　陇油杂 2 号	DB62/T 4370—2021	甘肃省市场监督管理局	作物所	董　云等
共计 36 项				

条件建设

农业农村部野外科学观测试验站一览表

试验站名称	依托单位	建设地点	承担任务
农业农村部天水作物有害生物科学观测实验站	植保所	甘　谷	主要承担作物有害生物观测监测，解决甘肃乃至我国农业生产特别是在作物重大有害生物控制中遇到的重要科学问题及技术难题
农业农村部作物基因资源与种质创制甘肃科学观测实验站	作物所	张　掖	主要承担农作物种质资源的收集鉴定、繁殖更新、入库保存、提供利用和种质创制等科学试验
农业农村部西北旱作马铃薯科学观测实验站	马铃薯所	会　川	主要承担农业气象数据观测、马铃薯晚疫病预测预报、病虫害防控、农田生态、土壤环境、品种基因型与环境互作关系等方面的观测监测以及马铃薯资源材料抗旱、品质及抗逆性状鉴定评价、马铃薯块茎发育与淀粉积累规律观测分析研究
农业农村部西北地区蔬菜科学观测实验站	蔬菜所	永　昌	主要承担蔬菜种质资源精准鉴定、创制，土壤温度、水分、养分含量等数据观测以及蔬菜光合、蒸腾生理指标数据、区域气象数据的观测监测
农业农村部西北地区果树科学观测实验站	林果所	榆　中	主要承担野外果树种质资源和新品种要素观测、公共实验、长期定位试验和技术示范服务等
农业农村部甘肃耕地保育与农业环境科学观测实验站	土肥所	凉　州	主要承担耕地保育与农业环境监测，提升自主创新能力和服务水平
农业农村部西北旱作营养与施肥科学观测实验站	旱农所	镇　原	主要承担旱地植物营养与施肥数据采集、土壤和植物营养长期要素监测等
农业农村部西北黄土高原地区作物栽培科学观测实验站	旱农所	定　西	主要承担旱地农田生态系统的水、土、气、生物等生理生态要素的长期定位观测，建立数据共享信息系统
农业农村部西北特色油料作物科学观测实验站	作物所	兰州新区	主要承担特色油料资源和农田气候的科学观测、科学试验和新品种、新技术示范工作
			共计 9 个

农业农村部现代种业创新平台（基地）一览表

平台名称	依托单位	建设地点	承担任务
国家油料改良中心胡麻分中心	作物所	兰　州	主要承担胡麻育种、亲本材料创新、育种方法研究、品种优化选育等方面的研究任务
国家糜子改良中心甘肃分中心	旱农所 作物所	兰　州 镇　原	主要承担种质资源创新和品种改良研究、育种材料与方法创新，培育糜子抗病、优质专用新品种
甘肃省农业科学院抗旱高淀粉马铃薯育种创新基地	马铃薯所	榆　中 会　川	主要承担干旱生态条件下的马铃薯高淀粉选育，抗旱高淀粉种质资源及亲本材料的搜集、鉴评、保存、利用、创新以及抗旱、高淀粉性状等转基因研究
甘肃陇东旱塬国家农作物品种区域综合试验站	旱农所	庆　阳 平　凉	主要以北方旱地冬小麦、春大豆、中晚熟玉米、杂粮糜子谷子等作物为主，开展高标准、规范化新品种检测与鉴定试验
国家牧草育种创新基地	畜草所	张　掖	主要以抗病虫、抗逆性、高产优质育种技术、新品种集成创新为核心，开展苜蓿、藜麦、饲用高粱优良品种及产业化技术示范推广
青藏区综合性农业科学试验基地（甘肃省）	张掖节水试验站	张　掖	以设施高效栽培、制种玉米、高原夏菜、经济林果水肥高效利用、农作物新品种选育为主，开展高标准、规范化田间试验和技术集成，为青藏区（甘肃省）乃至全国绿洲节水高效农业新品种、新技术研发，技术集成熟化、成果应用转化提供技术支撑和保障服务

共计 6 个

国家农业科学实验站一览表

名　称	依托单位	负责人	批复机构
国家农业环境张掖观测实验站（张掖站）	省农科院	马忠明	农业农村部
国家土壤质量镇原观测实验站（镇原站）	旱农所	樊廷录	农业农村部
国家种质资源渭源观测实验站（渭源站）	马铃薯所	吕和平	农业农村部
国家土壤质量凉州观测实验站（凉州站）	土肥所	车宗贤	农业农村部
国家土壤质量安全观测实验站（安定站）	旱农所	张绪成	农业农村部

共计 5 个

省（部）级重点实验室一览表

名　称	依托单位	负责人	批复机构
甘肃省旱作区水资源高效利用重点实验室（优化整合）	省农科院	樊廷录	省科学技术厅
甘肃省牛羊种质与秸秆资源研究利用重点实验室	畜草所	吴建平	省科学技术厅
共计2个			

省（部）级联合实验室一览表

名　称	依托单位	共建单位	负责人
国家小麦改良中心-甘肃小麦种质创新利用联合实验室	小麦所	国家小麦改良中心	杨文雄
甘肃旱作区水资源高效利用联合实验室	旱农所	中国农业科学院环境与可持续农业研究所	樊廷录
反刍家畜及粗饲料资源利用共建联合实验室	畜草所	西北农林科技大学 云南农业大学	吴建平
共计3个			

省（部）级工程（技术）中心、鉴定机构、技术转移机构一览表

名　称	依托单位	负责人	批复机构
国家技术转移示范机构	省农科院	马忠明	科技部
中美草地畜牧业可持续研究中心	省农科院	吴建平	科技部
国家果品加工技术研发分中心	加工所	田世龙	农业农村部
国家农产品加工预警体系甘肃分中心	加工所	胡生海	农业农村部
国家大麦改良中心甘肃分中心	经啤所	潘永东	农业农村部
农药登记药效试验单位资质（农药安全评价中心）	植保所	张新瑞	农业农村部
农业农村部农产品质量安全风险评估实验室（兰州）	质标所	白　滨	农业农村部

（续）

名　称	依托单位	负责人	批复机构
西北优势农作物新品种选育国家地方联合工程研究中心	省农科院	常　涛	国家发改委
全国农产品地理标志产品品质鉴定检测机构	质标所	白　滨	农业农村部农产品质量安全中心
全国名特优新农产品营养品质评价鉴定机构	质标所	白　滨	农业农村部农产品质量安全中心
甘肃省农业废弃物资源化利用工程实验室	省农科院	庞忠存	省发改委
甘肃省中药材种质改良与质量控制工程实验室	省农科院	王国祥	省发改委
甘肃省小麦种质创新与品种改良工程实验室	省农科院	杨文雄	省发改委
甘肃省新型肥料创制工程研究中心	土肥所	车宗贤	省发改委
甘肃省无公害农药工程实验室	省农科院	张新瑞	省发改委
甘肃省马铃薯种质资源创新工程实验室	马铃薯所	胡新元	省发改委
甘肃省优势农作物种子工程研究中心	省农科院	常　涛	省发改委
甘肃省精准灌溉农业工程研究中心	省农科院	马忠明	省发改委
甘肃省草食畜产业创新工程研究中心	畜草所	杨发荣	省发改委
甘肃省农业害虫天敌工程研究中心	植保所	张新瑞	省发改委
甘肃省藜麦育种栽培技术及综合开发工程研究中心	畜草所	杨发荣	省发改委
甘肃省数字农业工程研究中心	省农科院	王志伟	省发改委
西北啤酒大麦及麦芽品质检测实验室	经啤所	王国祥	省质监局
甘肃省马铃薯脱毒种薯（种苗）病毒检测及安全评价工程技术研究中心	省农科院	吕和平	省科技厅
甘肃省油用胡麻品种创新及产业化工程技术研究中心	作物所	张建平	省科技厅
甘肃省小麦工程技术研究中心	小麦所	杨文雄	省科技厅
甘肃省果蔬贮藏加工技术创新中心	省农科院	颉敏华	省科技厅
甘肃省技术转移示范机构	省农科院	马忠明	省科技厅

（续）

名　称	依托单位	负责人	批复机构
“一带一路”国际农业节水节能创新院（兰州）	省农科院	马忠明	农业农村部人力资源开发中心（中国农学会）
			共计29个

省（部）级星创天地一览表

名　称	依托单位	负责人	批复机构
经作之窗·星创天地	经啤所	冉生斌	科学技术部
马铃薯脱毒种薯繁育技术集成创新与示范星创天地	马铃薯所	张　武	科学技术部
			共计2个

省级科研基础平台一览表

名　称	依托单位	负责人	批复机构
甘肃省主要粮食作物种质资源库	作物所	祁旭升	省科学技术厅
甘肃省主要果树种质资源库	林果所	王发林	省科学技术厅
			共计2个

省级农业信息化科技平台一览表

名　称	依托单位	负责人	批复机构
甘肃省智慧农业研究中心	省农科院	马忠明	国家农业信息化工程技术研究中心
国家农业信息化工程技术研究中心甘肃省农业信息化示范基地	省农科院	马忠明	国家农业信息化工程技术研究中心

（续）

名　称	依托单位	负责人	批复机构
智慧农业专家工作站	省农科院	马忠明	国家农业信息化工程技术研究中心
			共计 3 个

省、市级科普教育基地一览表

名　称	依托单位	负责人	批复机构
全国农产品质量安全科普基地	质标所	白　滨	农业农村部农产品质量安全中心
甘肃省科普教育基地	省农科院	马忠明	省科协
甘肃省马铃薯研究与栽培特色科普基地（会川）	马铃薯所	吕和平	省科技厅
兰州市科普教育基地	省农科院	马忠明	兰州市科协
			共计 4 个

院级重点实验室一览表

名　称	依托单位	负责人
生物技术育种重点实验室	生技所	罗俊杰
甘肃省名特优农畜产品营养与安全重点实验室	质标所	白　滨
旱寒区果树生理生态重点实验室	林果所	王　鸿
蔬菜遗传育种与资源利用重点实验室	蔬菜所	程　鸿
作物土传病害研究与防治重点实验室	植保所	李敏权
啤酒大麦麦芽品质检测重点实验室	经啤所	潘永东
农业资源环境重点实验室	土肥所	杨思存
油料作物遗传育种重点实验室	作物所	赵　利
农业害虫与天敌重点实验室	植保所	罗进仓
植物天然产物开发与利用重点实验室	生技所	赵　瑛

（续）

名　称	依托单位	负责人
蔬菜栽培生理重点实验室	蔬菜所	张玉鑫
共计 11 个		

院级工程技术中心一览表

名　称	依托单位	负责人
设施园艺环境与工程技术研究中心	蔬菜所	宋明军
果树种质创新与品种改良工程技术研究中心	林果所	王玉安
甘肃省名贵中药材驯化与种苗繁育工程中心	经啤所	王国祥
食用菌工程技术研究中心	蔬菜所	张桂香
马铃薯种薯脱毒繁育工程技术研究中心	马铃薯所	张　武
旱区循环农业工程技术研究中心	旱农所	樊廷录
玉米工程技术研究中心	作物所	何海军
智慧农业工程技术研究中心	农经所	王恒炜
集雨旱作农业工程技术研究中心	旱农所	张绪成
物防治工程技术研究中心	植保所	徐生军
用百合种质资源与种球种苗繁育工程中心	生技所	林玉红
棉花工程技术研究中心	作物所	冯克云
粮油作物资源创新与利用工程技术研究中心	作物所	董孔军
共计 13 个		

院级科研信息基础平台一览表

名　称	依托单位	负责人
甘肃省农科院农业科技数字图书馆	农经所	展宗冰
甘肃省农科院科研信息管理平台	农经所	展宗冰
甘肃省农科院自然科技资源平台	农经所	王志伟
甘肃省农科院新品种新技术数据库	农经所	王志伟

（续）

名　称	依托单位	负责人
甘肃省马铃薯数据库	马铃薯所	吕和平

共计 5 个

院级农村区域试验站一览表

试验站名称	依托单位	负责人	驻站人数	功能定位	承担任务
陇东黄土旱塬（镇原）半湿润偏旱区农业综合试验站	旱农所	赵刚	11	旱作节水农业及高效农作制度构建	承担西北玉米新品种配套技术集成与示范、冬小麦抗旱节水新品种选育与示范、土壤肥力演变与环境影响研究、作物抗逆种植及逆境生物学机制、区域特色作物高效种植和施肥体系、环境协调型种植制度、旱地水土资源利用与环境要素演变监测等方面的研究与推广工作
陇中黄土丘陵（定西）半干旱区农业综合试验站	旱农所	马明生	14	农田生态环境改善与水土资源利用	承担西北寒旱区马铃薯、中药材等优势特色作物绿色提质增效生产技术集成应用、旱地农田覆盖生理生态过程、作物抗逆种植及逆境生物学机制研究、区域特色作物养分高效管理、中低产田改良与耕地保育、基于作物生产模型的半干旱区绿色覆盖模式优化以及旱地水土资源利用与环境要素演变监测等方面的科学研究与技术集成示范
陇东黄土丘陵（庄浪）半干旱区农业试验站	旱农所	何宝林	4	农田退化环境改善及特色作物高效生产	承担黄土高原半干旱区梯田高效生产开发利用、旱作农田膜秸双覆盖耦合土壤解磷及固碳效应、区域特色作物马铃薯和果树高效种植与产业开发等方面的研究与示范
石羊河流域（白云）绿洲农业综合试验站	土肥所	张久东	12	耕地保育与农业资源高效利用	承担绿肥作物栽培与利用、中低产田改良、退化耕地修复、高产和超高产农田培育、植物营养与生理生态、农业废弃物循环利用、水肥一体化技术等方面的研究与示范

（续）

试验站名称	依托单位	负责人	驻站人数	功能定位	承担任务
黑河流域（张掖）节水农业综合试验站	土肥所	薛　亮	11	农业节水和农业环境监测	承担区域灌溉制度优化与水资源高效利用、农田节水灌溉理论与技术、高效栽培原理与技术、作物水肥调控、农田环境演变与监测等方面的研究与示范
白银沿黄灌区（靖远）农业试验站	土肥所	王成宝	5	土壤改良与作物耕作栽培	承担盐碱地改良利用、土壤培肥与退化耕地修复、高效节水技术与模式、植物营养与作物高效施肥、作物高效栽培、农业废弃物循环利用等方面的研究与示范
陇南（天水）有害生物防控综合试验站	植保所	孙振宇	6	有害生物综合防控	承担农作物主要病虫害灾变规律、病虫流行暴发成因与预警技术、主要病虫抗药性监测、作物种质资源抗病、抗虫性鉴定与评价，抗病基因挖掘及种质资源创新，主要病虫害关键防控技术研究及集成与示范，甘肃河西小麦条锈病对我国小麦条锈西北越夏区的作用研究
河西高海拔冷凉区（永昌）蔬菜综合试验站	蔬菜所	任爱民	6	蔬菜与食用菌栽培	承担高海拔冷凉区高原夏菜与日光温室蔬菜新品种引进、栽培生理、栽培技术、栽培模式的研究及集成技术示范，新型园艺设施及保温设备研发，食用菌高效栽培新品种引进、栽培设施研发、培养料发酵、工厂化栽培、高效栽培技术研究及集成技术示范
高台西甜瓜试验站	蔬菜所	程鸿	5	西甜瓜种质创制与新品种选育	承担西瓜优异种质资源创制及抗旱、抗病、优质和耐贮运新品种选育；甜瓜优异种质资源创新及抗病、耐贮运优质新品种选育；西北压砂西瓜与绿洲灌区露地厚皮甜瓜栽培研究与示范推广
陇中高寒阴湿区（渭源）马铃薯综合试验站	马铃薯所	李建武	6	马铃薯育种、栽培与种薯繁育	承担马铃薯种质资源保存、创新利用，优质、高产、抗病马铃薯新品种选育与育种新技术研究；绿色高效栽培技术研究；高效低成本脱毒种薯繁育技术研究

（续）

试验站名称	依托单位	负责人	驻站人数	功能定位	承担任务
河西绿洲灌区（黄羊镇）啤酒原料试验站	经啤所	潘永东	9	啤酒大麦育种与栽培	承担啤酒大麦（青稞）种质资源创新利用，专用、高产优质、抗（耐）性啤酒原料新品种选育，育种新技术研究，节水丰产优质栽培技术研究
陇中（榆中）果树试验站	林果所	王玉安	5	果树育种与栽培	承担果树种质资源收集、保存及鉴定评价；果树新品种选育和新技术研究，果树旱、寒等生境下栽培生理研究，设施果树栽培模式及环境调控研究
秦安试验站	林果所	王晨冰	5	桃树育种与栽培	承担国家桃产业技术体系兰州综合试验站任务：品种区域试验，病虫害综合防控，桃园土肥水管理；承担苹果新品种及示范园建设和花椒良种及示范园建设
陇中（会宁）杂粮试验站	作物所	刘天鹏	6	杂粮育种与栽培	承担杂粮种质资源的征集、鉴定、评价与利用创新，杂粮育种技术研究、新品种选育、高产高效栽培技术研究
河西绿洲灌区（敦煌）棉花试验站	作物所	冯克云	7	棉花育种与作物抗旱性鉴定评价	承担棉花种质资源创新、早熟优质棉花新品种选育、棉花育种技术研究；主要农作物种质资源（品种）抗旱性鉴定技术研究及评价
秦王川现代农业综合试验站	作物所	王利民	15	油料作物与食用豆育种	承担胡麻种质资源创新、新品种选育及雄性不育系的基础和应用研究，油葵、春播油菜种质资源的创新利用、自交系及杂交种的选育研究，蚕豆、豌豆等豆种的资源创新利用、新品种选育及产业化示范
河西绿洲灌区（张掖）玉米试验站	作物所	周玉乾	8	玉米育种	承担玉米种质材料创新，抗病、抗倒、耐密优质玉米自交系和杂交组合选育，玉米育种方法和技术的研究
河西绿洲灌区（黄羊镇）春小麦试验站	小麦所	杨长刚	8	春小麦育种与栽培	承担春小麦种质资源创新利用，小麦杂优利用，麦类作物种质资源研究与利用，适宜河西和沿黄灌区种植春小麦新品种选育，育种新技术研究，节水丰产栽培技术研究

（续）

试验站名称	依托单位	负责人	驻站人数	功能定位	承担任务
陇南（清水）冬小麦试验站	小麦所	鲁清林	8	冬小麦育种与栽培	承担冬小麦种质资源创新利用，抗锈、丰产稳产冬小麦新品种选育，育种新技术研究，高产高效栽培技术研究
张掖节水农业试验站	张掖试验场	鞠　琪	34	试验示范基地	承担青藏区绿洲灌区农业技术集成创新、综合示范及成果转化；蔬菜集约化育苗关键技术研发与产业化示范；特色经济林果苗木引种、驯化、繁育示范
黄羊麦类作物育种试验站	黄羊试验场	杜明进	9	试验示范基地	承担麦类、大豆、啤酒花等作物优异种质资源创制与繁育；麦类、玉米、胡麻、大豆高效节水、节肥、节药技术研究与集成示范
榆中高寒农业试验站	榆中试验场	李国权	15	试验示范基地	承担高寒阴湿地区果树及园艺作物新品种引进繁育、示范推广、农业综合开发及科技服务
共计22个					

三、乡村振兴与成果转化

乡村振兴工作

2021年，甘肃省农业科学院深入贯彻中央和省委、省政府新部署新要求，顺应“三农”工作中心向乡村振兴转移的新形势新任务，接续开展巩固脱贫攻坚成果同乡村振兴有效衔接帮扶工作，同时在全省范围内示范推广重大科技成果，组织实施乡村振兴示范村建设项目，为全省农业产业振兴提供成果供给和科技示范样板。2021年度帮扶工作考核结果为“好”等次，2个集体和1名个人分别荣获“全省脱贫攻坚先进集体”和“全省脱贫攻坚先进个人”荣誉称号，1个集体和1名个人分别荣获“甘肃省事业单位脱贫攻坚记大功集体”和“甘肃省事业单位脱贫攻坚记大功个人”荣誉称号，1个集体和1名个人分别荣获“2020年度庆阳市脱贫攻坚帮扶先进集体”和“2020年度庆阳市脱贫攻坚帮扶先进个人”荣誉称号。在庆祝建党100周年前夕，院内组织表彰脱贫攻坚帮扶工作先进集体10个和先进个人30名。

一、加强驻村帮扶工作，巩固脱贫攻坚成果同乡村振兴有效衔接

选派了12名干部轮换驻镇原县方山乡4支驻村帮扶工作队成员，接续开展帮扶工作，按照《甘肃省驻村帮扶工作队管理办法》对驻村干部进行管理服务。驻村帮扶工作队在参与开展防止返贫动态监测，基层党组织建设，乡村建设行动，提升乡村治理能力，帮办好事实事等日常驻村帮扶工作任务的基础上，依托院列乡村振兴帮扶项目，在4个帮扶村通过发放良种，建立标准化示范田，配套种养技术指导，以及组织开展科技培训等手段，大力培育发展小麦、玉米、马铃薯、饲用高粱、大棚蔬菜和肉羊养殖等特色富民产业，有效提升了帮扶村良种良法覆盖率和生产效益。为4个帮扶村发放玉米良种4 100公斤，示范种植2 900亩，发放饲用甜高粱良种450公斤，示范种植450亩，发放小麦良种6 100公斤，示范种植1 320亩；为15座塑料大棚提供优质种苗，其中辣椒苗11棚、番茄苗4棚；示范种植早熟型马铃薯50亩；指导撂荒地复垦种草220亩，塑料袋青贮和青贮玉米打包青贮2 400吨，在2020年基础上，完成标准化圈舍改造28户。开展了饲草型燕麦新品种筛选试验和饲用玉米、大豆套作试验。针对产业发展和农户实际需求，通过现场集中授课和网络群组交流等形式积极开展科技培训。

二、示范推广重大科技成果，为全省农业产业高质量发展提供科技支撑

根据全省特色优势产业发展现状，筛选出小麦、玉米、马铃薯、林果、瓜菜新品种，以及耕作栽培、设施农业、水肥管理、土壤改

良、保鲜贮藏、牲畜品种改良新技术等重大科技成果 19 项加以推广示范。在全省范围内建立示范基地 68 个，面积 1.4 万亩，保鲜处理苹果、梨、马铃薯 5.3 万吨，改良复壮羊 2 万只。各项成果推广应用面积总计近 179 万亩。开展相关培训 97 场次，培训基层农技人员和农户 8 840 余人次。各项成果应用带动增产增收效果明显，其中玉米增产 3.6%～12%，油菜增产 15%，小麦最高亩增产 15～40 公斤，西瓜亩增产 9.3%，甜瓜亩增产 155 公斤，马铃薯平均增产 8%，苹果亩增产 400 公斤，改良羊出栏体重平均增加 8 公斤。据不完全统计，各项成果推广应用新增效益 2.66 亿元。

三、建设农业产业振兴示范村，打造产业振兴样板

在镇原县上肖镇路岭村、永昌县新城子镇南湾村、民勤县收成镇兴盛村、渭源县会川镇本庙村实施乡村振兴示范村建设项目 4 个，开展种养结合生态循环农业、双孢蘑菇工厂化生产及废弃物循环利用、灌区甜瓜水肥高效管理、马铃薯脱毒原种繁育及新品种引进等成果示范，建立甜瓜优良品种示范点 1 个，引进省内外甜瓜品种 48 个；对 13 个甜瓜品种开展优选试验 1 项；建立甜瓜水肥高效管理技术示范点 3 个，面积 300 亩；帮助 53 户马铃薯种植户签订马铃薯脱毒种薯原种繁育订单 230 亩，指导农户种植原种繁育田，示范高淀粉马铃薯新品种 9 亩，完成了全部订单繁育田种植；开展食用菌生产、菌渣综合利用、残次菇饲喂技术培训 4 场次，培训技术员及农民 180 人次，现场技术指导 20 次以上，现场观摩 5 场次，编写各类技术资料 6 份；吸纳了周边农民 120 名长期就近务工，人均年收入 4.8 万元；开展生态循环农业关键技术专题培训和现场指导，培训 50 余人次，发放培训资料 80 多份，甜高粱和粮饲兼用玉米新品种 650 公斤，着力在提高产业规模化、集约化、绿色化和产品附加值上下功夫，支持“一村一品”建设，探索形成了一批各具特色的科技支持产业振兴的模式和经验。

中国共产党镇原县委员会

感谢信

甘肃省农业科学院：

随着国家脱贫攻坚普查圆满结束，镇原脱贫攻坚取得了决定性成就！乐岁物之丰成，念无贵单位之助力不及于此。镇原县委、县政府代表全县53万干部群众，以至诚感激之心，向多年来给予镇原无私帮助的贵单位，致以衷心的感谢和崇高的敬意！

作为全省23个深度贫困县之一，镇原这块贫困"硬骨头"并不好啃，2020年初镇原仍是全国52个未摘帽县之一。千淘万漉虽辛苦，吹尽黄沙始到金。历经8年鏖战、5年攻坚，2020年底全县群众"两不愁三保障"全部达标，17.23万建档立卡贫困人口全部脱贫，120个贫困村全部退出，实现了整县脱贫摘帽。农民人均可支配收入由2014年5 898.9元增长到2020年10 271元；贫困人口人均可支配收入由2014年2 831元增长到2020年8 901元。

获实勿忘本，饮水当思源。镇原减贫成绩的取得，离不开贵单位的鼎力相助和倾心奉献。自2015年中央要求各级机关和国

- 1 -

企、事业单位向党组织软弱涣散村和建档立卡贫困村选派第一书记以来，贵单位积极响应国家号召，以“业无高卑志当坚，男儿有求安得闲”的责任担当，先后选派数十名优秀干部到我县贫困村担任第一书记和驻村干部，抓党建、促产业、战贫困。正是他们的辛勤努力，镇原乡村面貌日新月异，产业发展蒸蒸日上，乡风文明蔚然成风。不惜千金常济困，真帮实扶真英豪。贵单位深入基层扶贫济困，结合乡村实际，顺应村情民意，投入大量资金，实施各类惠民项目，乡村条件明显改善。艰难方显勇毅，磨砺始得玉成。在贵单位大力扶持下，今日的镇原人民对脱贫致富、振兴家乡更加信心满满。在此，由衷感谢你们为镇原脱贫所做出的艰苦努力。

回首脱贫路，我们比任何时候都更加深切体会到中国特色社会主义的制度温度和制度合力。镇原扶贫人一路无惧风雨兼程前进，只因有贵单位与我们一起和衷共济、团结奋斗。得鱼不忘筌，得意不忘言。对于贵单位与镇原干部群众并力驱散贫困阴霾，努力建设美好新镇原的深情厚谊，镇原人民必将切切于心，铭记不忘。

最后，在这年味愈浓腊月天，岁序更新迎春时，诚祝贵单位在新的一年里中流奋楫、再创佳绩，祝愿干部职工工作顺利、万事如意！

中共镇原县委　　镇原县人民政府

2021 年 1 月 28 日

– 2 –

成果转化工作

2021年，甘肃省农业科学院坚持科技创新与成果转化“双轮驱动”，加强规划设计，严格项目管理，组织宣传推介，制定完善制度，强化管理服务，推动成果转化工作取得新进展。

一、起草制定“十四五”科技成果转化发展规划，督促落实年度成果转化任务

起草了《甘肃省农业科学院“十四五”科技成果转化发展规划》，总结了发展基础与环境，明确了具体目标和任务，安排了重点工作和措施。通过赴基层调研和组织召开科技成果转化工作领导小组会议，在全面掌握全院成果转化工作情况的基础上，提出年度成果转化目标任务。2021年，全院共签订成果转化合同490余项，合同经费3 812万元，到位经费2 829万元，净收入2 493万元。对获得2021年度甘肃省农业科学院科技成果转化贡献奖的单位、团队和个人进行了奖励，奖励单位贡献奖、团队贡献奖各两个，奖励个人贡献奖两人次。

二、强化项目管理，促进成果落地见效

组织设列2021年度科技成果转化项目18项，其中中试孵化项目10项，科技示范项目8项，资助总经费500万元。对2020年和2021年到期的共34项院列科技成果转化项目进行会议验收和跟踪检查。总体执行情况良好，较好地完成了任务指标，产生了一定经济和社会效益，对当地示范带动作用明显，示范展示效果显著。

三、积极宣传推介农业领域科技成果，提升科技成果的影响力

以“线上+线下”方式举办了“第三届甘肃省农业科技成果推介会”。线上VR展厅展示成果152项，推介页面展示成果222项，建设5个视频直播间，云论坛上传课件3个，制作发布《农业科技成果汇编》电子版，包含20项重大科技成果、100项推介科技成果、各市（州）农科院及企业推介成果100项；线下在酒泉市农业科学院创新基地进行地展，布设新品种、新技术等科技成果85项。筛选重大科技成果19项，在《中国科技成果》《甘肃农业科技》等刊物上宣传15版。

四、加强管理与服务，知识产权和企业管理工作有序开展

2021年全院共申请知识产权保护66项，其中发明专利29项，实用新型专利19项，外

观设计 1 项，软件著作权 17 件。授权专利 152 项，其中发明专利 30 项，实用新型专利 85 项，外观设计 1 项，软件著作权 35 件，新品种权保护权登记 1 个。1 项专利技术进行转让，金额 5 万元。组织知识产权培训 2 场次，培训科技人员 80 余名。审核推荐 6 个专利申报省专利奖、1 个发明人申报省发明人奖。组织院属 14 个单位申请并审核通过了甘肃省第一批专利快速预审服务主体资格，可大大缩短申报专利的审查时间，加快预审授权。筛选 5 项精品专利在《兰州晚报》上进行推荐宣传。

按照省政府国有资产管理委员会和省财政厅工作安排，及时汇总上报全院 2021 年企业月报和 2020 年度企业国有资产统计报表。稳妥推进企业改革任务落实，8 家企业完成了改革，改革完成率为 66.67%。

2021 年院地院企合作统计表

单位	合作单位	协议名称	合作内容	签约时间
省农科院	嘉峪关市人民政府	科技合作框架协议	科技指导 技术咨询	5 月 11 日
省农科院	郑州华丰草业科技有限公司	科技合作协议	科技指导 技术咨询	5 月 8 日
作物所	甘肃华丰草牧业有限公司	饲草高粱陇甜 1 号合作开发协议	技术转让	4 月 13 日
作物所	和政星月商贸有限责任公司	陇素商标使用协议	技术转让	4 月 6 日
作物所	甘肃福成农业科技开发有限公司	科技服务协议	技术服务	3 月 1 日
作物所	宁夏德汇农业科技有限责任公司	联合选育和开发玉米新品种	技术开发	1 月 5 日
作物所	张掖市盛丰农业科技开发有限公司	玉米新品种转让协议	技术转让	1 月 4 日
作物所	甘肃亚盛种业有限公司	玉米新品种研发及合作开发框架协议	技术开发	12 月 3 日
作物所	延安市农业科学研究所	谷子南繁试验委托协议	技术服务	4 月 6 日
作物所	西北农林科技大学	谷子南繁试验委托协议	技术服务	4 月 6 日
作物所	酒泉德利农丰农业科技有限公司	向日葵育种材料、组合试验筛选、技术培训与新品种示范	技术服务	2 月 25 日
作物所	兰州大学教育部中子应用技术工程研究中心	豌豆诱变种质资源的创制和应用	技术服务	12 月 8 日

（续）

单位	合作单位	协议名称	合作内容	签约时间
作物所	昌黎县泽康家庭农场	鲜食豌豆种植及病虫害防治技术服务	技术服务	12月6日
作物所	中国农业大学	玉米田间管理与技术服务	技术服务	3月21日
作物所	宁夏农林科学院	科研试验协议	技术服务	1月1日
作物所	淮北师范大学	甜瓜籽粒脂肪酸组分检测委托协议书	技术服务	5月6日
作物所	平凉市农业科学院	油菜籽粒品质检测及转基因检测委托协议书	技术服务	10月9日
作物所	甘肃农业大学农学院	胡麻籽粒脂品质检测委托协议书	技术服务	11月25日
作物所	甘肃省农业科学院生物技术研究所	紫苏籽粒品质检测委托协议书	技术服务	11月1日
小麦所	甘肃烁沣种业有限公司	陇春41号小麦品种权、知识产权及生产经营权转让协议书	技术转让	1月5日
小麦所	甘肃烁沣种业有限公司	陇春30号生产经营权转让协议	技术转让	1月5日
小麦所	清水鸣田园农机农民专业合作社联合社	兰天132、兰天538品种经营权转让	技术转让	8月16日
小麦所	甘肃华沣昱农林草研究院有限公司	饲用燕麦抗逆优质新品种筛选	技术开发	4月1日
小麦所	北京农业信息技术研究中心	条锈病实验测试委托协议书	技术服务	5月10日
小麦所	中捷四方生物科技股份有限公司	科研合作协议	技术服务	3月15日
小麦所	甘肃省农业工程技术研究院	品种抗病性鉴定试验协议书	技术服务	5月10日
小麦所	中国农业科学院植物保护研究所	2020—2021年度小麦条锈病防控技术试验示范	技术服务	4月3日
小麦所	甘肃省农业科学院蔬菜研究所	品种抗病性鉴定试验协议书	技术服务	4月10日
小麦所	南京信息工程大学遥感与测绘工程学院	条锈病实验测试委托协议书	技术服务	5月15日
小麦所	甘肃安达种业有限责任公司	品种抗病性鉴定试验协议书	技术服务	3月15日

（续）

单位	合作单位	协议名称	合作内容	签约时间
小麦所	酒泉市农哈哈种业有限公司	品种抗病性鉴定试验协议书	技术服务	3月10日
马铃薯所	甘肃普瑞拓生态农业科技有限公司	技术服务合作协议（陇薯4号）	技术转让	5月20日
马铃薯所	定西农夫薯园马铃薯脱毒快繁有限公司	马铃薯品种授权许可协议书（陇薯7号）	技术服务	4月19日
马铃薯所	甘肃田地博通薯业有限责任公司	马铃薯品种授权许可协议书（陇薯7号）	技术服务	4月25日
马铃薯所	甘肃凯凯农业科技发展股份有限公司	马铃薯品种授权许可协议书（陇薯3号、6号、7号、8号、10号、14号）	技术服务	6月7日
马铃薯所	定西丰禾农业科技发展有限公司	马铃薯品种授权许可协议书（陇薯3号）	技术服务	9月1日
马铃薯所	甘肃裕新农牧科技开发有限公司	马铃薯品种授权许可协议书（陇薯7号、10号）	技术服务	12月15日
马铃薯所	渭源县五竹鹿鸣永顺种植农民专业合作社	马铃薯脱毒原种生产技术服务合同	技术服务	1月3日
马铃薯所	定西农夫薯园马铃薯脱毒快繁有限公司	科技合作协议	技术服务	3月17日
马铃薯所	兰州市安宁区银滩路街道农业综合服务中心	科技服务协议	技术服务	4月13日
马铃薯所	静宁强生现代种植农民专业合作社	科技服务协议	技术服务	4月23日
马铃薯所	内蒙古兴坤现代农业科技公司	马铃薯脱毒种薯生产技术合作协议	技术服务	1月13日
马铃薯所	渭源县五竹鹿鸣永顺种植农民专业合作社	马铃薯脱毒种薯生产技术合作协议	技术服务	1月7日
马铃薯所	高台县奇峰农民专业合作社	马铃薯脱毒种薯生产技术指导合作协议	技术服务	3月1日
马铃薯所	渭源县五竹马铃薯良种繁育专业合作社	马铃薯脱毒种薯生产技术合作协议	技术服务	3月2日
马铃薯所	巴斯夫（中国）有限公司	农药药效评估试验协议书	技术服务	5月17日
旱农所	定西市安定区农业技术推广服务中心	退化耕地质量等级调查	技术服务	4月1日

（续）

单位	合作单位	协议名称	合作内容	签约时间
旱农所	漳县农业技术推广中心	漳县耕地质量等级评价	技术服务	3月1日
旱农所	渭源县秉瑞建筑劳务有限公司	渭源县高标准农田建设项目耕地质量等级评价	技术服务	4月1日
旱农所	渭源县农业技术推广中心	渭源县耕地质量等级评价	技术服务	3月1日
旱农所	泾川县农业技术推广中心	泾川县耕地质量等级评价	技术服务	5月6日
旱农所	庄浪县农业技术推广中心	庄浪县耕地质量等级评价	技术服务	5月6日
旱农所	庆城县农业技术推广中心	庆城县耕地质量等级评价	技术服务	7月1日
旱农所	庆阳市西峰区农业技术推广中心	庆阳市西峰区耕地质量等级评价	技术服务	7月1日
旱农所	庆阳市农业技术推广中心	庆阳市耕地质量等级评价	技术服务	11月1日
旱农所	合水县农业技术推广中心	合水县耕地质量等级评价	技术服务	4月1日
旱农所	宁县农业技术推广中心	宁县耕地质量等级评价	技术服务	5月6日
旱农所	甘肃现代农业发展有限公司	环县、华池、正宁、庆城耕地质量等级评价	技术服务	5月6日
旱农所	甘肃环科雅农业科技有限公司	宁县高标准农田建设项目测土配方	技术服务	7月1日
旱农所	甘肃省寒旱生态农业研究所	灵台、崆峒区、通渭县、临洮县耕地质量评价	技术服务	7月1日
旱农所	白银市粮食和物资储备局	白银市粮食和物资储备体系“十四五”规划	技术服务	3月1日
生技所	甘肃省农业科学院作物研究所	特色油料产业技术体系胡麻山旱地鉴定筛选试验委托协议	技术服务	4月1日
生技所	内蒙古自治区农牧业科学院	特色油料产业技术体系胡麻综合防控岗位任务委托协议	技术服务	3月28日
生技所	渭源县绿茵家禽养殖有限公司	沼液废水生产生物菌肥技术示范	技术服务	5月14日

（续）

单位	合作单位	协议名称	合作内容	签约时间
生技所	永靖县徐顶乡人民政府	徐顶乡优质经济作物高效生产关键技术集成示范	技术服务	3月28日
生技所	会宁县宏森马铃薯种植购销专业合作社	马铃薯陇彩1号品种权、生产经营许可权转让	技术转让	10月1日
生技所	甘肃美吉农业科技有限责任公司	特色农产品身份溯源信息化前期的分子身份证标识体系	技术服务	11月21日
生技所	甘肃省农业科学院农产品贮藏加工研究所	“雾培法”马铃薯原原种采后处理及贮藏保鲜技术研究	技术服务	3月16日
生技所	甘肃省耕地质量建设保护总站	中药材连作障碍治理主要技术模式	技术服务	1月30日
生技所	兰州大唐园林科技有限公司	植物组织培养及种苗工厂化繁育技术服务	技术服务	12月6日
土肥所	甘肃金九月肥业有限公司	一种长效缓释党参专用肥及其制备方法和其应用专利转让	技术转让	7月1日
土肥所	金昌市金川区农业农村局	金川区蔬菜有机肥替代化肥田间试验技术服务	技术服务	5月1日
土肥所	景泰青青生态生物科技有限公司	功能型肥料的研制	技术服务	1月1日
土肥所	兰州新融环境能源工程技术有限公司	兰州新融环境能源工程技术有限公司畜禽粪污资源化利用科学试验基地可行性研究报告技术服务	技术服务	8月1日
土肥所	兰州新融环境能源工程技术有限公司	兰州新融环境能源工程技术有限公司畜禽粪污资源化利用整县推进项目监测方案技术服务	技术服务	8月1日
土肥所	庆阳沃玛农业科技发展有限公司	功能性智慧型系列腐殖酸肥料及改良剂等产品研制	技术服务	8月1日
土肥所	武威金仓生物科技有限公司	西北地区稳定性氮肥产品创制	技术服务	9月1日
土肥所	甘肃陇大天成农业科技有限公司	甘肃陇大天成永登树屏生态农业示范园土壤改良技术服务	技术服务	4月1日
土肥所	中国农业大学	农业专业化社会化服务协同创新基地建设合作委托	技术服务	1月1日
土肥所	甘肃施可丰新型肥料有限公司	甘肃施可丰新型肥料有限公司企业技术服务	技术服务	1月1日

（续）

单位	合作单位	协议名称	合作内容	签约时间
蔬菜所	金昌市金川区农业农村局	甘肃省金昌市金川区菜草畜高品质现代农业循环经济产业园发展规划	技术咨询	1月5日
蔬菜所	金昌市金川区农业农村局	甘肃省金昌市金川区现代蔬菜园发展规划	技术咨询	4月28日
蔬菜所	兰州新区现代农业发展研究院有限公司	蔬菜种植技术服务协议	技术服务	3月22日
蔬菜所	甘肃绿星农业科技有限责任公司	种子合作开发合同（甘丰春玉、甘丰袖玉）	技术开发	1月13日
蔬菜所	合水县蔬菜开发办公室	合水县瓜菜栽培及设施农业示范园产业提升合作项目	技术咨询	5月31日
蔬菜所	杭州小太阳农业科技有限公司	人工补光对日光温室冬季辣椒、番茄基质栽培的效应研究	技术开发	6月25日
蔬菜所	甘肃绿星农业科技有限责任公司	技术服务及种子合作开发合同（甘甜3号）	技术开发	11月26日
蔬菜所	和政县怡泉新禾农业科技有限公司	菌渣基质化利用技术研发	技术开发	11月25日
蔬菜所	兰州丰田种苗有限公司	技术服务及种子合作开发合同（红竹2号）	技术开发	12月2日
蔬菜所	全国农业技术推广服务中心	甜瓜品种登记验证服务	技术服务	3月28日
蔬菜所	靖远县蔬菜研究发展局	靖远羊肚菌大球盖菇试验示范技术服务	技术服务	11月9日
蔬菜所	瓜州县农业农村局	瓜州县蜜瓜产业科技服务协议	技术服务	12月2日
林果所	秦安县人民政府	桃优良品种及产业发展技术应用与示范	技术转让	5月25日
林果所	武威市林业综合服务中心	葡萄栽培管理技术	技术咨询	6月28日
林果所	天水新众创生态农业开发有限公司	葡萄优质高效生产技术服务合作协议	技术服务	6月28日
林果所	甘肃华盛黄羊川农牧开发有限责任公司	技术服务协议	技术服务	6月10日
林果所	永靖县兴塬花椒种植农民专业合作社联合社	永靖县三塬镇千亩花椒提质增效技术集成与无刺花椒优质高效栽培技术示范推广	技术服务	7月1日

（续）

单位	合作单位	协议名称	合作内容	签约时间
林果所	中国农业科学院农业资源与农业区划研究所	舟曲县乡村振兴“十四五”特色农业产业规划	技术服务	11月18日
林果所	甘肃龙胜生态林果有限责任公司	梨优质高效安全生产技术	技术服务	3月18日
林果所	甘肃高原蔬菜产销有限公司	桃树种植技术服务	技术服务	7月28日
林果所	深州市新农科技有限公司	无糖组培快繁体系建设及生产规划技术服务	技术服务	6月30日
林果所	静宁菱美家庭农场有限公司	农业科学技术服务协议	技术服务	2月6日
林果所	海东市平安区利源富硒农业科技有限公司	日光温室优质水果生产关键技术	技术服务	1月1日
林果所	兰州大唐园林科技有限公司	花卉新品种试验及科技咨询服务	技术服务	1月1日
林果所	永靖县富景种植农民专业合作社	永靖县富景种植农业专业合作社技术服务	技术服务	8月18日
植保所	上海宜蓝生物科技有限公司	生物防治技术研发与应用	技术服务	3月8日
植保所	嘉峪关市农业技术推广站等	赤眼蜂示范服务协议	技术服务	4月27日
植保所	甘肃省植物保护学会	瓜类种子病菌监测调查与控制	技术服务	6月1日
植保所	甘南藏族自治州农业科学研究所	“甘南高原酵素肥配方研究示范”科研合作服务	技术服务	4月15
加工所	秦安雪原果品有限责任公司	元帅苹果保鲜技术研究	技术服务	8月10日
加工所	甘肃农业大学	甘农薯7号耐贮特性研究	技术服务	4月1日
加工所	中国检验认证集团甘肃有限公司	马铃薯贮藏保鲜技术	技术服务	6月1日
加工所	兰州介实农产品有限公司	蔬菜保鲜贮运技术	技术服务	1月1日
加工所	甘肃薯香园农业科技有限公司	马铃薯黄花菜复合食品加工技术服务	技术服务	3月1日

（续）

单位	合作单位	协议名称	合作内容	签约时间
加工所	天水嘉瑞恒益有限责任公司	大樱桃保鲜技术指导	技术服务	5月18日
加工所	大连真心罐头食品有限公司	苹果酒产品研发及工艺指导	技术开发	10月9日
加工所	天水市果树研究所	花牛苹果白兰地产品开发	技术开发	10月25日
加工所	甘肃祁连牧歌实业有限公司	祁连牧歌 & 农科院加工所科研创新项目合作	技术服务	5月10日
加工所	镇原县泓谊农牧开发有限责任公司	黄花菜烘干技术研究及产品研发	技术服务	1月8日
加工所	甘肃明创丰禾生物科技有限公司	薯类产品加工技术	技术咨询	3月1日
加工所	甘肃祁连牧歌实业有限公司	畜产品加工技术及产品研发	技术服务	1月8日
加工所	湖北省恩施市三岔惠生马铃薯专业合作社	马铃薯贮藏抑芽保鲜技术示范	技术服务	8月30日
加工所	理至（深圳）科技有限公司	马铃薯抗性淀粉的提取及性能研究	技术服务	10月1日
加工所	甘肃薯香园农业科技有限公司	马铃薯黄花菜复合食品加工技术服务	技术服务	12月12日
加工所	甘肃省农业科学院旱地农业研究所	种子贮藏加工技术服务	技术服务	7月12日
加工所	甘肃艾科思农业科技有限公司	甘肃特色农产品贮藏保鲜技术	技术服务	1月1日
加工所	兰州米家山百合有限责任公司	鲜百合加工与贮藏保鲜技术	技术服务	1月1日
加工所	甘肃康辉现代农牧产业有限责任公司	尾菜饲料化利用技术服务	技术服务	6月9日
加工所	甘肃省农业科学院土壤肥料研究所	农产品加工技术	技术服务	4月8日
加工所	甘肃绿星农业科技有限公司	种子加工与贮藏技术咨询服务	技术咨询	4月12日
畜草所	甘肃共裕高新农牧科技开发有限公司	畜牧技术合作协议	技术服务	1月1日

（续）

单位	合作单位	协议名称	合作内容	签约时间
畜草所	甘肃华沣昱农林草研究院有限公司	饲用高粱再生（多）性分级标准研究	技术开发	4月25日
畜草所	中国石油化工集团公司对口支援及扶贫工作领导小组办公室	东乡县藜麦全产业链建设项目	技术服务	4月13日
畜草所	玉门市昌马瑞鑫种植农民专业合作社	藜麦种植技术服务协议	技术服务	5月10日
畜草所	甘肃省农业科学院蔬菜研究所	技术服务咨询协议	技术咨询	1月10日
畜草所	中国农业科学院农业信息研究所	2021年防止返贫监测跟踪监测项目	技术服务	10月15日
畜草所	宁夏大学	西北地区苜蓿草矿物营养成分研究	技术服务	4月7日
经啤所	甘肃武威丰田种业有限公司	啤酒大麦生产技术服务	技术服务	2月25日
经啤所	张掖市易农农业科技有限公司	优质高产大麦品种栽培试验技术服务	技术服务	3月10日
经啤所	西和县广鸿中药材专业合作社	西和中药材种植技术	技术服务	3月15日
经啤所	高台农业技术推广中心	肉苁蓉物种鉴定服务	技术服务	11月12日
经啤所	甘南藏族自治州农业科学研究所	高海拔地区饲用甜菜新品种引进试验及示范	技术服务	3月10日
农经所	平凉市崆峒区畜牧兽医中心	甘肃省平凉市崆峒区省级现代农业产业园建设总体规划（2021—2023年）	技术咨询	1月1日
农经所	黑龙江伊春森工集团有限责任公司	黑龙江伊春森工集团有限责任公司湖羊养殖基地建设项目	技术咨询	1月1日
农经所	伊春森工铁力林业局有限责任公司	伊春森工铁力林业局有限责任公司湖羊养殖基地建设项目	技术咨询	1月1日
农经所	碌曲县农业农村局	甘南州碌曲县现代农牧产业发展规划（2021—2023年）	技术咨询	1月1日
农经所	甘肃疆能新能源有限责任公司	甘肃白银市靖远矿区1GW农光互补智慧能源项目农业产业总体规划	技术咨询	1月1日

（续）

单位	合作单位	协议名称	合作内容	签约时间
农经所	崇信县畜牧兽医中心	甘肃省平凉市崇信县省级现代农业产业园建设总体规划	技术咨询	1月1日
农经所	甘肃亿恒新能源公司	甘肃亿恒新能源公司农光互补综合利用农业产业总体规划	技术咨询	1月1日
农经所	玛艾镇人民政府	碌曲县玛艾镇现代农牧产业发展规划（2021—2023年）	技术咨询	1月1日
农经所	阿拉乡人民政府	碌曲县阿拉乡现代农牧产业发展规划（2021—2023年）	技术咨询	1月1日
农经所	拉仁关乡人民政府	碌曲县拉仁关乡现代农牧产业发展规划（2021—2023年）	技术咨询	1月1日
农经所	甘肃德美地缘现代农业集团有限公司	静宁县国家数字农业创新应用基地建设项目（苹果）	技术咨询	1月1日
农经所	郎木寺镇人民政府	碌曲县郎木寺镇现代农牧产业发展规划（2021—2023年）	技术咨询	1月1日
农经所	尕海镇人民政府	碌曲县尕海镇现代农牧产业发展规划（2021—2023年）	技术咨询	1月1日
农经所	双岔镇人民政府	碌曲县双岔镇现代农牧产业发展规划（2021—2023年）	技术咨询	1月1日
农经所	西仓镇人民政府	碌曲县西仓镇现代农牧产业发展规划（2021—2023年）	技术咨询	1月1日
农经所	灵台县畜牧兽医中心	灵台县平凉红牛现代农业产业园建设总体规划（2021—2025年）	技术咨询	1月1日
农经所	甘肃省交通投资管理有限公司	甘肃省交通运输厅机关农场产业开发项目	技术咨询	1月1日
农经所	正宁县农业农村局	甘肃省庆阳市正宁县省级现代农业产业园建设总体规划（2021—2025年）	技术咨询	1月1日
农经所	亚盛实业集团有限公司	亚盛集团亚盛本源生物家畜无抗养殖产品及生物添加剂生产线建设项目	技术咨询	1月1日
农经所	临夏农投云享农业产业发展有限公司	《临夏农投云享农业产业发展有限公司临夏州现代特色农业产业融合示范园建设项目可行性研究报告》评估报告	技术咨询	1月1日

（续）

单位	合作单位	协议名称	合作内容	签约时间
农经所	甘肃省农业科学院农产品贮藏加工研究所	西北地区加工专用马铃薯产业提质增效科研基地建设项目	技术咨询	1月1日
农经所	甘肃省水利水电勘测设计研究院有限责任公司	华能泾川公司 100MW 光伏农业复合项目配套千头平凉红牛育肥基地建设项目	技术咨询	1月1日
农经所	碌曲县农业农村局	碌曲县新兴农牧村集体经济发展规划	技术咨询	1月1日
农经所	礼县农业农村局	陇南市礼县省级现代农业产业园建设总体规划	技术咨询	1月1日
共计 166 项				

四、人事人才

概　　况

2021 年，甘肃省农业科学院人事处以习近平新时代中国特色社会主义思想为指导，认真学习贯彻党的十九届五中、六中全会和习近平总书记关于人才工作的重要论述精神，严格执行省委、省政府和业务主管部门关于人事人才工作的政策规定。在院党委、行政的正确领导和大力支持下，按照全院总体工作安排，强化责任担当，狠抓协调落实，各项工作取得良好成效。

一、加强人才队伍建设、优化干事创业环境

（一）人才推荐选拔取得良好成效。1 人入选省拔尖领军人才，制定了培养办法，落实了 100 万元的年度培养经费。4 人入选省领军人才二层次，办理了聘任手续。在全省事业单位脱贫攻坚专项奖励工作中，1 个集体、1 名个人分别获记大功奖励。推荐 5 名专家参加了省委组织部举办的“甘肃省高层次专家国情研修班”、3 名专家参加了省委组织部开展的专家疗养活动赴海南疗养、16 名专家参加了省委组织部牵头的专家服务基层活动。推荐 2021 年陇原青年英才候选人 3 人、第十届甘肃青年科技奖候选人 1 人、国家高层次人才特殊支持计划科技创新领军人才候选人 1 人、农业科研杰出人才培养计划候选人 7 人、甘肃省草原技术专家库专家候选人 1 人、“陇原最美退役军人”候选人 1 人。为 1 名新引进的博士研究生申请了陇原人才服务卡 D 卡。

（二）人才项目争取、实施成效显著。争取到省级重点人才项目 1 项、国家级专家服务基层项目 1 项，省级高级研修班项目 1 项、总经费 160 万元。申报了 4 项 2022 年度省级重点人才项目、2 项 2022 年陇原青年创新创业团队项目、4 项 2022 年陇原青年创新创业个人项目、1 项国家级高级研修班项目、1 项省级高级研修班项目、1 项省级专家服务基地建设项目。完成了 2020 年度 2 项省级重点人才项目、1 项陇原青年创新创业团队项目绩效评价，均获得良好等次。向省委组织部报送了《2021 年度乡村振兴农村人才实训项目实施方案》，并完成了 2021 年度的三期培训任务，共培训来自全省 8 个市（州）40 多个县（区）的 340 名基层一线农技人员、种养加大户和农业从业人员。接收安排了 2021 年省委组织部选派的 3 名研修人员。

（三）积极推进、及时落实各类人才相关待遇。采集上报了 600 余名专业技术人员的职称信息，组织 591 名研究系列专业技术人员填报了个人信息登记表；推荐 11 人通过特殊人才通道评审职称；采用新出台的职称评价条件，完成 2021 年度正常晋升专业技术职务线下、线上推荐评审工作，共晋升研究员 9 人，

副研究员 9 人、助理研究员 11 人；为 48 名新晋升高、中级职称人员办理了聘任手续，并签订任务书，制订了正高级职务人员聘任任务书；为 39 名新晋升副高、中级职称人员办理了聘任手续，签订了任务书；为 52 名符合条件的持有“陇原人才服务卡”A、B、C 卡的专家被省人社厅核准在岗位结构比例外单列；为职务职称变动的 126 人和新参加工作的 9 人完成了岗位设置工作；为到期转正的 5 名工作人员办理了转正定级手续；为退休、调出和辞退的 16 人办理了减员下册等相关手续。

完成了 2020 年度全院奖励性绩效工资审批、2021 年度全院 688 名人员正常晋升薪级工资的审批等工作，向省人社厅报批了 2020 年度全院 703 名工作人员业绩考核奖，为 85 名晋升了职务职称的人员办理了提高工资标准的审批工作；组织完成全院 3 名工勤人员升等培训考核报名工作。督促、协助院属各单位完成全院养老保险基数的申报工作，并填报完成院机关 66 人养老保险基数的申报工作。完成 2 名院厅级领导养老保险的转移接续工作和全院 2021 年度绩效工资的备案工作。

二、人才引进工作积极推进

完成了全院 2020 年第二次公开招聘后续工作，引进博士研究生 2 人、硕士研究生 1 人、本科生 6 人。积极与兰州市委组织部沟通衔接，为 2 名全职引进的博士落实了兰州市人才公寓。发布了 2021 年公开招聘 5 名博士研究生公告，4 名博士研究生和 1 名高层次人才参加面试考核，已完成了面试考核工作。公开发布了 2021 年公开招聘 13 名硕士及以下工作人员和 2021 年公开招聘 7 名博士研究生和 1 名急需紧缺人才的招聘公告。

三、管理服务工作统筹开展

制定了 2021 年工作要点和任务台账，组织完成了全院 98 名正高级专业技术职务人员年度工作业绩量化考核及 710 名工作人员年度考核备案工作，安排了全院 2021 年全院工作人员年度考核及评选表彰 2020—2021 年全院先进集体和先进工作者工作。完成全院 59 名县处级领导编制和领导职数的变动工作。积极组织对接，省农科院继续教育基地顺利通过省人社厅评估。组织开展了全院 2020 年度继续教育公需课——党的十九届五中全会精神考试，为 30 人出具了完成继续教育任务证明书。完成了 2020 年度编制统计年报，上报了编制工作总结。向省人社厅、省农业农村厅上报了全院 2020 年度人才、工资、农业报表。完成了全院县处级以下人员人事档案信息化建设及验收工作。按省职称改革工作领导小组办公室的要求撰写并提交了全院 2020 年度职称工作总结。

四、与业务相关部门联系沟通持续加强

全省人才工作专题调研第三调研组就深入学习贯彻中央人才工作会议精神，推进实施新时代人才强省战略和创新驱动发展战略，深化人才发展体制机制改革，全方位培养引进用好人才等方面到省农科院开展调研。省人社厅相关领导来省农科院召开了省领军人才队伍建设和人事人才工作“放管服”改革情况调研座谈会。受中国农业科学院委托，中国农科院兰州兽医研究所、兰州畜牧与兽药研究所领导来院进行科技体制改革与分类改革调研座谈。向省委人才工作领导小组办公室报送了 2021 年人

才工作总结及2022年人才工作计划、2021年重点人才工作任务台账，“十三五”期间“脱贫攻坚农村人才实训”、拔尖领军人才培养情况等报告。

五、人事人才制度不断健全

为激发全院工作人员干事创业的积极性、主动性，制定出台了《“十四五”人才发展规划》《甘肃省农业科学院奖励性绩效工资分配暂行办法》，修订出台了《甘肃省农业科学院自然科学研究系列职称评价条件标准》，修订了《甘肃省农业科学院继续教育管理办法》，草拟了《甘肃省农业科学院博士后科研工作站管理暂行办法》《甘肃省农业科学院人事档案管理办法》。

人才队伍

优　秀　专　家

国家级（3人）

王吉庆　　秦富华　　党占海

甘肃省（13人）

金社林　　周文麟　　马天恩　　刘积汉
李守谦　　李秉衡　　邱仲华　　兰念军
郭天文　　杜久元　　樊廷录　　杨文雄
杨天育

享受政府特殊津贴人员（共38人）

王吉庆　　邱仲华　　李守谦　　秦富华
周文麟　　马天恩　　朱福成　　刘桂英
吕福海　　李隐生　　李秉衡　　陈效杰
于英先　　孟铁男　　孙志寿　　刘积汉
宋远佞　　徐宗贤　　黄文宗　　欧阳维敏
党占海　　贾尚诚　　吴国忠　　雍致明
王效宗　　张永茂　　王一航　　陈　明
马忠明　　王兰兰　　张国宏　　吕和平
潘永东　　樊廷录　　王发林　　金社林
吴建平　　张建平

学术技术带头人

全国专业技术人才先进集体（1个）

农产品贮藏加工科研创新团队

全国优秀科技工作者（1人）

张永茂

“百千万人才工程”国家级人选（4人）

党占海　　樊廷录　　金社林　　张建平

甘肃省科技功臣（1人）

王一航

甘肃省拔尖领军人才（2人）

金社林　　杨天育

甘肃省领军人才（40人）

第一层次（11人）

王一航　　樊廷录　　郭天文　　金社林
王恒炜　　罗俊杰　　潘永东　　马忠明
李继平　　杨文雄　　张建平

第二层次（29人）

马　明　　文国宏　　王　勇　　王发林
王晓巍　　车宗贤　　吕和平　　祁旭升
何继红　　张桂香　　张新瑞　　杨天育
杨发荣　　杨永岗　　杨封科　　张国宏
邵景成　　罗进仓　　贾秋珍　　郭晓冬
颉敏华　　刘永刚　　杨晓明　　曹世勤
郝　燕　　张绪成　　王　鸿　　董孔军
李兴茂

甘肃省宣传文化系统“四个一批”人才（1）

魏胜文

研究生指导教师（共 64 人）

博士研究生导师（6 人）

马忠明　吴建平　李敏权　樊廷录
王发林　张绪成

硕士研究生导师（58 人）

魏胜文　杨天育　郭天文　罗俊杰
曹世勤　白　斌　吕和平　张　武
齐恩芳　贾小霞　谢奎忠　颉敏华
郭致杰　王玉安　田世龙　刘永刚
李继平　庞中存　康三江　冯毓琴
郑　果　漆永红　张东伟　胡新元
杨封科　郭贤仕　张国宏　李兴茂
陈光荣　张平良　马　明　刘小勇
王　鸿　郝　燕　王晨冰　王国祥
蔡子平　王宏霞　龚成文　侯　栋
程　鸿　张桂香　王晓巍　杨永岗
张建平　杨晓明　李永生　谢亚萍
周文期　杨发荣　杨思存　车宗贤
郭晓冬　董　博　俄胜哲　欧巧明
郭　成　李雪萍

在职正高级专业技术人员（123 人）

二级研究员（8 人）

马忠明　吴建平　樊廷录　金社林
张国宏　郭天文　王发林　吕和平

三级研究员（26 人）

魏胜文　李敏权　贺春贵　罗俊杰
杨封科　王兰兰　张新瑞　胡冠芳
杨天育　罗进仓　杨文雄　张桂香
车宗贤　王　勇　李继平　潘永东
杜久元　鲁清林　文国宏　王晓巍
祁旭升　曹世勤　马　明　杨发荣
何继红　张绪成

四级研究员（86 人）

宗瑞谦　郭贤仕　王恒炜　郭晓冬
贾秋珍　杨永岗　邵景成　刘小勇
颉敏华　张东伟　张　武　杨芳萍
李　掌　张建平　刘永刚　赵秀梅
何宝林　张辉元　何海军　陈灵芝
王志伟　杨晓明　郝　燕　陆立银
林玉红　杜　蕙　王文丽　侯　栋
王世红　李兴茂　王玉安　李高峰
胡立敏　赵　利　程　鸿　齐恩芳
张正英　庞中存　王　鸿　康三江
陈建军　杨思存　于安芬　田世龙
冯毓琴　宋明军　王淑英　王国祥
刘忠祥　董孔军　周玉乾　李尚中
白　斌　刘效华　陈光荣　袁俊秀
王立明　李红旭　张礼军　唐文雪
郑　果　乔德华　曲亚英　王晨冰
任瑞玉　唐小明　梁　伟　蔡子平
冯守疆　张立勤　张建军　李建武
王红丽　李宽莹　尹晓宁　魏丽霞
龚成文　任爱民　何苏琴　刘润萍
杜少平　侯慧芝　贾秀苹　杨虎德
李国锋　邵武平

四级正高级工程师（1 人）

陈　静

正高级农艺师（1 人）

常　涛

正高级工艺美术师（1 人）

周　晶

在职副研究员（210 人）

姚元虎　陆登义　马志军　张国和

王　方　　蒋锦霞　　赵　瑛　　董　铁
马学军　　郭致杰　　王卫成　　柴长国
高彦萍　　崔云玲　　孙建好　　刘　芬
胡生海　　胡志峰　　庞进平　　苟作旺
冯克云　　南宏宇　　汤瑛芳　　于庆文
展宗冰　　高育锋　　王晓娟　　卯旭辉
王　萍　　陈子萱　　贾小霞　　张　芳
李红霞　　郭全恩　　吕军峰　　吕迎春
赵晓琴　　胡新元　　张　茹　　岳宏忠
康恩祥　　刘月英　　马丽荣　　张霁红
张邦林　　张廷红　　李玉萍　　牛军强
赵　玮　　白　滨　　董　俊　　罗爱花
王彩莲　　叶德友　　张玉鑫　　倪胜利
陈玉梁　　欧巧明　　张朝巍　　陈　伟
陈　富　　班明辉　　包奇军　　骆惠生
杨蕊菊　　陶兴林　　郭建国　　周昭旭
霍　琳　　王建成　　叶春雷　　王红梅
连彩云　　刘建华　　孙振宇　　俄胜哲
董　云　　李　梅　　王利民　　张海英
张久东　　葛　霞　　李　娟　　赵有彪
李守强　　黄　铮　　卢秉林　　谢奎忠
杨君林　　马彦霞　　李玉芳　　李瑞琴
李晓蓉　　郎　侠　　李淑洁　　谭雪莲
王春明　　黄玉龙　　李亚莉　　张平良
陆建英　　夏芳琴　　杨建杰　　苏永全
马　彦　　陈卫国　　漆永红　　惠娜娜
王学喜　　赵建华　　柳　娜　　王　婷
朱惠霞　　耿新军　　李建军　　张　勃
董　博　　于显枫　　王兴荣　　袁金华
张　帆　　田甲春　　杨彦忠　　曹　刚
谢亚萍　　徐生军　　宋淑珍　　魏玉明
党　翼　　韩富军　　姜小凤　　赵　刚
赵欣楠　　刘明军　　张开乾　　赵　鹏
王　磊　　李玉梅　　连晓荣　　黄　杰
曾朝珍　　张海燕　　王宏霞　　张　荣
杨如萍　　王智琦　　张雪婷　　张东琴
方彦杰　　党　照　　孙小花　　杨长刚
王立光　　刘文瑜　　任　静　　李雪萍
周文期　　陈　娟　　薛　亮　　赵　旭
柳燕兰　　王　炜　　李静雯　　王　玮
赵明新　　孙文泰　　吴小华　　郭　成
冉生斌　　李青青　　陈大鹏　　孔维萍
曹素芳　　李闻娟　　王　毅　　崔文娟
潘发明　　徐银萍　　张东佳　　张　力
牛小霞　　李永生　　刘海波　　葛玉彬
裴怀弟　　黄　瑾　　石有太　　王　斌
马明生　　曹诗瑜　　王成宝　　周　刚
何振富　　刘强德　　张　磊　　彭云霞
牛茹萱　　陈　平　　周天旺　　郑立龙
张艳萍　　黄　涛　　杨　琴　　宫旭胤
曾　俊　　牛树君　　赵　峰　　张国平
梁根生　　汤　莹

高级农艺师（23 人）

汪建国　　安小龙　　梁志宏　　焦国信
田　斌　　刘忠元　　王　颢　　秦春林
谢志军　　李元万　　刘元寿　　王润琴
魏玉红　　李玉奇　　虎梦霞　　火克仓
岳临平　　郑永伟　　冯海山　　刘兴禄
胡　霞　　于良祖（单位有效）
王小平（院内有效）

高级畜牧师（1 人）

窦晓利

高级实验师（5 人）

张雪琴　　张华瑜　　胡　梅　　张　环
董　煚

高级会计师（9人）

王　静　　师范中　　王晓华　　张延梅
杨延萍　　段艳巧　　蔡　红　　王　卉
孙小瞻

高级经济师（3人）

程志斌　　周　洁　　化青春

副主任护师（1人）

马惠霞

副研究馆员（1人）

郭秀萍

高级工程师（1人）

甄东海

2021年晋升高级专业技术职务人员

研究员（15人）

李建武　　王红丽　　李宽莹　　尹晓宁
魏莉霞　　龚成文　　任爱民　　何苏琴
刘润萍　　杜少平　　侯慧芝　　贾秀苹
杨虎德　　李国锋　　邵武平

正高级农艺师（1人）

常　涛

正高级工艺美术师（1人）

周　晶

副研究员（13人）

牛茹萱　　陈　平　　周天旺　　郑立龙
张艳萍　　黄　涛　　杨　琴　　宫旭胤
曾　俊　　牛树君　　赵　峰　　张国平
梁根生

高级农艺师（2人）

刘兴禄　　胡　霞

2021年晋升中级专业技术职务人员（11人）

刘锦晖　　赵　锋　　刘立山　　王彦淳
温美娟　　张　莉　　谢晓丽　　魏　焘
邹凤轩　　赵维林　　李　星

2021年公开招聘录用人员名单

招聘单位	姓名	性别	出生年月	毕业院校	专业	学历/学位
畜草所	雒瑞瑞	女	1992.06	甘肃农业大学	动物遗传育种与繁殖	研究生/博士
蔬菜所	唐超男	女	1994.04	甘肃农业大学	设施园艺学	研究生/博士
作物所	南　铭	男	1983.10	甘肃农业大学	草学/饲草学	研究生/博士

五、 科技交流与合作

概　　况

2021年是“十四五”开局之年，科技交流与合作工作以习近平新时代中国特色大国外交思想为指导，紧抓“一带一路”甘肃发展的重大机遇，坚决贯彻中央和省委关于外事工作的决策部署，立足全院工作实际，克服新冠感染疫情等不利因素影响，取得良好进展。

一、国际合作项目进展良好

“中以友好现代农业合作项目”完成论证、设计、招投标和设备安装等核心工程内容，以及智能温室设施生菜、樱桃番茄无土栽培和生长管理，引进的以色列水肥一体化和环境智能调控全套设备和技术进入试运行阶段；联合国粮食计划署“甘肃富锌马铃薯小农户试点项目”初选出富锌马铃薯育种材料5份，开展了富锌马铃薯适宜加工工艺研究和相关加工产品研发，研究确定了旱地马铃薯肥料基施用量以及与氮磷肥的最佳配施比例，明确了马铃薯生育期叶面喷施肥料的最佳浓度和喷施方法，初步构建了旱作区马铃薯锌肥高效利用技术体系；省科技厅重大国际合作专项“中俄马铃薯种质资源创新利用及产业发展关键技术转移与示范”，与俄方多次召开视频会议，及时沟通中心和实验室运行以及重大专项进展情况，引进俄罗斯及周边马铃薯种质资源32份，筛选早熟材料4份，在俄罗斯联邦中央黑土地区开展中国马铃薯品种适应性试验；省科技厅国际合作项目“基于APSIM模型的半干旱区绿色高效轮作模式及其生态效应”“国外无刺花椒新品种引进筛选与种质创新利用”“甘肃马铃薯4R养分管理关键技术研究与示范”项目进展良好；省科技厅引才引智项目“特色蔬菜种质资源及技术引进”聘请以色列农业部专家分别做了题为《以色列蔬菜育种概述》和《以色列蔬菜产业与节水技术应用概况》线上学术报告，引进新品种10份；省科协海智计划特色示范项目“向日葵种质资源引进创新研究与应用”引进油葵抗逆材料265份、观赏向日葵56份，配制杂交组合215份，筛选矮秆材料2份、抗盐碱材料2份、耐菌核病材料1份。

二、国际合作平台建设成效显著

科技部国际合作基地“干旱灌区节水高效农业国际科技合作基地”通过科技部绩效评估；“丝绸之路中俄技术转移中心”和“中俄马铃薯种质创新与品种选育联合实验室”通过电子邮件、微信及视频会议等方式，就马铃薯品种资源交换、试验示范、人员交流、技术培训等相关问题进行了多次视频会议交流；国家级引才引智示范基地“藜麦种质资源引进及新品种选育示范推广”联合中国石油化工集团公司在东乡区打造特色藜麦产业，推广种植陇藜系列品种 3.5 万亩。应用“科研单位＋政府＋企业＋贫困户”的扶贫模式，贫困户从事藜麦种植生产户均收入 1.167 万元；省国际科技合作基地“草食畜可持续发展研究”开展了羊舍环境调控技术参数收集、农区粗饲料营养价值数据库建设、牧区草地牧草营养动态监测等研究，在甘南玛曲县、平凉泾川县、张掖甘州区建立示范基地 3 个，邀请外国专家以线上讲授研究生课程 40 学时。

三、线上交流引领学术交流新方向

与甘肃省经济合作中心联合承办的第 27 届中国兰州投资贸易洽谈会“现代丝路寒旱农业高质量发展论坛”，邀请了陈学庚院士、赵春江院士、许勇教授、喻景权教授 4 位专家做专题学术报告，为甘肃现代丝路寒旱农业的高质量发展和乡村振兴战略提供了技术支撑；依托项目，多方筹措搭建自媒体平台，积极拓展以线上交流为主的国际合作新途径，全年以线上形式与外国专家或国际组织举办培训、洽谈、协议签署、咨询、技术指导等各类视频会议 30 场次。其中，以线上形式举办的“现代旱作节水及设施农业技术国际培训班”，聘请以甘肃省农业科学院专家为主的 18 名授课专家，历时 20 天，从膜下滴灌水肥高效利用、旱地农田水分及地膜覆盖调控等现代旱作节水农业和设施农业的多个领域，为学员讲述了成本低、轻简化、易操作的实用农业技术。来自亚洲、非洲、拉丁美洲等 17 个发展中国家的 56 名学员参加了培训会。同时依托该培训班新建自媒体平台 1 套，为今后省农科院线上宣传、培训、云展建设等活动的开展奠定了基础。

中国兰州投资贸易洽谈会办公室文件

兰洽办发〔2021〕7号

感谢信

省农科院：

第二十七届中国兰州投资贸易洽谈会于7月8日—12日在兰州顺利举行并圆满落幕。

本届兰洽会以“开放、开发、合作、发展”为宗旨，以“深化经贸合作，共建绿色丝路”为主题，邀请乌拉圭、尼泊尔担任主宾国，陕西省担任主题省。会期成功举办了开幕式暨丝绸之路合作发展高端论坛、西部陆海新通道与国家物流（兰州）枢纽建设论坛、“一带一路”科技创新、知识产权高峰论坛、第二届“一带一路”商事法律（黄河）论坛、现代丝路寒旱农业高质量发展论坛、张江•兰白服务企业直通车暨兰白自创区、试验区线上推介活动、2021 浙商（投融资）大会西北峰会等 37 项双边、多边性投资贸易促进和文化交流活动，为促进“一带一路”沿线国家务实合作搭建了重要平台，进一步提升了兰洽会国际化、专业化水平，取得了丰硕成果。

本届兰洽会宾客数量多、规格高，接待工作任务重、压力大，贵单位从兰洽会工作大局出发，本着“精准防控、热情周到、对口接待、节俭务实”的接待原则，认真配合组委会各项安排，积极参与前期邀请联络、会期接待陪同等工作，圆满完成了会期各项接待任务，得到了参会代表团的一致赞誉和省委省政府主要领导的充分肯定。

在此，对贵单位及承担兰洽会相关接待任务同志的辛勤付出表示感谢！同时，希望贵单位今后对兰洽会组织接待工作给予一如既往的支持，进一步提升兰洽会办会特色、办会水平、办会实效，为推动我省经济社会发展做出积极贡献。

中国兰州投资贸易洽谈会办公室

2021 年 7 月 30 日

兰洽会办公室　　2021 年 7 月 30 日印发

共印 1 份

— 2 —

国际合作基地平台一览表

基地名称	主管部门	依托单位	类别	共建单位
干旱灌区节水高效农业国合基地	科技部	省农科院	国家级国合基地	国际玉米小米改良中心 澳大利亚国际农业研究中心 荷兰土地合作局
甘肃省农业科学院国家级引才引智示范基地	科技部	畜草所	引才引智基地	
中美草地畜牧业可持续研究中心	科技部	畜草所	联合研究中心	美国南达科他州大学 得克萨斯州农工大学 美国瑞克公司
中以友好创新绿色农业交流示范基地		省农科院	合作交流基地	以色列驻华大使馆 甘肃省外事办公室
干旱半干旱地区工业污染土壤管理中—荷技术转移中心		省农科院	技术转移中心	荷兰土地合作局
中俄马铃薯种质创新与品种选育联合实验室		马铃薯所	联合实验室	俄罗斯沃罗涅日农业大学
丝绸之路中俄技术转移中心		马铃薯所	技术转移中心	俄罗斯沃罗涅日农业大学
中澳草食畜生产体系研究中心		畜草所	联合研究中心	悉尼大学 查尔斯大学
中加农业可持续发展研究联合研究中心		畜草所	联合研究中心	麦吉尔大学
反刍家畜及粗饲料资源利用联合共建实验室	省科技厅	畜草所	联合实验室	云南农业大学 西北农林科技大学
草食畜可持续发展研究甘肃省国际科技合作基地	省科技厅	畜草所	省级国合基地	美国南达科他州大学 美国得克萨斯州农工大学 加拿大麦吉尔大学 悉尼大学 查尔斯大学
马铃薯种质创新与种薯繁育技术	省科技厅	马铃薯所	省级国合基地	俄罗斯沃罗涅日农业大学
国外花椒种质资源引进种植与示范推广	省外国专家局	林果所	省级引智基地	
小麦条锈病综合防控技术研究与示范	省外国专家局	小麦所	省级引智基地	

（续）

基地名称	主管部门	依托单位	类别	共建单位
国外彩色棉优质新品种引进与产业化示范推广	省外国专家局	作物所	省级引智基地	
能源植物柳枝稷引进与示范推广	省外国专家局	旱农所	省级引智基地	
中国科协“海智计划”甘肃基地甘肃省农业科学院工作站	省科协	省农科院	海智基地工作站	
共计 17 个				

2021 年国际合作统计表

单位	合作国家及单位	合作内容	主要形式	时间
省农科院	亚洲、非洲、拉丁美洲等 17 个发展中国家	现代旱作节水与设施农业技术发展中国家技术培训班	线上培训	11 月 23 日至 12 月 12 日
作物所	美籍华人	向日葵资源创新利用与分子抗性育种平台构建科技培训	线上视频会议	11 月 25 日
马铃薯所	俄罗斯沃罗涅日农业大学	召开中俄国际合作项目推进视频会议	线上视频会议	11 月 24 日
蔬菜所	以色列农业部	以色列节水农业技术培训	线上培训	11 月 18 日

2021 年度参加学术交流情况统计表

单位	批次	参加人数	主要内容	参加天数	做报告数
旱农所	13	31	学术会议、汇报会	80	9
作物所	21	26	学术交流会、观摩会、培训班	40	5
经啤所	4	12	学术会议、培训会	10	0
质标所	12	23	学术会议、汇报会	30	2
加工所	25	37	学术会议、研修班、汇报会	65	15

（续）

单位	批次	参加人数	主要内容	参加天数	做报告数
蔬菜所	21	46	学术会议、研修班、汇报会	43	3
土肥所	22	104	学术会议、汇报会	68	3
植保所	10	14	学术会议、汇报会	14	4
畜草所	20	28	学术会议、研讨会、观摩会	36	2
马铃薯所	10	27	学术会议	23	0
林果所	34	38	学术会议、汇报会	34	2
小麦所	8	13	学术会议、参观学习	12	0
生技所	4	16	学术会议	16	0
农经所	17	21	学术会议、培训班	52	2
共计 221 批 436 人次					

参加2021年甘肃省高层次专家国情研修班专家

刘永刚　　颉敏华　　何继红　　张正英　　鲁清林

联盟、学会工作概况

2021年，挂靠甘肃省农业科学院的省级学术社团有：甘肃省农业科技创新联盟、甘肃省农学会、甘肃省植保学会、甘肃省作物学会、甘肃省土壤肥料学会、甘肃省种子协会、甘肃省藜麦种植行业协会。

一年来，各个学术团体以习近平新时代中国特色社会主义思想为指导，全面贯彻党的十九大和十九届历次全会精神，深入贯彻习近平总书记对甘肃重要讲话和指示精神，加强自身建设，树立服务意识，提高政治站位，以党建为统领，强化高端智库建设、搭建学术交流平台、推动农业科技人才成长、推进科技成果推广普及，为全省现代农业发展做出了应有的贡献。

甘肃省农业科技创新联盟

在农业农村部和国家农业科技创新联盟的指导下，聚焦脱贫攻坚和乡村振兴重大战略任务，克服新冠感染疫情等不利因素影响，围绕甘肃现代丝路寒旱农业和“牛羊菜果薯药”六大特色产业关键技术问题，加强交流、密切协作，在农业科技创新、平台建设、农产品品质标识、科技成果推介、助力精准扶贫和乡村振兴等方面取得了显著进展。成立了“甘肃省林果花卉种质资源科技创新联盟”“甘肃省食用百合科技创新联盟”“甘肃省马铃薯产业科技创新联盟”等3个分联盟，完成了联盟秘书长和联盟常务理事的变更。

创新平台建设迈出新步伐。“西北种质资源保存与创新利用中心”项目主体完工，国家油料改良中心胡麻分中心、兰白农业科技创新基地、甘肃省城郊农业绿色增效技术中试基地分别通过验收，农业农村部西北旱作马铃薯科学观测实验站、抗旱高淀粉马铃薯育种创新基地建设通过省级竣工验收，农业农村部青藏区综合试验基地建设顺利竣工。有序推进国家农业科学实验站基础性长期性观测监测工作，上传国家农业数据中心数据11.2万个。

科技创新体系支撑产业发展强劲有力。据不完全统计，2021年联盟成员单位新上项目合计400余项，合同经费超过2亿元。国家重点研发计划项目“甘肃、宁夏优势特色产业提质增效技术集成与示范”获批立项。63项成果通过省级科技成果登记。获国家科技进步奖二等奖1项（协作）、神农中华农业科技奖三等奖2项（其中协作1项）、省哲学社会科学优秀成果奖二等奖1项。审定（登记、评价）新品种18个。举办第三届甘肃省农业科技成果推介会，发布了《甘肃农业改革开放研究报告》。向省委办公厅和省政府参事室提交的3份咨询建议得到采纳，信息报送工作受到省委办公厅书面表扬。

甘肃省农学会

截至2021年年底，学会共有理事单位62

家。一年来，学会充分发挥智库优势，编辑发布了《甘肃农业改革开放研究报告》，参加省科协《甘肃省全民科学素质行动规划纲要实施方案（2021—2025年）（征求意见稿）》审定工作。积极开展学术交流活动，以线上线下相结合的方式举办第三届甘肃省农业科技成果推介会，发布20项重大科技成果，推介展示甘肃省主要农作物育种和种植栽培，以及草畜产业、农畜产品加工业等方面的科技成果200项；承办第27届兰洽会现代丝路寒旱农业高质量发展论坛，陈学庚、赵春江、喻景权等院士专家出席并做学术报告，为甘肃产业发展出谋划策，受到广泛好评。

深入推进科学普及。依托农科馆，重点实验室面向驻地民众和中小学生免费开放，先后举办承办“我为兰州添一抹绿”——兰州市少年儿童第十二届生态道德实践活动，“我为群众办实事，大手牵小手、共建清洁家园”等志愿服务活动，累计接待参观31批1 590多人次，得到各级部门的肯定。发挥兰外试验场、站辐射带动作用，举办科普日、科技开放周等科普活动，推广示范新品种、新技术、新模式带动当地经济发展，甘肃省农业科学院先后被命名为甘肃省科普教育基地和兰州市科普基地。

人才推荐培养力度持续加强。推荐2021年中国工程院院士候选人1人，两人当选中国科学技术协会第十次全国代表，1人被评为全国全民科学素质工作先进个人，2人获第十届甘肃青年科技奖，1人当选2021年甘肃省“最美科技工作者”，1人获得“甘肃省青年科技人才托举工程”项目资助。

加强项目管理。甘肃省农学会科技志愿服务基层行示范项目、甘肃省科协创新驱动（瓜州）项目通过审计并验收；2020年度省级创新驱动助力工程项目开展了现场观摩，学会助力精准扶贫项目进行了督导和验收准备。组织申报中国科协甘肃海智基地工作站项目、中国科协2021—2025年度全国科普教育基地项目，积累相关资料，为今后的项目申报工作打下基础。

甘肃省植保学会

积极组织开展项目申报工作，完成甘肃省科协青年人才托举工程、承接政府转移职能和公共服务示范等项目的申报工作，1项甘肃省科协青年人才托举工程项目通过结题验收。承接农业农村部政府购买服务“甘肃省检疫性病害黄瓜绿斑驳病毒病（CGMMV）发生调查与监测预警”“甘肃省区域内重大危害外来入侵物种调查监测与综合防控”“国家种子繁育基地（甘肃）检疫性有害生物监测调查与控制”等项目3项，相关工作顺利推进。

积极开展学术交流。派员参加“中国植物保护学会第十二届理事会第四次会议暨第十二届九次常务理事会议”，就学会建设及内部治理等议题进行了讨论，并就基于AI识别的病虫害采集和分析进行了专题学习交流。先后举办“全省农作物病虫害绿色防控技术培训班”“甘肃省马铃薯晚疫病预警与防控技术培训研讨会”，聚焦甘肃农业生产安全与农业绿色发展战略，围绕植保工作的科技创新、重大病虫害绿色防控、蔬菜病虫害发生趋势与防控新技术、农业病虫害防控的挑战与思路等开展交流研讨。对甘肃丝路寒旱农业、戈壁农业和生态农业等重点领域的病虫害绿色防控及综合治理产生了积极的推进作用。

甘肃省作物学会

克服疫情冲击，以线上线下相结合的方式召开学会第九届会员代表大会，选举产生了新一届理事会，完成了学会领导机构的新老交替。2021 年，学会以促进全省作物学科科学发展，提升作物科技创新能力，探索农业科技协同创新机制为重点，以服务作物科技工作者和加强作物学会自身建设为目标，以会员单位为纽带，积极开展以农作物新品种选育、种质资源收集保存利用、作物抗逆高效栽培、农业资源综合利用等为主的科学研究和技术集成示范工作；制定了《甘肃省现代种业推进方案（2019—2035 年）》，配合主管部门组织开展了种质资源普查行动，选育出一批农艺性状优良的农作物新品种；充分发挥学会人才和技术优势，组织开展科技调研与咨询，积极培育贫困地区富民产业，大力示范推广新品种新技术，推动农业产业提质增效，助力脱贫攻坚与乡村振兴；加强合作交流，学会影响力持续提升，广泛开展科技培训，宣传和普及农业科技知识，提高农业劳动者素质，积极开展学术交流，提高科技人员创新能力。

甘肃省土壤肥料学会

组织学会专家开展第三方评价工作，开展成果推荐申报，“盐渍化土壤水盐迁移及其应用研究”获第十六届中国土壤学会科技成果奖三等奖。克服疫情影响，积极开展相关学术活动，在世界土壤日，通过线上视频会议、线下专题宣讲和海报宣传等形式举办盐碱地专题研讨会。发挥科技优势，助力乡村振兴，与张掖谷丰源公司合作共建的张掖科技小院，在张掖市店子闸村正式揭牌运行，构建了国家和省地科研机构联合，零距离、零门槛、零时差服务农户及生产的新模式；组成专家团队，先后赴亚盛集团、金九月肥业、华瑞牧业等涉农企业、生产基地调研，对接科技需求，建立长期合作机制。着力加强人才培养推荐，一年来，学会会员有 1 人当选为中国科学技术协会第十次全国代表大会代表，1 人获国家科学技术进步奖二等奖，1 人获得第十届甘肃青年科技奖。

甘肃省种子协会

强化组织建设，积极扩大协会影响力，多次参加甘肃省农业农村厅种业发展座谈会，积极建言献策，并为种子协会与省农业农村厅的今后工作衔接确定了方向。配合中国种子协会完成了《关于请配合填报网上调研问卷的函》（中种协函〔2021〕40 号），配合中国种子协会征集“2022 中国种子大会暨南繁硅谷论坛”田间品种展示。积极开展学术活动，组织企业和相关单位参加中国农业大学有机农业技术研究中心在昆明市举办的种子检验技术与质量监管培训，协助中国种子协会配合中国农学会开展 2021 农业农村重大科技成果遴选工作，参加中国种子协会举办的 2021 年种子行业信用体系建设培训。强化服务意识，面对新冠感染疫情的持续冲击，通过减免会费等措施，累计为企业减负近 10 万元。并帮助三家企业完成了企业信用等级认证工作。同时，推荐了一名专家获得“张海银种业促进奖”。并以种子协会为推荐单位申报了甘肃省科学技术协会项目一项。

甘肃省藜麦种植行业协会

发挥智库作用，向省委、省政府提交《关于我省藜麦产业发展的建议》，获省委主要领导批示；协助多家会员单位开展科技攻关、产品开发、项目可行性研究、方案设计论证等工作，组织协会成员编制了“东乡区藜麦产业‘十四五’发展规划”，被东乡区人民政府与中国石油化工集团公司采纳；完成甘肃省特色优势农产品“天祝藜麦”的产品评价，组织开展科技培训 10 场次，观摩活动 2 场次，培训藜麦种植人员 1 000 余人；增补新会员 14 人，其中副会长1人，常务理事4人，理事2人；创建甘肃省藜麦种植行业协会门户网站，为广大会员提供供求信息与咨询服务。

全年，各挂靠学术团体克服疫情影响，以线上、线下等多种形式开展学术活动。牵头组织召开大型学术交流活动3场，承办或协办国内、国际学术交流活动7次，累计受众达1万余人，参加国内各类学术会、学术交流活动等35批，230余人次，交流论文、学术报告210多篇，邀请相关专家学者来甘肃访问交流30余人次。

甘肃省农业科技创新联盟第二届理事会组成人员名单

（2021年6月3日常务理事会通过）

理 事 长： 马忠明

副理事长： 赵兴绪　齐　磊　刘建勋　郭小俊　张国钰　王义存　罗康宁

秘 书 长： 王　敏

副秘书长： 樊廷录　马心科

常务理事：（按姓氏笔画为序，23人）

马忠明　王　冲　王　敏　王义存　牛济军　左小平　刘建勋　齐　磊　闫志斌　李　恺　李明军　李建国　杨焕昱　张　明　张国钰　陈志叶　陈耀祥　罗康宁　赵兴绪　赵振宁　高志成　郭小俊　程志国

理　　事：（按姓氏笔画为序，82人）

于良祖　马忠明　马海军　马麒龙　王　冲　王　敏　王义存　王长明　王发林　王进荣　王志伟　王国祥　王育军　王俊凯　王晓巍　车宗贤　牛继军　文建水　左小平　冉福勇　白　滨　包旭宏　吕和平　吕裴斌　乔德华　刘建勋　刘振波　刘海平　齐　磊　闫志斌　关晓玲　杜永涛　李　恺　李大军　李幸泽　李国智　李明军　李明孝　李建国　李建科　杨天育　杨文雄　杨发荣　杨焕昱　杨增新　何应文　何顺平　沈宝云　张　华　张　明　张红兵　张国钰　张健挺　张绪成　张辉元　陈　富　陈　馨　陈玉良　陈志叶　陈耀祥　林益民　罗天龙　罗俊杰　罗康宁　孟宪刚　赵兴绪　赵振宁　侯　健　高　宁　高志成　郭小俊　郭志杰　容维中　曹　宏　曹万江　逯晓敏　韩登仑　程志国　焦国信　谢晓池　雷志辉　樊廷录

注：联盟领导机构组成人员均以职务身份参加，如遇职务变动，由其接任者自然递补。

甘肃省科协农业学会联合体主席团组成人员名单

（2017 年 12 月 25 日批准成立）

主席团主席：

南志标　甘肃省农学会名誉会长

轮 值 主 席：

马忠明　甘肃省农学会会长

成　　员：

魏胜文　甘肃省农学会副会长

杨祁峰　甘肃省农学会副会长

扬天育　甘肃省作物学会理事长

陈佰鸿　甘肃省园艺学会理事长

李敏权　甘肃省植保学会理事长

车宗贤　甘肃省土壤肥料学会秘书长

张建平　甘肃省种子协会理事长

执行秘书长：

郭天文　甘肃省农学会秘书长

副 秘 书 长：

展宗冰　甘肃省作物学会秘书长

毛　娟　甘肃省园艺学会秘书长

郭致杰　甘肃省植保学会秘书长

杨思存　甘肃省土壤肥料学会秘书长

田　斌　甘肃省种子协会秘书长

注：主席团组成人员均以职务身份参加，如遇职务变动，由其接任者自然递补。

甘肃省农学会第七届理事会组成人员名单

（2016 年 11 月 1 日选举产生）

名誉会长：任继周　南志标

会　　长：马忠明

副 会 长：杨祁峰[1]　魏胜文　吴建民　郁继华

秘 书 长：郭天文

副秘书长：丁连生　李　毅

常务理事：（排名不分先后）

杨祁峰　丁连生　李　福

于　轩　赵贵宾　崔增团

常　宏　吴建平　魏胜文

陈　明　马忠明　郭天文

车宗贤　王发林　王晓巍

樊廷录　张新瑞　吴建民

郁继华　李　毅　王化俊

师尚礼　韩舜愈　陈佰鸿

李敏骞　郭小俊　宋建荣

王宗胜　王义存　张振科

程志国

理　　事：（排名不分先后）

杨祁峰　丁连生　李　福

于　轩　常　宏　赵贵宾

崔增团　刘卫红　安世才

李向东　高兴明　韩天虎

李崇霄　杨东贵　张世文

贺奋义　吴建平　魏胜文

陈　明　马忠明　郭天文

展宗冰　吕和平　杨天育

杨文雄　樊廷录　罗俊杰

车宗贤　王晓巍　王发林

张新瑞　田世龙　杨发荣

白　滨　王国祥　王恒炜
吴建民　郁继华　李　毅
陈佰鸿　韩舜愈　师尚礼
陈　垣　李玲玲　王化俊
白江平　柴　强　柴守玺
孟亚雄　司怀军　杨德龙
冯德勤　赵多长　豆新社
宋朝辉　张法霖　马德敏
任建忠　郭小俊　文生辉
宋建荣　李中祥　付金元
王宗胜　王义存　张振科
张仲保　刘建勋　程志国
费彦俊　左小平[2]　李永清
王三喜　李敏骞　李怀德
王忠亮　文建水　曹　宏
魏玉杰　杨孝列　田　斌
刘永刚　刘小平　龚成文
王世红　文国宏　张绪成
杨思存　王　鸿　郭致杰
颉敏华　苏永生　周　晶
陈　富　黄　铮

[1] 2021年10月，经本人申请，并报省委组织部备案批准，同意杨祁峰同志辞去农学会副会长职务。

[2] 2021年1月，经本人申请，同意左小平同志辞去农学会理事。

甘肃省植物保护学会第十届理事会组成人员名单

（2017年3月25日选举产生）

名誉理事长：南志标　蒲崇建　陈　明
理　事　长：李敏权
副理事长：李春杰　刘卫红　刘长仲
张新瑞　徐秉良　陈　琳
秘　书　长：郭致杰
常务理事：（排名不分先后）
李敏权　李春杰　刘卫红
刘长仲　张新瑞　徐秉良
陈　琳　郭致杰　金社林
罗进仓　姜红霞　陈　臻
王森山　杨成德　李彦忠
王军平　运　虎　王安士
沈　彤
理　　事：（排名不分先后）
马如虎　王安士　王作慰
王森山　王军平　文朝慧
吕和平　任宝仓　刘大化
刘卫红　刘长仲　许国成
孙新纹　运　虎　李　虹
李金章　李春杰　李彦忠
李继平　李晨歌　李敏权
李惠霞　李锦龙　杨成德
杨宝生　何士剑　张　波
张建朝　张晶东　张新瑞
沈　彤　陈　琳　陈　臻
陈广泉　陈杰新　罗进仓
岳德成　金社林　郑　荣
胡冠芳　段廷玉　姜红霞
费彦俊　袁明龙　贾西灵
徐生海　徐秉良　高　强
郭致杰　康天兰　谢　谦
强维秀　魏周全

甘肃省作物学会第九届理事会组成人员名单

（2021 年 12 月第九次会员代表大会选举产生）

名誉理事长：贺春贵

理　事　长：杨天育

副 理 事 长：李向东　吕小瑞　李世成　司怀军　曹世勤　闫治斌　王托和　柳金良　李明军

秘　书　长：展宗冰

副 秘 书 长：李玲玲　董孔军

常 务 理 事：（排名不分先后）

杨天育　李向东　吕小瑞
李世成　司怀军　曹世勤
闫治斌　王托和　柳金良
展宗冰　李玲玲　董孔军
陈玉梁　吕和平　王国祥
马学军　白　滨　任成梁
李可夫　李建国　杜世坤
李明军　冯德鹏　曹　宏
张　明　李怀德　米兴旺
雷建明　李乾运　乔喜红
何小谦　雷玉明

理　　　事：（排名不分先后）

贺春贵　杨天育　展宗冰
王　敏　周　晶　吕迎春
吕小瑞　李世成　李向东
李玲玲　于爱忠　彭云玲
常　磊　孟亚雄　司怀军
杨德龙　李葆春　宿俊吉
张　宁　雷玉明　曾存秀
闫　芳　曹　宏　乔　岩
李怀德　赵　晖　张小燕
陶树春　杜世坤　孙小东
雷建明　张耀辉　李可夫
张文伟　柳金良　王宏凯
张援文　魏旭斌　张　明
马　宁　任成梁　冯宜梅
王托和　缪纯庆　米兴旺
杨国华　冯德鹏　程喜莉
李建国　郭青范　李明军
朱　君　张建平　董孔军
董　云　王兴荣　杨晓明
周玉乾　冯克云　卯旭辉
曹世勤　柳　娜　白　斌
杨长刚　吕和平　文国宏
张　武　李建武　赵　刚
马明生　陈玉梁　欧巧明
侯　栋　杜少平　胡生海
李守强　马学军　杨发荣
白　滨　王国祥　蔡子平
冉生斌　包奇军　王　鸿
王卫成　汤　莹　杨思存
郭致杰　刘永刚　马丽荣
李乾运　闫治斌　张　德
何小谦　乔喜红

甘肃省土壤肥料学会第十届理事会组成人员名单

（2018 年 5 月 28 日选举产生）

理 事 长：车宗贤

副理事长：崔增团（常务） 郭天文

张仁陟 张建明 白 滨

刘学录

秘 书 长：杨思存

常务理事：（排名不分先后）

车宗贤 崔增团 郭天文

张仁陟 张建明 白 滨

刘学录 杨思存 刘 健

吴立忠 蔡立群 邱慧珍

段争虎 李小刚 樊廷录

胡燕凌 谢晓华 周 拓

吴湘宏 王 方 柴 强

张绪成 郭晓冬 牛济军

理 事：（排名不分先后）

车宗贤 崔增团 郭天文

张仁陟 张建明 白 滨

刘学录 杨思存 刘 健

吴立忠 蔡立群 邱慧珍

段争虎 李小刚 樊廷录

胡燕凌 谢晓华 周 拓

吴湘宏 王 方 柴 强

张绪成 郭晓冬 牛济军

黄 涛 武翻江 罗珠珠

张杰武 金社林 段廷玉

陈志叶 李志军 吕 彪

包兴国 顿志恒 马明生

张平良 张 环 苏永中

南忠仁 毛 涛 刘建勋

胡秉安 冯 涛 李国山

关佑君 杨志奇 李晓宏

赵宝勰 张 鹏 李效文

马 宁 秦志前 丁宁平

王鹏昭 刘大化 戚瑞生

王平生 何士剑 费彦俊

王泽林 胡梦珺 展争艳

张恩辰 方三叶 冯克敏

甘肃省种子协会第八届理事会组成人员名单

（2018 年 9 月 26 日选举产生）

理 事 长：张建平

秘 书 长：田 斌

副秘书长：展宗冰 赵 玮

副理事长：（以姓氏笔画为序）

李会文 李忠仁 张绍平

陆登义 周爱兰 贾生活

常务理事：（以姓氏笔画为序）

马 彦 王 伟 王国祥

文国宏 白江平 卯旭辉

冯克云 李明生 何海军

罗志刚 周玉乾 庞进平

侯 栋 贾天荣 徐思彦

陶兴林 寇思荣

理　　事：（以姓氏笔画为序）

马丽英　马俊邦　马　彦
王　婷　王小平　王永军
王西和　王　伟　王多成
王佐伟　王国祥　王和平
车天忠　水建兵　文国宏
方　霞　白江平　卯旭辉
冯克云　冯　海　乔喜红
刘万军　刘克禄　刘艳霞
孙亚钦　杜彦斌　李万仓
李立勇　李有红　李会文
李明生　李忠仁　李荣森
李　恺　李森堂　杨东恒
杨海平　杨新俊　杨德润
肖立兵　肖必祥　吴义兵
何小谦　何　文　何海军
何雁龄　张志年　张建平
张绍平　张俊全　陆登义
陈卫国　陈永明　陈作兴
陈顺军　陈淑桂　陈锦花
武怀宁　范会民　林永康
罗志刚　罗积军　罗耀文
周玉乾　周建国　周爱兰
庞进平　赵康定　郝　铠
胡志坚　侯　栋　骆世明
袁　森　贾天荣　贾生活
贾永祥　贾建文　夏学礼
徐思彦　徐博鸿　陶立新
陶兴林　寇思荣　董克勇
谢新学　薛兴明

甘肃省藜麦种植行业协会第一届理事会组成人员名单

（2020 年 11 月 6 日选举产生）

会　　长：杨发荣

秘 书 长：黄　杰

副理事长：（以姓氏笔画为序）

朱富华　陈玉祥　胡大海
崔三财　潘黎明

常务理事：（以姓氏笔画为序）

朱富华　刘一胜　刘文瑜
刘建军　安　成　李仲罡
杨发荣　杨富民　沈宝云
张　威　张莹莹　陈玉祥
郝卫国　胡大海　段小华
贾生活　贾慷慨　黄　杰
崔三财　雷玉明　樊　辉
潘黎明　魏玉明

理　　事：（以姓氏笔画为序）

万遂新　王　昶　王兴仁
王国栋　王定安　王晓怡
王菊莲　王　晶　韦　博
白团厚　边琳鹤　朱富华
刘一胜　刘文瑜　刘永峰
刘兴民　刘国春　刘建军
安　成　苏永国　李百成
李仲罡　李志龙　杨　旭
杨　婷　杨发荣　杨富民
何振富　何维经　汪佐辉
沈宝云　宋淑珍　张　力
张　威　张莹莹　陈玉祥
武学文　金　茜　庞鹤鸣
赵文君　郝卫国　郝生燕

郝怀志　胡大海　段小华　谢志军　雷玉明　路有福
贾　峻　贾生活　贾慷慨　樊　辉　潘发明　潘黎明
高　金　郭谋子　黄　杰　魏玉明
崔三财　梁建民　董树森

六、党的建设与纪检监察

党建工作概况

2021年，是党和国家历史上具有里程碑意义的一年，“两个一百年”奋斗目标历史交汇，甘肃省农业科学院开启了“十四五”高质量发展新征程。在省委、省政府的正确领导下，甘肃省农业科学院领导班子坚持以习近平新时代中国特色社会主义思想为指导，深入贯彻党的十九大和十九届历次全会精神，全面落实习近平总书记对甘肃重要讲话和指示精神，大力弘扬伟大建党精神，把牢“三新一高”、坚持“四个面向”，以服务全省现代农业发展和乡村全面振兴为目标，团结带领全院广大职工圆满完成了年度任务，实现了“十四五”良好开局。

一、加强党的领导，党的政治建设深入推进

甘肃省农业科学院始终坚持以党的政治建设为统揽，把学习贯彻习近平新时代中国特色社会主义思想作为首要政治任务，深化思想认识，提高政治站位，以上率下、明责知责，全面从严治党主体责任不断压紧压实。从严落实政治责任，认真执行重大事项请示报告制度，定期向省委专题报告院党委落实管党治党、巡视整改、意识形态、基层党建、网络安全、保密工作、国家安全、风险防范等重点工作情况，每季度按期向省委组织部考核办报告院领导班子及成员重点工作完成情况。强化理论武装，坚持把学习贯彻习近平新时代中国特色社会主义思想作为首要任务，制定《党委理论学习中心组2021年度学习计划》，全年召开党委专题学习会议22次、党委理论中心组学习会议17次，“第一议题”专题学习习近平总书记重要讲话精神，并结合工作实际研究部署贯彻意见，促进理论学习走深走实，不断增强领导干部的政治判断力、政治领悟力、政治执行力。坚持以上率下、以身示范，班子成员带头深学笃用习近平新时代中国特色社会主义思想，带头宣讲党的十九届六中全会和习近平总书记“七一”重要讲话精神，带头深入分管部门、联系单位和党支部工作联系点上专题党课、交流学习心得，示范引导各级党组织和党员干部忠诚拥护“两个确立”、坚决做到“两个维护”。选派8名领导干部参加省委党校（行政学院）学习，选派39名县处级干部和19名科级干部参加省一级网络培训，不断提高干部综合素养和工作能力。

二、履行政治责任，党史学习教育深入开展

甘肃省农业科学院认真履行政治责任，紧紧围绕学史明理、学史增信、学史崇德、学史力行，坚持以史为鉴、资政育人，推动党史学习教育取得明显成效，达到了学党史、悟思想、办实事、开新局的目的。坚持高位谋划，

制定党史学习教育实施方案，迅速召开动员部署会，成立由党委主要负责同志担任组长、党委委员为成员的领导小组，“一盘棋”谋划、“一揽子”推进、“一条线”贯通，确保“规定动作”做到位、“自选动作”有特色。聚焦主题主线，坚持把学习习近平新时代中国特色社会主义思想摆在首要位置，举办全院学习贯彻六中全会和习近平总书记“七一”重要讲话精神研讨培训班，示范带动各级党组织集中学习300余次、开展专题研讨160余次，在深刻感悟思想伟力中接受了政治洗礼。聚焦主流本质，牢固树立正确党史观，深入学习党史和指定书目，举办党史学习教育研讨交流会6次，在系统学习党的历史中拨亮了信仰灯火。坚守人民情怀，把“我为群众办实事”实践活动作为践行初心使命的有效载体，聚焦职责使命办好根本事，围绕急难愁盼办好暖心事，全院共办实事90多件（次）、解决各类民生问题10余件（个），在抓实为群众办实事中践行了根本宗旨。永葆自我革命精神，坚持刀刃向内狠抓问题整改，认真召开专题民主生活会和组织生活会，在严肃党内政治生活中加强党性锻炼。传承红色基因，热烈庆祝建党100周年，充分运用甘肃省红色资源开展教育活动，在接受红色革命教育中赓续精神力量。坚持实干拼搏，紧扣全院科研工作中心大局，深入谋划落实“十四五”规划各项任务，切实把学习教育成果运用到加强党的建设、破解发展难题中，在知行合一转化提高中开启了崭新局面。

三、强化责任担当，巡视整改取得明显成效

甘肃省农业科学院坚持把省委巡视作为对院党委工作的重要监督，作为对院领导班子和领导干部的政治体检，作为对全院各项事业发展的一次把脉会诊，主动配合巡视，全力抓好反馈意见整改。一是主动接受巡视监督，以“同题共答”的政治自觉，全力配合省委第九巡视组工作，周密做好衔接沟通、资料提供、谈话调研以及信访接待等服务保障工作，圆满完成了巡视任务。二是加强组织领导，巡视反馈意见后，成立巡视整改工作领导小组，召开专题民主生活会，先后召开6次领导小组会议和巡视整改动员部署会，反复学习领会习近平总书记关于巡视整改的重要论述精神，听取阶段性整改进展汇报，研究部署整改落实工作，切实把巡视整改抓实见效。三是压实整改责任，制定巡视整改方案，建立整改工作台账，明确巡视整改“任务书”“路线图”“时间表”；党委书记认真履行巡视整改第一责任人责任，院长认真履行涉及行政方面问题整改第一责任人责任，班子成员认真履行巡视整改“一岗双责”责任，督促各责任部门逐项对标清查、逐一报账销号，切实把整改责任和压力传导到位。四是强化集成整改，坚持把本轮巡视发现问题整改同上次巡视反馈、主题教育检视、经责审计指出尚未整改到位问题整改结合起来，同省委第八轮巡视发现推进改革不力问题专项治理、选人用人专项检查、意识形态责任制专项检查、院深化科技领域突出问题集中整治专项巡察发现问题整改结合起来，一体整改、集成整改，建立健全整改落实长效机制，切实放大整改效应。省委第八轮巡视反馈的14个问题89项整改任务已整改到位74项，省委组织部选人用人专项检查反馈的6个方面14个问题已全部整改到位，省委全面深化改革委员会办公室关于省委第八轮巡视发现推进改革不力问题专项治理反馈的11个问题已整改到位9个。

四、加强政治引领，科研支撑能力全面提升

甘肃省农业科学院充分发挥党的建设引领保障作用，加强政治引领，推动科技创新、成果转化、合作交流等工作再上新台阶，有力保障了农业科技事业高质量发展。

科研产出成果丰硕。全年新上项目 309 项，项目合同经费 1.26 亿元，到位经费8 100万元。结题验收项目 139 项，完成省级科技成果登记 63 项，推荐申报省科技进步奖 21 项，获省哲学社会科学优秀成果奖二等奖 1 项、神农中华农业科技奖三等奖 2 项（其中协作 1 项）。通过国家和省级主管部门审定（登记、评价）品种 18 个，获授权国家发明专利及计算机软件著作权 140 项，颁布实施技术标准 37 项，出版专著 7 部，发表学术论文 299 篇（其中 SCI 论文 14 篇），《甘肃农业科技绿皮书：甘肃农业改革开放研究报告（2021）》隆重发布。

不断增强科技创新能力。一是突出源头创新，加快优异种质挖掘和创制。制定全省种业强省科技支撑方案，扎实开展全省农作物种质资源普查与收集工作，深入开展农作物种质资源鉴定和优异种质创制，加快构建分子育种技术体系，有效支撑了全省种业高质量发展。二是调整目标靶向，持续推进作物新品种选育，育成的高产耐密宜机收玉米新品种、兰天系列冬小麦品种、高产鲜食菜用马铃薯新品系、鲜食辣椒新品种、西瓜新品种和啤酒大麦新品种产量高、品质优，中试表现佳、推广效果好。三是加强集成示范，促进成果转化应用，集成应用了半干旱瘠薄农田土壤改良、连作障碍土壤修复技术模式，研究集成了玉米低水分籽粒机械直收技术模式、旱地立式深旋耕作栽培技术体系，总结提出了旱地两种无膜饲草高效机械化种植技术模式，集成创新的露地甜瓜垄膜沟灌水肥高效利用等技术，改进了传统模式，降低了生产成本。四是开展产地监测评价与加工技术研究，为增值延链提供支撑。

加快推进科研平台建设。“西北种质资源保存与创新利用中心”顺利推进、完成主体封顶。国家糜子改良中心甘肃分中心、国家油料改良中心胡麻分中心、青藏区综合试验基地建设项目顺利通过省级竣工验收。甘肃省主要果树种质资源库和甘肃省主要粮食作物种质资源库通过中期评估，2 个省级重点实验室通过验收。6 个农业农村部科学观测站建设项目完成绩效评估工作。“一带一路”国际农业节水节能创新院、甘肃省数字农业工程研究中心获批建设，甘肃省智慧农业研究中心、国家农业信息化工程技术研究中心甘肃省农业信息化示范基地、智慧农业专家工作站挂牌运行。新增仪器设备 82 台（套）。

加快科技成果转移转化。一是加大成果宣传推介力度，成功举办“第三届甘肃省农业科技成果推介会”，在全省不同类型区建立 45 个科技引领乡村振兴示范村（镇），示范应用 10 个重大品种，创新应用 10 项关键技术，转化应用 100 项先进适用科技成果，各项成果在全省范围内共建立示范基地 68 个，推广应用面积近 180 万亩，带动增产增收效果明显，实现新增效益 2.66 亿元。二是加强成果中试熟化，设列和实施中试孵化、科技示范等科技成果转化项目 18 项，乡村振兴示范村建设项目技术培训深入推进，中试孵化类项目经济效益显著、进展顺利。三是推进院地院企合作，充分发挥省级技术转移示范机构“领头雁”作用，

加强与政府部门、企业的合作，共签订成果转化合同 490 余项，合同经费 3 365 万元。

加快推进对外合作交流。一是国际合作进展良好，全年共实施国际合作类项目 13 项，引进农作物新种质 274 份，引智成果累计推广 3.7 万亩。“中以友好现代农业合作项目”顺利实施，发展中国家“现代旱作节水及设施农业技术国际培训班”以线上形式在甘肃省农业科学院成功举办。二是学术交流内容丰富，成功承办第 27 届兰洽会“现代丝路寒旱农业高质量发展论坛”，组织召开了甘肃省农业科技创新联盟 2021 年工作会议，牵头成立甘肃省马铃薯产业、食用百合、林果花卉种质资源 3 个分联盟，组织参加了西北农林科技创新联盟第三届学术交流会、2021 年甘肃省学术年会。农科馆充分发挥科技宣传和科普教育作用，全年共接待各类科普参访团组 31 批 1 590 人次。

五、强化政治担当，有力推进巩固拓展脱贫攻坚成果与乡村振兴有效衔接

甘肃省农业科学院认真履行服务“三农”职责使命，坚决守住帮扶村脱贫攻坚成果，切实做好巩固拓展脱贫攻坚成果同乡村振兴有效衔接，确保工作不留空档、政策不留空白，推动乡村振兴战略全面实施。按照省委、省政府乡村振兴工作总体部署，充分发挥科技优势，选派新一轮 4 个驻村帮扶工作队，接续进行帮扶工作，深入开展“两不愁三保障”问题排查、防止返贫动态监测、“脱贫不稳定户、边缘易致贫户和严重困难户”户情摸底等工作，协助提升乡村治理水平，开展田间病害调查和生产技术指导，确保乡村振兴目标不移、项目不断、人员不减、队伍不散，脱贫攻坚成果得到有效巩固和拓展。加强驻村工作队干部管理和资金保障，安排 100 万元专项资金保障驻村帮扶工作运转，并协调解决驻村工作中遇到的困难和问题，为驻村工作生活提供必要保障。持续培育壮大村级富民产业，选派 160 名“三区”科技人员到全省 113 个乡镇 154 个村庄，服务农户、企业、合作社及农民协会。创办领办企业、合作社 3 个，引进新品种 396 个、推广新技术 167 项，建立示范基地 136 个，举办技术培训 306 场次，培训农民 1.4 万人次，培养基层技术骨干 676 人。在对口帮扶的 4 个村示范良种良法种植 4 670 亩，发放玉米、饲用甜高粱、小麦等良种 10.65 吨，提供优质种苗 15 棚，指导撂荒地复垦、玉米青贮和圈舍改造标准化，夯实了产业发展的基础。在全省脱贫攻坚战收官之际，甘肃省农业科学院脱贫攻坚工作受到省、市及有关部门表彰，2 个集体被评为“全省脱贫攻坚先进集体”、1 人被评为“全省脱贫攻坚先进个人”、1 个集体被评为“甘肃省事业单位脱贫攻坚记大功集体”、1 人被评为“甘肃省事业单位脱贫攻坚记大功个人”、1 个集体被评为“2020 年度庆阳市脱贫攻坚帮扶先进集体”、1 人被评为“2020 年度庆阳市脱贫攻坚帮扶先进个人”。

六、强化政治功能，基层党组织组织力进一步提升

甘肃省农业科学院始终把抓基层、打基础摆在更加突出的位置，坚持标准化建设促全面规范，坚持党务培训促党建本领提升，坚持党政同责一岗双责齐抓共管，有效发挥了基层党组织的战斗堡垒作用和党员的先锋模范作用。一是压实党建工作责任制，制定《党的建设专项整治工作方案》，召开 4 次党建工作推进会，

制定党建专项考核办法，举办全院党建业务能力提升培训班，开展 2020 年度党组织书记抓党建述职评议考核，压紧压实了党组织书记抓党建政治责任。二是加强标准化建设，聚焦基层党组织基础工作、基本制度、基本能力建设，狠抓党建任务落实、大抓党内制度执行，督促基层党组织认真落实组织生活制度、加强“甘肃党建”信息上传，组织生活制度落实率和“甘肃党建”信息上传率较 2020 年显著提升。三是做好党组织换届选举，完成机关党委换届工作，选举产生新一届机关委员会和机关纪律检查委员会，督促指导院属 15 个单位党总支完成按期换届选举、8 个单位下属党支部完成党组织设置调整。四是加强党员教育管理，开展了党员信教参教和涉黑涉恶问题整治工作“回头看”，落实了 300 元/人的党员教育经费，开设了院党委党费收缴专用账户，新发展党员 4 名。甘肃省农业科学院 2020 年度基层党建考核为“好”等次。在建党 100 周年之际，旱地农业研究所荣获“甘肃省先进基层党组织”称号，林果花卉研究所研究室党支部被命名为“全省标准化先进党支部”；召开庆祝建党 100 周年表彰大会，为 50 名符合条件的老党员颁发了“光荣在党 50 年”纪念章，评选表彰了 45 名优秀共产党员、16 名优秀党务工作者和 15 个先进基层党组织。

七、坚持党管原则，干部队伍和人才队伍建设进一步加强

甘肃省农业科学院始终坚持党管干部、党管人才，突出政治建设，统筹干部“五大体系”建设，统筹人才培养引进使用，着力建设忠诚干净担当的高素质干部人才队伍。一是加强干部管理，修订了《院管领导人员管理实施办法》《院管领导班子和领导人员考核办法》，制定了《院管领导人员干部人事档案管理办法》《院管领导人员因私出国（境）管理办法》，完成了 26 名院管领导干部试用期满考核，轮岗交流领导干部 1 名，提拔并进一步使用试验站（场）干部 9 名，选派 6 名高学历、高职称科技人员挂职试验站（场）班子副职；完成了院管领导班子和领导人员 2020 年度年度工作和政治素质考核，召开考核讲评会议并兑现了奖惩。二是加强干部监督，举办个人有关事项报告专题培训会，完成领导干部个人有关事项填报审核和随机抽查，深入开展领导干部因私出国（境）专项整治，认真做好领导干部人事档案管理，完成县处级领导干部信息采集。三是加强人才引进和推荐培养，引进博士研究生 2 人、硕士研究生 1 人、本科生 6 人，完成了第一批公开招聘 4 名博士和 1 名高层次人才的面试考核，1 人入选省拔尖领军人才、4 人入选省领军人才二层次，1 人被评为全国全民科学素质工作先进个人，1 人获第十届甘肃青年科技奖，1 人当选 2021 年甘肃省“最美科技工作者”，推荐 23 人次参加了高级研修、服务基层等活动，争取到国家级专家服务基层项目等 3 项，申报 2022 年度省级重点人才项目等 12 项。四是激励干部人才担当作为，结合考核办法修订，合理设置干部考核指标，改进考核方式方法，调动和保护院管领导干部的积极性；坚持有错必纠、有过必改，帮助干部吸取教训、改进提高，让他们放下包袱、轻装上阵；落实基本工资标准调整机制，做好平时激励、专项表彰奖励工作，引导领导干部更好履职奉献。修订职称评价标准，推荐 11 人通过特殊人才通道评审职称，晋升研究员 9 人、副研究员 9 人、助理研究员 11 人，助力科技人员创新创效。

八、坚持党管意识形态，宣传思想和安全发展成效显著

坚持党管意识形态原则，认真履行意识形态工作责任制，自觉践行“举旗帜、聚民心、育新人、兴文化、展形象”的使命任务，推进宣传思想工作理念创新、内容创新、手段创新。一是通过院局域网、宣传栏等，精心组织了党的十九届六中全会和党史学习教育重大主题宣传，策划实施了庆祝建党100周年系列活动，更换宣传橱窗12期共120多幅，在院内制作安装雕塑3个、党建展板7块。二是加强意识形态管理，调整网络安全和信息化工作领导小组，制定《省农科院意识形态工作责任清单》，加强宣传员队伍管理，严格院局域网消息发布审核程序，在院局域网审核上传新闻信息500多条，旗帜鲜明地坚持党管宣传、党管意识形态。三是围绕科研中心加强宣传，成功推荐1人入选2021年“感动甘肃·陇人骄子”提名奖人选，策划了“甘肃省第三届农业科技成果推介会”宣传方案，在《甘肃日报》、甘肃卫视、甘肃新闻头条等新闻媒体刊登推进科技创新等方面的新闻报道200余篇，着力传播农科好声音、树立农科好形象。四是深入开展普法宣传，加强“八五”普法任务落实，组织全院职工参加了全省国家工作人员学法考试，举办了“国家宪法日”宣传教育活动，广大职工的法治意识进一步增强。五是着力统筹发展和安全，从严做好宗教、民族和外事工作，积极配合地方推进扫黑除恶专项斗争，有效防范化解粮食安全等科技领域重大风险，认真履行平安甘肃建设责任，扎实做好消防及供暖设施维修，结合“为民办实事”实践活动下大力气解决职工群众切身利益问题，申请了安宁区老旧小区外墙改造项目，启动了2栋家属楼电梯安装工程，全力抓好疫情防控“外防输入、内防反弹”工作，有效保障职工群众身体健康和生命安全，维护了全院大局和谐稳定。

九、加强监督执纪，党风廉政和作风建设进一步加强

我们认真落实全面从严管党治党和党风廉政建设主体责任，强化源头治理、规范制度保障，廉政建设成效良好，发展氛围风清气正。一是压实管党治党责任，组织召开全面从严治党工作会议，督促各级党组织深入落实“六个一”活动，院党委与院属各单位主要负责同志签订《党风廉政建设和反腐败重点工作责任书》，院党政和纪委主要领导对院属29个单位66名领导干部开展廉政集体约谈，实现约谈全覆盖，确保把从严治党责任传导到位。二是加强作风建设，深入开展违反中央八项规定精神问题自查自纠，严肃查处违规违纪行为，紧盯重要节点发布信息督促党员干部刹住“四风”，全年开展警示教育50次，集中学习教育143场次；深化拓展为基层减负，坚决牢牢守住文件、会议数量只减不增的硬杠杆，深入推进“放管服”改革和政务App规范管理，进一步提升治理效能。三是加强政治监督和日常监督，综合运用监督执纪“四种形态”加强对各级领导人员特别是“一把手”的监督，约谈各部门、各单位负责人200多人次，发出纪检建议、工作提示8份，告诫约谈8个部门，提醒约谈5个单位。完成10个单位22名领导人员现场审计。依规依纪依法处置问题线索50件，处分党员2名、诫勉谈话2人、告诫谈话25人次，提醒谈话9人次，营造了风清气正的政治生态。

十、坚持凝心聚力促发展，各方组织优势充分发挥

始终坚持围绕中心、服务大局，认真做好政治引领、政治吸纳工作，充分发挥统战、群团组织在营造和谐、凝心聚力中的独特作用，为全院各项事业发展奠定强有力的群众基础。一是加强统战工作，认真学习贯彻《中国共产党统一战线工作条例》，指导各民主党派、知联会加强自身建设、发挥参政议政职能，扎实开展党外知识分子思想政治工作和无党派代表人士队伍建设调研，召开统战工作座谈会，引导民主党派和党外知识分子不忘合作初心、勇担时代使命。二是加强群团工作，召开院第五届工会会员代表大会，选举产生新一届工会委员会、经费审查和女职工委员会，院工会向职工保险互助会争取到医用外科口罩 6 000 只，为院职工书屋争取价值 1 万元图书，完成全国五一劳动奖章、甘肃省工人先锋号、甘肃省示范性劳模创新工作室、全省最美家庭的申报推荐工作。结合庆祝建党 100 周年举办第十三届“兴农杯”职工运动会，在“三八”妇女节之际开展“半边天，在奋斗中绽放风采”先进女职工事迹分享会以及“一封家书”征文活动。完成院共青团委员会换届选举，选举产生了新一届院团委委员，成立院青年工作委员会。青工委加强对青年的政治引领，开展“听党话、感党恩、跟党走”教育活动，院团委在“五四”青年节之际组织青年举办“追寻红色记忆、践行青春使命”主题活动，连续举办“我为兰州添一抹绿”兰州市少年儿童第十二届生态道德实践活动。三是加强老干部工作，落实老干部“两项待遇”，支持老科协农科分校发挥作用，办好老年大学分校，鼓励退休人员发挥余热。扎实开展精神文明建设，组织开展道德讲堂活动 11 期，完成了省级精神文明复查工作。

党史学习教育工作概况

按照中央统一部署和省委工作安排，从2021年2月开始，甘肃省农业科学院党史学习教育全面展开，在省委的坚强领导下，在第五巡回指导组的有力指导下，院党委认真履行政治责任，紧紧围绕学史明理、学史增信、学史崇德、学史力行，系统谋划推进，认真组织实施，全院83个基层党组织上下联动，730多名党员踊跃参与，推动党史学习教育取得明显成效，达到了学党史、悟思想、办实事、开新局的目的。

一是坚持高位谋划，在高效系统组织推动下确保走深走实。院党委把党史学习教育作为砥砺初心使命的“磨刀石”、提升政治能力的“大课堂”、激发干部队伍奋斗热情的“动力源”，坚持从工作实际出发，高标准谋划、高质量推进，第一时间召开党委会议，研究党史学习教育工作，制定党史学习教育实施方案，“一盘棋”谋划、“一揽子”推进、“一条线”贯通，确保“规定动作”做到位、“自选动作”有特色。迅速召开动员部署会，党委主要负责同志从为什么学、学什么、怎么学、怎么做、如何抓5个方面对全院党史学习教育作出部署、提出要求。成立由党委主要负责同志担任组长、党委委员为成员的领导小组，先后召开4次工作推进会压实责任、部署任务，派出4个巡回指导组，先后4轮次下沉院属26个部门和单位进行全覆盖、全过程指导，确保学习教育紧密贯通。各部门各单位党组织按照院党委工作安排，自觉提高政治站位，把抓好学习教育作为重大政治任务，严格落实“规定动作”，切实加强组织落实，确保学习教育有序开展、走深走实。

二是聚焦主题主线，在深刻感悟思想伟力中接受政治洗礼。院党委坚持把学习习近平新时代中国特色社会主义思想摆在首要位置，从党的思想发展史、理论创新史中始终深刻领会这一重要思想的科学性和真理性，自觉用于武装头脑、指导实践、推动工作。先后召开22次党委专题学习会议、17次党委理论学习中心组学习会议，系统学习习近平新时代中国特色社会主义思想。坚持把党的十九届六中全会、习近平总书记“七一”重要讲话、习近平总书记对甘肃重要讲话和对农业科技领域的重要论述精神作为学习教育的重中之重，坚持跟进学习习近平总书记最新重要讲话和指示精神，举办全院学习贯彻党的十九届六中全会和习近平总书记“七一”重要讲话精神研讨培训班，对全院县处级领导干部全覆盖轮训。各巡回指导组深入各部门各单位，查看督导学习情况，确保各单位把学习教育始终抓紧抓牢。全院各级党组织深入抓好集中学习，高频次开展理论研讨，共组织各类集中学习300余次，开展专题研讨160余次，600余名党员撰写心得体会、进行交流发言，切实做到参学人员全覆盖。通过系统深入学习，我们更加深刻地认识到，党的十八大以来，党和国家事业取得历史性成就、发生历史性变革，最根本的在于有习近平总书记作为党中央的核心、全党的核心领航掌舵，在于有习近平新时代中国特色社会主义思想的科学指引，进一步增强了忠诚拥护“两个确立”、坚决做到“两个维护”的政治自觉和思想自觉。

三是聚焦主流本质，在系统学习党的历史中拨亮信仰灯火。院党委牢固树立正确党史观，紧扣基础在学习、目的在教育的要求，发扬“共产党人最讲认真”的精神，原原本本研读指定的4本书目，贯通学习“四史”和3个历史决议，举办6次党史学习交流研讨会，院领导班子成员和全体县处级领导人员聚焦“6个进一步”主题，撰写心得体会文章，开展学习研讨交流。党委主要负责同志带头讲党史党课、做辅导宣讲，先后在研讨培训班、试验站（场）等范围内讲专题党课5场次、做宣讲和辅导报告6场次，党委班子成员在分管部门、联系单位和党支部工作联系点讲党课21场次。在院网站开辟党史学习教育专栏，大力宣传开展学习教育的重大意义，全面反映各单位党史学习教育的经验做法和生动场景，积极协调省内媒体刊发发挥科技优势为民办实事的成效，向省委第五巡回指导组上报《工作简报》24期，切实营造良好舆论氛围。院属各单位党组织均结合“三会一课”等形式，开展学习研讨和讲党课活动，进一步推动掀起学习热潮。通过深入人心的学习交流、宣讲辅导和宣传教育，广大党员干部和职工群众从党的百年历史中汲取了强大精神力量，深刻认识到红色政权来之不易、新中国来之不易、中国特色社会主义来之不易，深刻认识到中国共产党为什么能、马克思主义为什么行、中国特色社会主义为什么好，更加坚定了对共产主义的信仰、对中国特色社会主义的信念、对实现中华民族伟大复兴中国梦的信心。

四是坚守人民情怀，在抓实为群众办实事中滋养初心使命。院党委坚持“人民就是江山，江山就是人民”的理念，坚持“以人民为中心”的思想，把“我为群众办实事”实践活动作为践行初心使命的有效载体，让党史学习教育见思想、见精神、见行动、见实效。聚焦职责使命办好根本事，着眼服务区域现代农业发展，在创新专项中布局重大品种研发及配套技术示范项目286项，在全省14个市（州）40多个县（区）选派科技人员开展科技下乡行动，切实做到科技创新解难题、科技服务惠民生。把巩固拓展脱贫攻坚成果与推进乡村振兴同为民办实事有机贯通，选派12名优秀干部在镇原县方山乡接续开展驻村帮扶工作，种植示范玉米等“铁杆庄稼”2 930亩，巩固发展了帮扶村特色富民产业。围绕急难愁盼办好暖心事，院领导班子成员坚持民生连着民心、民心是最大政治，集中力量推进一批惠民实事项目，启动了13栋职工老旧住宅楼改造工程，完成了2栋老旧住宅楼电梯加装准备工作以及部分家属楼消防设施设备维修改造，新增并维修体育健身设施30套，大力开展院容院貌整治。院属各单位党组织充分发挥战斗堡垒作用，深入开展“我为群众办实事”实践活动，特别是面对10月新冠感染疫情突袭的考验，各级党组织和广大党员坚持“疫情就是命令，防控就是责任”，认真践行“人民至上，生命至上”，按照省市驻地疫情防控要求和院内统一部署，闻令而动、主动下沉，广泛开展志愿服务，积极配合核酸检测，严格做好值班值守，切实阻断疫情传播链条，守护了职工群众生命安全和身体健康，也在实战中锻炼了队伍、检验了能力。截至2021年年底，全院共办实事90多件（次），解决各类民生问题10余件（个）。

在办实事解难题过程中，广大党员干部用实际行动践行初心使命，锤炼了攻坚克难的实干作风，提升了勇毅苦干的能力素质，真正做到了党员受教育、群众受实惠，全院上下形成了感党恩听党话跟党走的高度自觉。

五是永葆自我革命，在严肃党内政治生活中加强党性锻炼。党史学习教育开始不久，省委派出第九巡视组对院党委开展常规巡视。院党委把巡视作为对院领导班子的“政治体检”，以“同题共答”的政治自觉全力以赴配合巡视工作。7 月巡视意见反馈后，院党委把巡视整改作为对党绝对忠诚的政治实践来认识、作为全面从严治党的重大责任来对待、作为改进提升自我的重要机遇来把握，大力发扬自我革命精神，坚持刀刃向内，狠抓整改落实，切实做好巡视“后半篇文章”，通过一体整改、集成整改，在较真碰硬中进一步提升了自我净化、自我完善、自我提高的能力。把严肃党内政治生活作为淬炼党性的重要举措，党委领导班子召开专题民主生活会，聚焦主题深入查摆问题，深刻剖析根源，严肃开展批评与自我批评，进一步坚定信心凝聚共识、真抓实改攻坚克难，为全院作出了表率和示范。同时党委班子成员以普通党员身份参加了所在支部专题组织生活会。全院各级党组织和广大党员干部坚持把党史学习教育和过好组织生活、政治生活相结合，紧扣党史学习教育主题，从严召开专题民主生活会、组织生活会，大家认真盘点参加学习教育的收获，仔细查找存在的差距和不足，深刻剖析问题产生的根源，严肃进行批评和自我批评，经受了一次严格规范、高质量的党内政治生活锻炼。针对查摆出来的问题，党委领导班子成员和党员干部都结合个人工作，制定整改清单持续落实和推进，把党性锤炼的效果体现到了改进作风、履职尽责、干事创业的方方面面。

六是传承红色基因，在接受红色革命教育中赓续精神力量。院党委发挥党史资政育人作用，教育引导广大党员干部和职工群众自觉继承革命传统、增强干事创业的信心和动力。组织广大党员干部收听收看中央组织的庆祝建党 100 周年活动，积极参加省内各项庆祝表彰活动，召开全院庆祝建党 100 周年表彰大会，全体党员重温入党誓词，评选表彰“两优一先”，接受精神洗礼和党性教育。举办“光荣在党 50 年”纪念章颁发仪式，为 50 名符合条件的老党员颁发纪念章，增强党员的荣誉感、归属感、使命感。积极开展革命传统教育，组织县处级领导干部观看《抗美援朝的重大决策和影响》等党史专题教育片，继承光荣传统、传承红色基因。举办“永远跟党走，奋进新征程”职工运动会，组织开展“知史爱党，知史爱国”“四史”宣传教育知识竞赛，扎实开展“为党旗添光彩、为群众办实事”主题微电影、微视频创作展播等活动，进一步厚植党员干部爱党爱国热情。院属各级党组织充分运用省内红色资源，扎实开展红色教育，组织党员干部走进中国工农红军西路军纪念馆、会宁会师旧址、南梁革命纪念馆、哈达铺红军长征纪念馆、榜罗镇会议纪念馆、兰州八路军办事处等革命教育基地，在“红色熔炉”中淬炼忠诚党性。各民主党派支部认真开展学习“四史”交流座谈会，院团委组织青年干部开展“追寻红色记忆、践行青春使命”主题教育活动，在全院范围营造了践行革命精神、传承红色基因的良好氛围。

七是坚持实干拼搏，在知行合一乘势而上中开启崭新局面。院党委把担使命、开新局作为党史学习教育的落脚点，把习近平总书记对甘肃重要讲话和对“三农”及农业科技领域的重要论述作为工作统领，紧扣全院中心大局，认真贯彻“三新一高”要求，深入谋划落实“十四五”规划各项任务，切实把学习教育成果运用到加强党的建设、破解发展难题中，全院各项事业保持稳中有进、稳步提质的良好态势。一年来，大抓特抓领导班子思想政治建设，持续推进干部育选管用，全面推进深化改革，压紧压实党组织和党组织书记抓党建政治责任，指导基层党组织按期完成换届选举，召开院工会、院团委选举大会，成立青年工作委员会，大力推进先进基层党组织、先进典型选树推荐和精神文明建设，扎实做好巡视“后半篇文章”，省委第八轮巡视、省委组织部选人用人专项检查、省委改革办发现推进改革不力问题专项治理等各项整改任务按期销号、成效明显。经初步统计，全年新上项目309项，到位经费8 100万元，完成省级科技成果登记63项，获省社会科学优秀成果奖二等奖1项、神农中华农业科技奖三等奖2项、省专利奖二等奖2项和三等奖2项，获授权国家发明专利27项、实用新型专利78项、计算机软件著作权37项，制定颁布实施技术标准37项、出版专著7部、发表学术论文299篇，成功举办第三届甘肃省农业科技成果推介会，发布重大农业科技成果200多项，开启了农业科技事业高质量发展的新局面。

院党委召开会议专题学习习近平总书记重要讲话精神研究部署开展党史学习教育等工作

3月2日，甘肃省农业科学院党委召开会议，专题学习习近平总书记在党史学习教育动员大会上的重要讲话精神及《论中国共产党历史》(书面)，传达学习中央、省委有关文件和会议精神，研究部署开展党史学习教育等工作。院党委书记魏胜文主持会议。院党委成员参加会议，院机关各处室主要负责同志列席会议。

会议专题传达学习了习近平总书记在党史学习教育动员大会上的重要讲话和《中共中央关于在全党开展党史学习教育的通知》精神。

会议指出，在“两个一百年”奋斗目标历史交汇的关键节点，在建党100周年的特殊节点，党中央决定在全党集中开展党史学习教育，宣示了新时代中国共产党人“不忘初心、牢记使命”的坚定决心，展现了再接再厉把中国特色社会主义事业推向前进的奋进姿态，为深入推进党的建设新的伟大工程注入了强劲动力。习近平总书记的重要讲话，深刻阐述了开展党史学习教育的重大意义，深刻阐明了党史学习教育的重点和工作要求，既是一次极为重要的工作动员，也是一次极为生动的政治辅导，为开展好党史学习教育指明了方向，提供了根本遵循。

会议强调，全院各级党组织和广大党员干部要认真学习领会习近平总书记在党史学习教育动员大会上的重要讲话精神，切实增强上好这堂必修课的责任感和使命感。一要认清重大意义，搞清楚“为什么学”。要深刻领会开展党史学习教育是我们党历来的优良传统，是牢记初心使命、推进中华民族伟大复兴历史伟业的必然要求，是坚定信仰信念、在新时代坚持和发展中国特色社会主义的必然要求，是推进党的自我革命、永葆党的生机活力的必然要求。二要把握学习重点，搞清楚“学什么”。开展党史学习教育，要认真学习习近平总书记关于党史的重要论述，原原本本学习规定的学习篇目，深刻学习领会新时代党的创新理论，做到学史明理、学史增信、学史崇德、学史力行，引导广大党员干部增强“四个意识”、坚定“四个自信”、做到“两个维护”，不断提高政治判断力、政治领悟力、政治执行力。三要把握方法路径，搞清楚“怎么学”。开展党史学习教育，要树立正确党史观，突出学党史、悟思想、办实事、开新局，以县处级以上领导干部为重点，坚持集中学习和自主学习相结合，坚持规定动作和自选动作相结合，开展特色鲜明、形式多样的学习教育，同时广泛开展党史、新中国史、改革开放史、社会主义发展史宣传教育，普及党史知识，推动党史学习教育深入群众、深入基层、深入人心。四要突出实践导向，搞清楚“如何做”。开展党史学习教育，全院各级党组织要承担主体责任，主要领导同志要亲自抓、率先垂范，把党史学习教育与巩固深化“不忘初心、牢记使命”主题教育成果结合起来，与统筹疫情防控和业务工作结合起来，与巩固拓展脱贫攻坚成果同乡村振兴有效衔接结合以来，与落实“十四五”规划特别是当前重点工作任务结合起来，开展好“我为群众办实事”实践活动，切实把学习成效转化为谋划工作的具体思路、破解难题的措施办法、推动发展的实际成效和服务群众的务实举措。

会议传达学习了习近平总书记在全国脱贫攻坚总结表彰大会上的讲话、中共中央政治局第二十八次集体学习时的讲话、在 2 月 26 日中央政治局会议上的讲话、在中央全面深化改革委员会第十八次会议上的讲话和在 2021 年春节团拜会上的讲话精神。

会议强调，全院各级党组织、各部门、各单位和党员干部要认真学习习近平总书记重要讲话精神，围绕立足新发展阶段、贯彻新发展理念、融入新发展格局，深刻领会精神实质、准确把握核心要义，学出信仰信念，学出使命担当；要自觉对标对表习近平总书记重要讲话精神，强化责任担当、提升履职能力，加强统筹协调，科学谋划工作，狠抓任务落实，以时不我待的奋进姿态和务实高效的工作作风推动“十四五”开好局、起好步，以优异成绩迎接建党 100 周年。

会议还传达学习了中央第十五巡视组巡视甘肃省情况反馈意见整改工作会议精神，省委办公厅关于做好“光荣在党 50 年”纪念章颁发工作的通知。

会议还研究了其他事项。

院党委召开会议专题研究部署网络意识形态工作

3 月 15 日，甘肃省农业科学院党委召开会议，专题学习习近平总书记关于网络强国的重要论述，研究部署网络意识形态工作。院党委书记魏胜文主持会议。院党委成员参加会议，院长马忠明列席会议。

会议指出，党的十八大以来，习近平总书记高度重视网络安全和信息化工作，从信息化发展大势和国际国内大局出发，就网络信息工作提出了一系列新思想新观点新论断，深刻回答了一系列方向性、根本性、全局性、战略性重大问题，形成了内涵丰富、科学系统的习近平总书记关于网络强国的重要思想，为做好新时代网络安全和信息化工作指明了前进方向、提供了根本遵循。

会议强调，全院各级党组织和领导干部要认真学习贯彻习近平总书记关于网络强国的重要论述，把网络意识形态工作作为一项极端重要工作，牢牢掌握主动权主导权，加强分析研判，及时解决问题，确保把党管意识形态、党管网络原则落到实处。要主动适应信息化要求、强化互联网思维，自觉学网懂网用网，不断提高对互联网规律的把握能力、对网络舆论的引导能力、对信息化发展的驾驭能力、对网络安全的保障能力。要高度重视网上舆论斗争，坚持守土有责、守土尽责，加强网上正面宣传，加强舆论引导疏导，坚决抵制不当言论，旗帜鲜明打赢网络意识形态斗争。要树立正确网络安全观，强化风险意识、底线思维，全面加强网络安全检查，摸清家底，认清风险，找出漏洞，督促整改，做好研判处置和预警监测，切实筑牢网络安全防线。

会议传达学习了《党委（党组）网络安全工作责任制实施办法》《甘肃省贯彻落实〈党委（党组）意识形态工作责任制实施办法〉若干措施》《省委办公厅省政府办公厅关于进一步规范移动互联网应用程序整治指尖上的形式主义的通知》精神。会议强调，各部门各单位党组织要认真贯彻落实党中央和习近平总书记关于网络安全工作的重要指示精神和决策部署，把网络安全工作纳入重要议事日程，加大人力、财力、物力的支持和保障力度，认真做好本部门本单位网络安全信息汇集、分析和研判工作，组织开展经常性网络安全宣传教育，确保把网络安全责任制落实到位；要把规范移动互联网应用程序、整治“指尖上的形式主义”作为一项重要任务，认真落实主体责任，坚持实事求是、积极稳慎，细化工作措施、狠抓推进落实，全面清理整合网络群组，着力强化网络工作群常态化监管，建立健全工作规范和长效机制，用实际行动为基层减负，确保规范整治工作取得实效。

会议审议通过了甘肃省农业科院网络安全和信息化工作领导小组组成人员调整名单和整治“指尖上的形式主义”工作机制，还研究审定了其他事项。

院党委召开会议专题学习习近平总书记重要讲话精神研究部署安全发展工作

5月25日，甘肃省农业科院党委召开第十次会议，专题学习习近平总书记关于统筹发展和安全的重要论述，研究部署全院安全发展工作。院党委书记魏胜文主持会议，院党委成员参加会议，院长马忠明列席会议，省委第九巡视组和省纪委监委派驻省农业农村厅纪检监察组相关同志到会指导。

会议指出，安全是发展的前提，发展是安全的保障。习近平总书记关于统筹发展和安全的重要论述，立意高远，内涵丰富，思想深邃，是新时代指导安全发展工作的强大思想武器，对坚持总体国家安全观，实施国家战略安全，统筹发展和安全两件大事，防范和化解影响我国现代化进程的各种风险，筑牢国家安全屏障，具有十分重要的意义。会议强调，全院各级党组织和领导干部要认真学习习近平总书记关于统筹发展和安全的重要论述，把安全发展作为一项重要工作，准确把握新发展阶段的重大战略任务，树牢底线思维，增强风险意识，发扬斗争精神，保持战略定力，集中精力办好自己的事，有效防范化解各类风险挑战，把安全发展贯穿全院各项事业全过程各方面，营造有利于农业科技创新高质量发展的安全环境。

会议传达学习了《中国共产党领导国家安全工作条例》。会议强调，全院各级党组织要把学习贯彻《中国共产党领导国家安全条例》作为重要政治任务，强化主体责任，加强请示报告，深化宣传教育，抓好贯彻执行，定期分析研判、统筹谋划、研究解决本部门本单位涉及国家安全的重大问题，确保党中央关于国家安全工作的决策部署落实落地。

会议传达学习了 5 月 24 日省委常委会、省安全生产委员会全体（扩大）会议和《省委办公厅省政府办公厅关于进一步加强安全防范工作的紧急通知》精神。会议指出，5 月 22 日白银市景泰县黄河石林景区举行的黄河石林山地马拉松百公里徒步越野赛遭遇极端天气，造成 21 名参赛人员遇难，影响极其恶劣，教训极其深刻。魏胜文强调，全院各部门各单位要引以为戒，深入学习贯彻习近平总书记关于安全生产的重要指示精神，坚持人民至上、安全第一，树牢安全发展理念，深刻汲取此次公共安全事件教训，强化风险防控，层层压实责任，警钟长鸣、常抓不懈，坚决遏制各类重大事故发生，坚决守牢安全发展红线，为庆祝建党 100 周年营造安全稳定环境。一是强化安全措施落实。各部门各单位和领导干部要把安全责任抓在手上、扛在肩上、落实在行动上，靠前部署、关口前移，深入开展项目施工、消防设施、实验室化学品管理等方面的安全检查，全面落实安全防范措施，坚决堵塞安全防范漏洞，及时消除风险隐患，确保安全措施落实到位。二是抓好公共安全管理。各部门各单位要树牢系统观念，强化底线思维，严格规范对重大活动的审批管理，全面开展安全风险评估，制定安全工作方案和应急预案，抓好活动现场安全措施的组织落实，及时化解安全风险隐患。三是统筹好常态化疫情防控各项工作。各部门各单位要始终绷紧疫情防控这根弦，坚决克服麻痹思想和侥幸心理，毫不放松抓好“外防输入、内防反弹”，减少密集公共场所人员聚集，引导职工做好自身防护，扎实落实疫苗接种工作，切实保障职工群众生命安全和身体健康。四是从严抓好安全生产责任落实。各部门各单位要严格落实安全生产“党政同责、一岗双责、失职追责”的要求，认真履行主要负责人的第一责任、管理人员的管理责任及职工的岗位责任，认真研究谋划、安排部署本部门本单位安全生产工作，把牢安全生产源头关口，做好应对各类突发事件的各项准备，切实夯实安全防范工作基础。

院党委召开会议传达学习习近平总书记重要讲话精神专题研究部署巡视反馈整改工作

7 月 23 日，甘肃省农业科学院党委召开扩大会议，传达学习习近平总书记重要讲话精神，专题研究部署巡视反馈整改工作。院党委书记魏胜文主持会议，院党委成员参加会议，院长马忠明、机关各处室及后勤服务中心主要负责同志列席会议。

会议专题学习了习近平总书记关于巡视工作的重要论述，传达学习了十三届省委第八轮巡视反馈会议和省委第九巡视组巡视院党委情况反馈会议精神。会议强调，全院各部门各单位和各级党组织要认真学习贯彻习近平总书记关于巡视工作的重要论述，全面贯彻落实十三届省委第八轮巡视反馈会议精神，按照省委第九巡视组关于巡视院党委的反馈意见，把巡视整改作为检验“两个维护”的重要标尺，作为贯彻党的路线方针政策和党中央重大决策部署的重要举措，作为推动全面从严治党向纵深发展的重要抓手，作为全院各项工作高质量发展的重要机遇，切实提高政治站位，统一思想认识，以最坚决的态度、最有力的行动、最扎实的措施、最严格的要求推进整改，以实际成效向省委交上一份合格的整改答卷。

会议要求，要深刻反思自省抓整改，对照巡视反馈问题认真反思、深刻剖析，透过现象看本质，透过问题挖根源，切实增强整改的思想自觉、政治自觉和行动自觉。要深入研究谋划抓整改，抓紧制定整改方案，召开巡视整改工作会议，明确问题清单、任务清单、责任清单、时限清单和要求清单，确保整改任务落实落细落地。要坚持问题导向抓整改，对反馈问题不回避、不遮掩，把准问题、吃透政策，摸清情况、找准症结，坚决做到立行立改、真改实改。要坚持协同联动抓整改，把巡视反馈整改与开展党史学习教育、谋划实施“十四五”规划、巩固脱贫攻坚成果、全面推进乡村振兴、落实从严管党治党以及推进各项工作高质量发展有机结合起来，不断放大整改整体效应。要靠实工作责任抓整改，坚持党政同责，院党委带头扛好整改责任，切实加强对整改工作的组织领导，成立院巡视整改工作领导小组，强化责任和压力传导；各部门各单位要对号入座、认领任务，坚持从本级改起，见真章、动真格、求实效，切实把巡视整改落到实处、改出成效。

会议传达学习了习近平总书记在庆祝中国共产党成立100周年大会上的重要讲话精神、习近平总书记在中国共产党与世界政党领导人峰会上的主旨讲话精神、习近平总书记关于中国共产党成立100周年庆祝活动的重要讲话精神、习近平总书记在中央全面深化改革委员会第二十次会议上的重要讲话精神和习近平总书记对防汛救灾工作的重要指示精神。会议要求，全院各级党组织和广大党员干部要把学习贯彻习近平总书记重要讲话和指示精神同学党史、悟思想、办实事、开新局结合起来，深刻领会蕴含其中的重大意义、丰富内涵、核心要义和实践要求，紧密联系工作实际，深入开展党史学习教育，纵深推进全面从严治党，认真抓好科技创新、成果转化、乡村振兴和安全生产等重点工作，切实把学习成果转化为高质量发展的实际成效。

会议传达学习了《中共中央办公厅关于贯彻新发展理念专项督查调研的情况报告》和《中共甘肃省委办公厅关于认真学习贯彻习近平总书记重要批示及〈中共中央办公厅关于贯彻新发展理念专项督查调研的情况报告〉的通知》精神。会议要求，全院各部门各单位要深入学习领会习近平总书记重要批示精神，把贯彻新发展理念作为重要政治要求，围绕融入新发展格局、坚持科技自立自强、保障粮食安全、推动高质量发展，建立完善与新发展理念相匹配的制度体系，推动新发展理念得到不折不扣贯彻落实。

院党委召开会议专题学习习近平总书记重要讲话精神研究部署科技创新和巡视整改工作

8月12日，甘肃省农业科学院党委书记魏胜文主持召开党委（扩大）会议，专题学习习近平总书记关于农业科技领域的重要讲话指示和关于巡视整改工作的重要论述精神，研究部署科技创新和巡视整改工作。院党委成员参加会议，院长马忠明、机关各处室及后勤服务中心主要负责同志列席会议，省纪委监委派驻省农业农村厅纪检监察组副组长梁琛到会指导。

会议专题学习了习近平总书记2013年11月视察山东省农业科学院时的重要指示精神、习近平总书记2017年5月致中国农业科学院建院60周年贺信精神和习近平总书记2020年9月在科学家座谈会上的重要讲话精神。会议强调，习近平总书记的重要讲话和指示精神，是省农科院加强农业科技创新、提升服务全省农业发展能力、实现高水平科技自立自强的重要遵循。全院各部门各单位和广大科技工作者，要深入学习贯彻习近平总书记关于农业科技领域的重要讲话指示精神，深刻领会蕴含其中的核心要义和丰富内涵，坚持科技创新在全院发展全局中的核心地位，坚持面向世界科技前沿、面向经济主战场、面向国家重大需求、面向人民生命健康，以给甘肃农业插上科技的翅膀为己任，准确把握新发展阶段农业科技新要求，遵循农业科技发展规律，优化科技资源配置，加强创新人才培养，深化科技体制改革，加强科技合作，大力弘扬科学家精神，真正把论文写在大地上，切实解决全省农业发展重大科技问题，为服务全省“三农”发展和乡村振兴战略实施提供有力科技支撑。

会议专题学习了习近平总书记关于巡视整改工作的重要论述，传达学习了《中共中央办公厅国务院办公厅印发〈关于建立健全审计查出问题整改长效机制的意见〉的通知》和省纪委监委、省纪委监委派驻省农业农村厅纪检监察组关于甘肃省农业科学院党委巡视整改方案的审阅修改意见。魏胜文就从严从实抓好巡视反馈整改提出四点要求：一要进一步提高站位、深化认识。全院各部门各单位、各级党组织和党员干部要深入学习贯彻习近平总书记重要讲话和指示精神，切实把思想和行动统一到习近平总书记关于巡视整改的重要论述上来、统一到十三届省委第八轮巡视反馈会议及尹弘书记的讲话精神上来、统一到省委第九巡视组对院党委的巡视反馈意见上来、统一到院党委对巡视整改工作的安排部署上来，高度重视巡视整改，认真做好“后半篇文章”。二要进一步靠实责任，主动担当。院党委严格落实巡视反馈整改主体责任，党委书记履行巡视反馈整改第一责任人责任，院长履行涉及行政方面问题整改第一责任人责任，党委班子成员履行巡视反馈整改“一岗双责”责任，领导干部既要“挂帅”又要“出征”，在重要问题和关键环节上亲自管、亲自抓，确保整改落实工作扎实推进。三要进一步细化措施，狠抓落实。各部门各单位和各级党组织要对照整改方案，细化措施、靠实责任，倒排工期、压茬推进，在条条要整改、件件有着落上集中发力；要突出“早”“全”“实”抓整改，坚持早上手、早整改，全整改、全交账，实处改、改到位，确保巡视整改落实见效。四要进一步集成整改、长效整改。各部门各单位和各级党组织要把本轮巡视发现问题整改同上次巡视反馈、主题教育检视、经责审计指出尚未整改到位问题整改结合起来，同选人用人专项检查、意识形态责任制专项检查、院深化科技领域突出问题集中整治专项巡察发现问题整改结合起来，一体整改、集成整改；要坚持把抓整改融入日常工作、融入深化改革、融入全面从严治党、融入班子队伍建设，把“当下改”和“长久立”结合起来，加强制度“废、改、立”，建立健全整改落实长效机制，确保巡视反馈问题彻底整改到位。

会议传达学习了中共中央国务院致第32届奥运会中国体育代表团的贺电、全省新冠感染疫情联防联控领导小组（扩大）会议和《省委办公厅关于深入学习贯彻〈中国共产党领导国家安全条例〉的通知》精神。会议强调，院属各部门各单位、各级党组织和党员干部要坚持全民健身、推进体育强国建设；要毫不放松抓好“外防输入、内防反弹”和“人物同防”各项工作，坚决克服麻痹思想，从严落实防控措施，切实保障职工生命安全和身体健康；要认真抓好《中国共产党领导国家安全条例》的学习贯彻，统筹好发展和安全两件大事，确保全院事业行稳致远。

会议传达学习了省委组织部对甘肃省农业科学院党委选人用人专项检查的反馈意见，并就抓好整改落实作出安排部署。

院党委召开会议专题学习习近平总书记重要讲话精神研究部署巡视整改和纪检监察工作

8月30日，甘肃省农业科学院党委书记、巡视整改工作领导小组组长魏胜文主持召开党委（扩大）会议暨巡视整改工作领导小组第三次会议，专题学习习近平总书记重要讲话精神，研究部署巡视整改和纪检监察工作。院长马忠明、省纪委监委派驻省农业农村厅纪检监察组组长王宏斌和院党委成员参加会议，机关各处室及后勤服务中心主要负责同志列席会议。

会议专题学习了习近平总书记在中央财经委员会第十次会议上的重要讲话精神、习近平总书记在河北省承德市考察时的重要讲话精神及习近平总书记重要文章《总结党的历史经验加强党的政治建设》。会议强调，全院各级党组织要进一步增强学习贯彻习近平总书记重要讲话精神的政治自觉、思想自觉和行动自觉，坚持用习近平新时代中国特色社会主义思想和习近平总书记重要讲话精神武装头脑、指导实践、推动工作，把“两个维护”体现在坚决贯彻党中央决策部署的行动上，体现在履职尽责、做好本职工作的实效上，体现在党员、干部的日常言行上，坚持稳中求进工作总基调，坚持以人民为中心的发展思想，完整准确全面贯彻新发展理念，在农业科技创新事业高质量发展中促进共同富裕，大力学习和弘扬塞罕坝精神，以党史学习教育统领加强党的政治建设，审慎稳妥做好民族工作，着力提升科技服务支撑乡村振兴的能力水平，毫不放松抓好疫情防控，更好统筹发展和安全，努力完成全年主要目标任务，实现“十四五”良好开局。

会议专题学习了习近平总书记关于巡视整改的重要论述，听取了院巡视整改领导小组办公室关于省委第九巡视组反馈意见一个月整改进展情况和巡视整改工作会议、巡视整改专题民主生活会筹备情况汇报。魏胜文强调，全院各部门各单位党组织和领导干部要以习近平总书记关于巡视整改的重要论述为统领，把巡视整改作为重大政治问题、重大政治任务，坚持问题导向，坚持目标导向，严格按照整改方案，严格按照工作台账，坚持时间和质量并重，点面结合整改，标本兼治整改，综合施策整改，确保在规定时限内高质量完成整改任务。要建立整改报告、指导督促、跟踪落实、约谈提醒、追责问责机制，健全挂账销号制度，没有按期销号的要重点督办，防止责任空转、任务搁浅，确保件件有着落、事事有回音。院巡视整改工作领导小组办公室要加强统筹，积极衔接，认真筹备整改工作会议和专题民主生活会，确保会议如期召开。

会议进行了党风廉政建设工作会商，院党委听取了院纪委巡视整改及省委第九巡视组、省纪委监委派驻省农业农村厅纪检监察组移交问题线索处置情况，落实全面从严治党“六个一”活动开展督促检查情况，纪检监察上半年工作、下半年重点工作及需要防控的廉政风险点和对院党委的意见建议；省纪委监委派驻省农业农村厅纪检监察组提出了对院党委落实全面从严治党的意见建议。会议指出，院党委就全院党风廉政建设工作开展定期会商，形式好、内容实，对纪检监察组及院纪委所提意见建议整体纳入下半年全院全面从严管党治党和党的建设工作部署，结合巡视整改工作认真抓好落实。会议强调，全院各级党组织要认真贯彻《党委（党组）落实全面从严治党主体责任规定》，全面落实全面从严治党主体责任清单，把全面从严治党和党风廉政摆在重要位置，强化守土有责、守土担责、守土尽责的政治担当，把党的建设与业务工作同谋划、同部署、同推进、同考核，定期研究部署，传导责任压力，强化考核运用，加强廉政教育，把严的主基调长期坚持下去，大力营造风清气正的政治生态。

会议传达学习了省委理论学习中心组学习习近平总书记“七一”重要讲话精神专题读书班精神和《省委常委会传达中央纪委有关通知精神坚决拥护中央对宋亮的处分决定》。

会议研究审定了《省农科院党委关于省委组织部选人用人工作情况专项检查反馈意见整改落实方案》和《省农科院党委关于省委第八轮巡视发现推进改革不力问题专项治理工作方案》。

院党委召开扩大会议专题学习党的十九届六中全会精神研究部署学习宣传贯彻工作

11 月 15 日，甘肃省农业科学院党委书记魏胜文主持召开党委（扩大）会议，专题学习党的十九届六中全会精神，研究部署全院学习宣传贯彻工作。院党委成员参加会议。

会议传达学习了《党的十九届六中全会公报》、习近平总书记在党外人士座谈会上的重要讲话、11 月 12 日省委常委会（扩大）会议和 11 月 13 日全省领导干部会议精神。会议指出，党的十九届六中全会是在我们党成立 100 周年的重要历史时刻，在党领导人民实现第一个百年奋斗目标、向着第二个百年奋斗目标迈进的重大历史关头，召开的一次非常重要的会议。全会通过的《中共中央关于党的百年奋斗重大成就和历史经验的决议》，是一篇光辉的马克思主义纲领性文献，是新时代中国共产党人牢记初心使命、坚持和发展中国特色社会主义的政治宣言，是以史为鉴、开创未来、实现中华民族伟大复兴的行动指南。

会议强调，全院各级党组织和广大党员干部要提高政治站位，充分认识全会的重大现实意义和深远历史意义，深刻领会全会精神的核心要义和实践要求，把学习贯彻全会精神同全院工作实际结合起来，全面领会我们党百年奋斗的伟大成就、伟大意义、伟大经验和新时代党的历史使命，坚决响应党中央号召，增强“四个意识”、坚定“四个自信”、做到“两个维护”，全面贯彻习近平新时代中国特色社会主义思想，弘扬伟大建党精神，把牢“三新一高”导向，努力开创农业科技创新事业新局面。

魏胜文在会上要求，全院各级党组织和广大党员干部要把学习宣传贯彻党的十九届六中全会精神作为当前重大政治任务，精心组织、周密部署，迅速兴起学习宣传贯彻全会精神的热潮。一要全面系统学，坚持读原文、学原著、悟原理，学深悟透、学以致用，把学习贯彻全会精神作为党史学习教育的重要内容，同学习贯彻习近平总书记“七一”重要讲话精神结合起来，同学习贯彻习近平总书记对甘肃重要讲话和指示精神结合起来，同学习贯彻习近平总书记关于农业科技领域的重要论述结合起来，一并学习领会、整体理解把握。二要深入开展宣讲，院党委班子成员要带头深入分管部门、联系单位及党支部工作联系点开展宣讲，把全会精神宣传好，把群众关切解答回应好；各级领导干部要在自身学深悟透的基础上开展宣讲，让全会精神深入人心。三要营造浓厚氛围，充分发挥院网站、微信公众号和宣传橱窗等各类宣传阵地作用，全面展现党的百年奋斗重大成就和历史经验，及时宣传学习贯彻全会精神的实际行动，积极反映党员、干部、职工自觉运用全会精神推动工作的生动场景，集中展示农业科技战线的新担当新作为，营造学习宣传贯彻全会精神的浓厚氛围。四要抓好学习成果运用，把学习全会精神成果转化为推动工作的具体成效，毫不放松抓好疫情防控，审慎稳妥推进复工复研，力度不减落实巡视整改，深化乡村振兴实施，加强科研技术攻关，加快成果转化应用，强化从严管党治党，确保圆满完成全年任务目标，以优异的成绩迎接党的二十大胜利召开。

会议传达学习了习近平总书记在中央全面深化改革委员会第二十次会议上的重要讲话和《关于印发种业振兴行动方案的通知》精神。会议强调，要把种业振兴作为支撑农业现代化的重要内容，上下联动、齐抓共管、合力推进，在集中力量破难题、补短板、强优势、控风险上下功夫，全面加强种质资源保护利用，打牢种业振兴的种质资源基础；大力推进种业创新攻关，提高重大新品种占有率；着力提升种业基地建设水平，更好满足地方特色产业发展需要，确保打赢打好种业翻身仗，为打造种业强省贡献农科力量、展现农科作为。

会议传达学习了《关于新形势下党内政治生活的若干准则》和《中共甘肃省委印发〈关于切实做好宋亮严重违纪违法案以案促改工作的分工方案〉的通知》精神。会议强调，要认真落实中央纪委国家监委以及省委以案促改要求，坚持首先从政治上看，不断提高政治判断力、政治领悟力、政治执行力，聚焦宋亮严重错误行为，牢牢扛起促改责任，结合巡视整改落实，认真开展自查自纠，扎实落实以案促改重点任务，带动全面从严治党整体工作全面提升。

院党委理论学习中心组 2021 年第一次学习（扩大）会议

1 月 22 日，甘肃省农业科学院召开党委理论学习中心组 2021 年第一次学习（扩大）会议。会议专题学习习近平总书记 2020 年新年贺词、习近平总书记在中共中央政治局 2020 年度民主生活会上的重要讲话精神、习近平总书记在省部级主要领导干部学习贯彻党的十九届五中全会精神专题研讨班开班式上的讲话、习近平总书记在中央经济工作会议上的讲话、习近平总书记在中央农村工作会议上的讲话，研究提出贯彻落实意见，安排部署有关工作。院党委书记魏胜文主持会议，院长马忠明，党委委员、副院长宗瑞谦，党委委员、党办主任、机关党委书记汪建国出席会议。全院县处级领导干部，院属各单位办公室主任、职工代表参加会议。

会议强调，全院广大党员要进一步增强“四个意识”、坚定“四个自信”、做到“两个维护”，从政治、全局和战略的高度不断提高政治判断力、政治领悟力、政治执行力，学深悟透习近平总书记重要讲话精神，加深对准确把握新发展阶段、深入贯彻新发展理念、加快构建新发展格局、加强党对社会主义现代化建设的全面领导的认识，进一步明晰职责，精准定位，切实推动党中央决策部署在省农科院落地见效。

会议传达学习了中共中央国务院《关于全面推进乡村振兴加快农业农村现代化的意见》《关于实现巩固拓展脱贫攻坚成果同乡村振兴有效衔接的意见》，林铎、任振鹤同志在甘肃省委十三届十三次全会暨省委经济工作会议上的报告和讲话、中共甘肃省委《关于深入学习宣传张小娟同志先进事迹的通知》精神。

会议指出，作为全省唯一的综合性省级农业科技创新机构，我们要进一步增强全力做好新发展阶段“三农”工作的责任感使命感紧迫感，坚定信心、咬定目标、真抓实干，坚持从讲政治的高度来看“三农”、抓“三农”。特别要学深悟透习近平总书记关于“三农”工作重要论述，对“国之大者”要了然于胸，对“三农”工作要找准坐标、找准方位、找准靶心，不断提高发现、分析和解决“三农”实际问题的能力水平。会议要求，院属各单位要认真学习并全面落实中央关于实施乡村振兴战略的决策部署，全力做好“十四五”开局之年各项工作，细化任务、实化项目、强化措施、狠抓落实，以更大决心、更大成果、更足干劲、更实举措推动乡村振兴取得新进展。

会议还安排部署了全院当前新冠感染疫情防控工作，传达学习了省委组织部《关于高质量做好 2021 年领导干部报告个人有关事项工作的通知》，并就个人有关事项报告填报工作进行培训。

院党委理论学习中心组 2021 年第二次学习（扩大）会议

2 月 2 日，甘肃省农业科学院召开党委理论学习中心组第二次学习会议，专题学习习近平总书记有关重要讲话和指示精神，研究提出贯彻意见，安排部署相关工作。院党委书记魏胜文主持会议。院长马忠明，党委委员、副院长李敏权，贺春贵、宗瑞谦，党委委员、党办主任汪建国及机关各处室主要负责同志参加学习。

会议专题学习了习近平总书记在中央政治局第二十七次集体学习时的重要讲话精神。会议强调，进入新发展阶段，全院各级党组织和领导干部要统一思想、协调行动、开拓前进，更加注重共同富裕问题，继续把改革引向深入，坚持系统观念和系统思维，坚持和加强党的领导，完整、准确、全面贯彻新发展理念，着力解决影响高质量发展的突出问题，更加注重保障和改善民生，围绕科技创新深化改革，统筹疫情防控和各项工作发展，确保“十四五”发展第一步迈准迈稳、迈出新气象、迈出新成效。要坚持守土有责、守土尽责，知重负重、攻坚克难，严格落实各项工作责任制，科学排兵布阵，层层压实责任，推动重点工作高质量落实，以优异成绩庆祝建党100周年。

会议专题学习了习近平总书记在十九届中央纪委五次全会上的重要讲话精神。会议强调，党风廉政建设永远在路上，反腐败工作永远在路上，全院各级党组织和领导干部要牢牢把握党中央关于全面从严治党的重大方针、重大方向、重大任务的政治内涵，始终按照党中央指明的政治方向、确定的前进路线开展党风廉政建设和反腐败斗争。要把严的主基调长期坚持下去，深入贯彻全面从严治党方针，充分发挥全面从严治党引领保障作用；要坚持全面从严治党首先从政治上看，不断提高政治判断力、政治领悟力、政治执行力，坚定政治方向，保持政治定力，以强有力政治监督确保党中央重大决策部署贯彻落实到位，持之以恒深化反腐败斗争，一体推进不敢腐、不想腐、不能腐，使党员干部因敬畏而不敢、因制度而不能、因觉悟而不想。要深入开展党的优良传统和作风教育，坚决防止形式主义、官僚主义滋生蔓延，持续深入开展深化科技领域突出问题集中整治，营造风清气正科研生态和发展环境，确保全院“十四五”时期目标任务落到实处。

会议专题学习了《中国共产党统一战线工作条例》。会议指出，党中央新修订的《条例》，为新时代统一战线工作提供了基本遵循，对巩固和发展最广泛的爱国统一战线，为全面建设社会主义现代化国家、实现中华民族伟大复兴的中国梦提供广泛力量支持具有重要意义。会议强调，全院各级党组织要认真抓好《条例》学习宣传和贯彻落实，全面准确学习领会党的统战理论方针政策，切实履行做好统一战线工作的主体责任，不断加强对民主党派、党外知识分子群体的政治引领，持续深化民族团结进步教育，运用法治思想和法治方式防范化解宗教方面的问题，为全院事业发展营造有利条件。

会上，还传达学习了甘肃省“两会”、中共甘肃省第十三届纪律检查委员会第五次全体会议、全省统战部长会议精神，要求全院各级党组织和机关相关处室，认真抓好贯彻落实，把会议精神贯彻到推动全院各项事业高质量发展的全过程和各方面。

院党委理论学习中心组2021年第三次学习（扩大）会议

3月2日，甘肃省农业科学院召开党委理论学习中心组2021年第三次学习（扩大）会议。专题学习习近平总书记在党史学习教育动员大会上的讲话、给上海市新四军历史研究会百岁老战士们的回信、在中央政治局第二十八次集体学习时的讲话、在 2 月 26 日中央政治局会议上的讲话、在中央全面深化改革委员会第十八次会议上的讲话、在 2021 年春节团拜会上的讲话和在全国脱贫攻坚总结表彰大会上的讲话，传达学习中央、省委有关文件会议精神。党委书记魏胜文主持会议，党委委员、副院长李敏权、贺春贵、宗瑞谦，党委委员、纪委书记陈静，党委委员、党办主任汪建国参加会议，机关各处（室）主要负责人列席会议。

会议指出，在全党开展党史学习教育是党中央立足党的百年历史新起点，统筹中华民族伟大复兴战略全局和世界百年未有之大变局、为动员全党全国满怀信心投身全面建设社会主义现代化国家而作出的重大决策。习近平总书记的重要讲话，高屋建瓴、视野宏大、思想深邃，深刻阐述了学习党史教育的重大意义，深刻阐明了党史学习教育的重点和工作要求，具有重大的政治意义、历史意义、时代意义、现实意义，为开展好党史学习教育指明了方向、提供了根本遵循。全院各级党组织和广大党员干部要认真学习领会习近平总书记重要讲话精神，切实提高和深化对党史学习教育的思想认识，引导全院党员干部扎实开展党史学习教育，做到学史明理、学史增信、学史崇德、学史力行。

会议强调，习近平总书记在全国脱贫攻坚大会上的重要讲话，充分肯定了脱贫攻坚的伟大成就，总结了宝贵经验，阐释了伟大脱贫攻坚精神，并对巩固拓展脱贫攻坚成果、全面推进乡村振兴提出了明确要求。脱贫攻坚取得全面胜利，为开启全国建设社会主义现代化国家新征程奠定了坚实基础。全院各级党组织和广大党员干部要深刻理解把握习近平总书记关于脱贫攻坚重大历史成就和经验认识的重要论述，深入贯彻讲话精神，落实中央、省委决策部署，发扬钉钉子精神，在巩固脱贫攻坚成果、全力推进乡村振兴中贡献“农科”力量。

会议指出，习近平总书记在中央政治局主持学习时强调，社会保障是保障和改善民生、维护社会公平、增进人民福祉的基本制度保障，是促进经济社会发展、实现广大人民群众共享改革发展成果的重要制度安排，是治国安邦的大问题。各单位要深化对社会保障工作重要性的认识，把握规律，统筹协调，抓好党中央决策部署和各项改革方案的贯彻落实，在健全覆盖全民的社会保障体系上不断取得新成效。我们要认真学习，深刻领会习近平总书记的讲话精神。健全全院社会保障体系，不断改善民生，树立个人无小事的思想，要根植人民，永远不能脱离群众，用活用足政策，让政策发挥更大的效益。

会议强调，要认真学习贯彻落实巡视整改会议精神，把巡视整改作为重大的政治任务。涉及全院的问题要及时整改到位，各单位要对号入座，制定行之有效的整改方案，台账化推进整改落实。各级党组织要高度重视意识形态工作，全面落实好意识形态工作责任制。

魏胜文就深化落实好中心组学习会内容提出具体要求：一是院党委要按照中央和省委有关部署，组织全院各级党组织、党员干部扎实开展好学习教育，把开展党史学习教育作为一项重大政治任务，精心安排部署、科学制定方案，将党史学习教育与全院中心工作结合起来，推动党史学习教育学出成效、落到实处；院党办要抓紧制定工作方案，做好全院动员会筹备工作，尽快启动全院党史学习教育。二是各单位要进一步在全院上下学习领会伟大的脱贫攻坚精神，总结好脱贫攻坚成就；坚持把“三农”工作与乡村振兴、巩固脱贫成果与全院重点工作结合起来；在全面总结巩固驻村帮扶成果基础上，谋划好新发展阶段帮扶工作，充分发挥科研院所的科技优势、人才优势，做好脱贫攻坚与乡村振兴的有效衔接，为新时代建设美丽新甘肃贡献力量。三是各级党组织要以庆祝建党100周年为契机，引导党员干部加强党性锻炼、筑牢思想防线，时刻自重自省自警自励，同时将正风肃纪反腐与深化改革、完善制度、促进治理贯通起来，用好“四种形态”。

会上还传达学习了中共中央关于在全党开展党史学习教育的通知，杨晓渡、杨晓超同志在十九届中央第六轮巡视反馈视频会议上的讲话，中央第十五巡视组关于巡视甘肃省的反馈意见，林铎同志在中央第十五巡视组巡视甘肃省情况反馈会议上的表态讲话，中央第十五巡视组巡视甘肃省情况反馈意见整改工作会议精神，全省党史学习教育动员大会精神和省委办公厅关于做好“光荣在党50年”纪念章颁发工作的通知。

院党委理论学习中心组2021年第四次学习（扩大）会议

3月16日，甘肃省农业科学院召开党委理论学习中心组2021年第四次学习（扩大）会议，传达学习全国“两会”精神和习近平总书记在全国“两会”期间参加内蒙古、青海等代表团审议时的重要讲话精神，在中央党校（国家行政学院）中青年干部培训班上的重要讲话精神；专题学习习近平总书记关于网络强国的重要论述，传达学习《党委（党组）网络安全工作责任制实施办法》《甘肃省贯彻落实〈党委（党组）意识形态工作责任制实施办法〉若干措施》《省委办公厅省政府办公厅关于进一步规范移动互联网应用程序整治指尖上的形式主义的通知》精神，安排部署贯彻落实意见。院党委书记魏胜文主持会议。

会议指出，习近平总书记在全国“两会”期间发表的一系列重要讲话，为全院奋斗“十四五”、奋进新征程提供了重要遵循。各部门各单位要深入学习领会习近平总书记重要讲话精神，不断提高政治判断力、政治领悟力、政治执行力，结合职责使命认真贯彻落实。要抓好种业和耕地两个关键，为保障全省粮食安全和主要农产品供给提供科技支撑；要立足国家创新体系、区域创新的机遇，争取在平台建设上有所突破；要挖掘资源潜力，主动转变思想观念，持续抓好成果转化工作。

会议强调，要切实增强做好干部队伍建设特别是年轻干部能力建设的责任感和紧迫感，针对问题短板，采取有效措施，着力打造一支高素质的干部队伍。要创造良好条件，加强年轻干部的思想淬炼、政治历练、实践锻炼和专业训练，让年轻干部在把握正确政治方向中固本强基，在深入实际、深入群众中干事成事，在攻坚克难、应对风险挑战中增强本领，在敢于担当、真抓实干中开拓新局。要注重发现、培养和使用优秀年轻干部，对在吃劲负重岗位、科研一线表现突出的，不拘一格大胆提拔使用。

会议要求，各部门各单位党组织要认真学习习近平《关于网络强国论述摘编》，把网络意识形态工作作为一项极端重要工作纳入重要议事日程，确保网络安全责任制落实到位；要把规范移动互联网应用程序、整治“指尖上的形式主义”作为一项重要任务，坚持实事求是、积极稳慎，全面清理整合网络群组，用实际行动为基层减负，确保规范整治工作取得实效。

院党委理论学习中心组 2021 年第五次学习（扩大）会议

3 月 24 日，甘肃省农业科学院召开党委理论学习中心组 2021 年第五次学习（扩大）会议，专题学习习近平总书记关于全面从严治党和巡视工作的重要讲话精神，研究部署农科院党委深化全面从严治党工作贯彻落实意见。省纪委派驻农业农村厅纪检监察组成员到会指导，院党委书记魏胜文主持会议。

会议传达学习了习近平总书记关于巡视工作的重要论述，中央关于巡视工作的有关制度，省委第八轮巡视有关文件会议精神。会议指出，巡视是党章赋予的重要职责，是加强党的建设的重要举措，是从严治党、维护党纪的重要手段，是加强党内监督的重要形式。巡视是政治巡视，本质上是政治监督，是上级党组织对下级党组织履行全面从严治党职责的政治指导和监督，根本任务是做到“两个维护”“四个服从”，最终目的是全党服从中央，坚持和加强党的领导。全院各级党组织和党员干部都要积极配合省委第九巡视组的巡视工作，自觉接受党内政治生活锻炼。会议强调，院党政领导班子要提高政治站位，确保思想和行动高度统一。增强“四个意识”、坚定“四个自信”、做到“两个维护”，坚决有力支持第九巡视组开展巡视，以“同题共答”的政治自觉，共同完成好省委交给的巡视任务，确保巡视工作达到预期目的。要主动接受巡视，全力配合保障巡视工作顺利开展。把此次巡视作为发现问题、整改问题，改进作风、促进发展，加强锻炼、提高自身素质的重要契机，以高度的政治责任感和使命感，全力以赴配合巡视组的工作。要突出务求实效，坚决抓好各类问题的整改落实。对巡视组指出、移交和反馈的问题，我们一定诚恳接受、照单全收，即知即改、真改实改，不讲条件，不打折扣，确保事事有回音、件件有着落。同时，举一反三、反求诸己，认真开展自查自纠，有什么问题就解决什么问题，什么问题突出就重点解决什么问题。要抓住巡视契机，自加压力做好农科院工作。今年是建党 100 周年，我们要深入开展党史学习教育，从党的百年伟大历史中汲取智慧和力量，大力弘扬党的优秀传统，设身处地为群众解难题、办实事。全面做好科技创新、成果转化等重点工作，系统谋划好全院“十四五”发展，巩固来之不易的良好发展态势。

会议传达学习了习近平总书记关于全面从严治党的重要论述和在中纪委第五次全体会议上的重要讲话精神。会议指出，2021 年是我们党成立 100 周年，也是实施“十四五”规划、开启全面建设社会主义现代化国家新征程的第一年，抓好全面从严治党工作意义重大。全面从严治党，核心是加强党的领导，基础在全面，关键在严。要把全面从严治党工作落实落深落细。要把党史学习教育与坚持党的领导、加强党的建设、推进全面从严治党相结合，把全面从严要求贯穿全院各项工作中，以实际行动和优异成绩庆祝建党 100 周年。会议强调，2021年全面从严治党要做好六个方面工作。一要始终把党的政治建设摆在首位，以忠诚履职的实际行动践行“两个维护”。要坚持从政治高度观察、分析和处理实际问题，把政治标准和政治要求贯穿于把方向、管大局、作决策、抓班子、带队伍、保落实的全过程。二要强化党的创新理论武装，持续学懂弄通做实习近平新时代中国特色社会主义思想，筑牢理想信念。学懂弄通做实习近平新时代中国特色社会主义思想，跟进学习习近平总书记最新重要讲话精神，做到学深悟透、融会贯通、真信笃行。以庆祝建党100周年为契机，深入开展党史学习教育，教育引导党员干部树牢正确党史观、更好地知党史、听党话、跟党走。三要深入贯彻落实新时代党的组织路线，为全院发展提供坚强组织保障。建设忠诚干净担当的高素质专业化干部队伍，坚持正确用人导向引领干事创业导向。坚持围绕中心抓党建，发挥基层党组织在推进中心工作、落实重大任务中的政治引领、督促落实、监督保障作用。深入整治“灯下黑”，破解“两张皮”难题，推动党建与业务深度融合。四要持之以恒正风肃纪，一体推进不敢腐、不能腐、不想腐。严格落实中央八项规定及其实施细则精神，拓展日常监督广度深度。常态化开展警示教育，注重发挥反面典型警示教育作用。五要严格落实主体责任，推动形成管党治党强大合力。严格落实全面从严治党主体责任。健全完善全面从严治党考核机制，压紧压实基层党组织书记第一责任人责任。坚持守土有责、守土负责、守土尽责，着力建强基层党支部。六要持之以恒推进创新文化建设。把创新作为引领发展的第一动力，进一步加劲加力，深入推进。

院党委理论学习中心组2021年第六次学习（扩大）会议暨党史学习教育第一次研讨交流会

4月9日，甘肃省农业科学院召开党委理论学习中心组2021年第六次学习（扩大）会议暨党史学习教育第一次研讨交流会。专题学习习近平总书记近期重要讲话精神和《论中国共产党历史》《毛泽东、邓小平、江泽民、胡锦涛关于中国共产党历史论述摘编》《习近平新时代中国特色社会主义思想学习问题》《中国共产党简史》相关篇目；传达学习中央及省委有关文件精神，安排部署贯彻落实意见。院党委书记魏胜文主持会议并讲话。

会议组织集体观看了中共十九届中央委员、党史学习教育中央宣讲团成员、中央党史和文献研究院院长曲青山报告会视频。

会议指出，党史学习教育要把学习习近平新时代中国特色社会主义思想贯穿始终，把学史明理、学史增信、学史崇德、学史力行贯穿始终，把学党史、悟思想、办实事、开新局贯穿始终，紧紧围绕党中央和上级党委决策部署，坚持学习党史与学习新中国史、改革开放史、社会主义发展史相贯通，做到真学、真懂、真信，善思、细照、笃行。要树立正确党史观，从历史中汲取前行的信心和动力，加快农业科技自立自强步伐，不断提高应对风险、迎接挑战、化险为夷的能力和水平，把学习成效体现到服务全省三农工作和乡村振兴工作实践中。党员领导干部要提高抓落实能力，在农业科研工作一线，真抓实干，把好事办实，把实事办好。

魏胜文就切实抓好党史学习教育提出明确要求，一是全院各级党组织要坚持集中学习和自学相结合、规定动作和自选动作相结合，开展特色鲜明、形式多样的学习教育，在做好规定动作的同时，不断增强联动性、互动性和主动性，让党史学习教育“动起来”。二是加强内外联动性，在干部之间、党员之间、党员与干部之间、党员干部与群众之间，党委理论学习中心组（扩大）会上，县处级以上领导干部分批开展党史学习教育心得体会的交流。三是强化单位之间和部门之间的学习交流，在交流联动中做到取长补短，不断创新党史学习教育形式载体，提升党史学习教育质量。四是用好党史学习教育资源，从课件资源到红色资源等，做到优势互补、联动推进，不断扩大党史学习教育的声势。五是各级党组织和广大党员干部要认真学习领会党史学习的重要性，切实抓好贯彻落实，敢于担当作为，认真履职尽责，推动全院党史学习教育工作落地见效，以优异成绩迎接建党100周年。

院党委理论学习中心组2021年第七次学习（扩大）会议暨党史学习教育第二次研讨交流会

4月29日，甘肃省农业科学院召开党委理论学习中心组2021年第七次学习（扩大）会议暨党史学习教育第二次研讨交流会。专题学习习近平总书记近期重要讲话精神和习近平《论中国共产党历史》《毛泽东、邓小平、江泽民、胡锦涛关于中国共产党历史论述摘编》《习近平新时代中国特色社会主义思想学习问答》《中国共产党简史》相关篇目；传达学习了有关文件和会议精神，安排部署贯彻落实意见，并进行了党史学习教育第二次研讨交流。院党委书记魏胜文主持会议并讲话。

会上，集体观看了中央党校（国家行政学院）副校（院）长、教授谢春涛党史专题讲座视频《中国共产党为什么“能”》。

会议要求，全院各级党组织和广大党员干部要切实提高政治站位，深刻认识开展党史学习教育的极端重要性，切实增强修好党史这门必修课的政治自觉、思想自觉、行动自觉，思想要再统一。要在党史学习教育中抓好县处级以上领导干部这个重点，做到先学一步、深学一步，在学习教育中发挥示范带头作用，带动全体职工跟进学，推动党史学习教育走深走实、见行见效。

会议强调，要紧紧围绕学党史、悟思想、办实事、开新局的总要求，在学史明理、学史增信、学史崇德、学史力行上下功夫。要认真落实全院党史学习教育实施方案中提出的工作任务，切实增强党史学习教育的针对性。特别要开展好“我为群众办实事”实践活动，努力解决群众反映强烈的急难愁盼实事。要切实把“我为群众办实事”实践活动与正在开展的巡视工作及整改“回头看”清零行动有机结合起来，认真检视查找问题不足，让职工群众真正感受到党史学习教育和巡视工作的实效。

院党委理论学习中心组 2021 年第八次学习（扩大）会议暨党史学习教育第三次研讨交流会

5 月 20 日，甘肃省农业科学院召开党委理论学习中心组第八次学习（扩大）会议暨党史学习教育第三次研讨交流会，院党委书记魏胜文主持会议。

会议集体观看了中央党校（国家行政学院）中共党史教研部副主任，教授李庆刚同志《党对中国社会主义建设道路的探索》的专题讲座。会议专题学习党史学习教育指定书目中的相关篇目、习近平总书记的重要文章《用好红色资源，传承好红色基因，把红色江山世世代代传下去》和习近平总书记在推进南水北调后续工程高质量发展座谈会上的重要讲话精神。传达学习了《全省党史学习教育重点工作任务安排》的通知和甘肃省抗击新冠感染疫情表彰大会等文件，安排部署贯彻落实意见。

会议专题传达学习《中共中央国务院关于新时代加强和改进思想政治工作的意见》时强调，思想政治工作是党的优良传统和政治优势，院属各级党组织要认真履行全面从严治党主体责任，坚持以党的思想政治建设为统领，紧紧围绕中心工作，不断加强和改进思想政治工作，推进理念创新、手段创新、基层工作创新，切实提升思想政治工作的能力和水平。

会议指出，纪念馆、党史馆、革命博物馆等是党和国家红色基因库。我们要把红色资源作为坚定理想信念、加强党性修养的生动教材；要加强革命传统教育、爱国主义教育，把红色基因传承好，确保红色江山永不变色。全院各级党组织要带领广大党员干部在党史学习教育中从党的辉煌成就、艰辛历程、历史经验、优良传统中深刻领悟中国共产党为什么能、马克思主义为什么行、中国特色社会主义为什么好等道理，教育引导党员干部坚定理想信仰，增强“四个意识”、坚定“四个自信”、做到“两个维护”。

院党委理论学习中心组 2021 年第九次学习（扩大）会议暨党史学习教育第四次研讨交流会

6 月 9 日，甘肃省农业科学院召开党委理论学习中心组 2021 年第九次学习（扩大）会议暨党史学习教育第四次研讨交流会，院党委书记魏胜文主持会议。

会议集体观看了中央党校（国家行政学院）研究室副主任、教授沈传亮党史专题讲座《党的十八大以来的历史性成就和历史性变革》，专题学习了党史学习教育指定书目中相关篇目。会议传达学习习近平总书记在中国科学院第二十次院士大会、中国工程院第十五次院士大会、中国科协第十次全国代表大会上的讲话精神，习近平总书记在中央政治局第三十次集体学习时的讲话、习近平总书记在 5 月 31 日中央政治局会议上的讲话、习近平总书记重要文章《学好“四史”，永葆初心、永担使命》和习近平总书记对袁隆平同志家属的亲切问候，安排部署省农科院贯彻落实意见。

会议认为，习近平总书记在两院院士大会、中国科协第十次全国代表大会上的重要讲话，回顾了我们党在各个历史时期对科技事业的高度重视，总结了我国科技事业取得的新的历史成就，分析了新一轮科技革命和产业变革的演化趋势，明确加快建设科技强国的重点任务，对更好发挥两院院士和中国科协作用提出殷切希望，具有很强的思想性、指导性、针对性，对于实现高水平科技自立自强、向第二个百年奋斗目标胜利进军具有重大意义。

会议指出，习近平总书记在中央政治局第三十次集体学习时的重要讲话深刻洞察国内外大势，以大思维大战略鲜明指出我国国际传播能力建设的任务与方向，为新形势下进一步做好外宣工作提供了根本遵循，为讲好新时代中国故事、传播好中国声音，努力塑造可信、可爱、可敬的中国形象提供了重要思想指引。全院各级党组织要将加强国际传播能力建设纳入意识形态工作责任制，加强组织领导，形成自觉维护党和国家尊严形象的良好氛围。

会议指出，要认真学习领会习近平总书记在中央政治局会议上的重要讲话精神，深刻认识人口老龄化既是全球性、全国性人口发展的大趋势，也是今后较长一段时期甘肃省的基本省情，应对人口老龄化是“国之大者”，关乎国家前途、民族命运、人民幸福。要坚持以人民为中心的发展思想，坚持系统观念和辩证思维，统筹谋划、整体推进，更好落实生育政策，把应对人口老龄化各项工作落实落细落到位。

会议指出，我们要认真学习习近平总书记的重要文章《学好“四史”，永葆初心、永担使命》，深入开展党史、新中国史、改革开放史、社会主义发展史教育。全院广大党员干部要重点学习党史，同时学习新中国史、改革开放史、社会主义发展史，在学思践悟中坚定理想信念，在奋发有为中践行初心使命，让初心薪火相传，把使命永担在肩，做到学史明理、学史增信、学史崇德、学史力行，做到学党史、悟思想、办实事、开新局，切实在实现“两个一百年”奋斗目标、实现中华民族伟大复兴的中国梦进程中奋勇争先、走在前列。

会议要求，全院广大党员、干部和科技工作者要向袁隆平同志学习，学习好传承好袁隆平躬耕田野的科技精神，脚踏实地的追梦精神以及热爱祖国、一心为民、造福人类的崇高品质，是对他最好的纪念，也是责无旁贷的使命。我们作为全省唯一的综合性省级农业科技创新机构，全院广大科技工作者更要深耕“农”字情怀，胸怀为国为民志向，推动农业农村现代化，致力于将论文与科研成果写在陇原大地上，给农业现代化插上科技的翅膀，为促进乡村振兴提供坚实的科技支撑。

会议传达学习了《中共中央关于加强对“一把手”和领导班子监督的意见》《中国共产党组织工作条例》、中共中央办公厅《关于在全社会开展党史、新中国史、改革开放史、社会主义发展史宣传教育的通知》，6 月 4 日省委常委会、省委理论学习中心组党史学习教育暨省级领导干部专题读书班会议精神。

会议指出，《中共中央关于加强对“一把手”和领导班子监督的意见》释放出一以贯之全面从严治党的强烈信号，对于破解“一把手”监督和同级监督的难题，切实发挥“一把手”领头雁作用和领导干部执政骨干作用，压实各级党组织和领导干部监督责任，推动监督制度优势转化为治理效能具有重要意义。全院广大党员干部特别是作为“关键少数”的领导干部要站在践行“两个维护”的高度，认清强化对“一把手”和领导班子监督的重要性、紧迫性、必要性，切实把思想和行动统一到党中央决策部署上来，深刻认识到强化对“一把手”和领导班子的监督，是从严要求、更是关心爱护，正确对待监督、主动接受监督、自觉配合监督，使在监督下开展工作成为一种习惯、一种常态。作为“一把手”和班子成员，一方面要正确对待监督、主动接受监督、自觉配合监督，另一方面要认真履行“一岗双责”，认真做好分管领域的监督。同时，要大力支持省农业农村厅驻院纪检监察组更好发挥专职监督的职能作用，努力构建“一盘棋”的工作格局，着力营造风清气正的政治生态，为全院高质量发展提供有力保障。

会议指出，组织严密是党的光荣传统和独特优势。《中国共产党组织工作条例》（以下简称《条例》）深刻回答了事关组织工作方向性、全局性、战略性的一系列重大问题，是做好新时代党的组织工作、加强党的组织建设的基本遵循。《条例》的制定和实施，对于坚持和加强党对组织工作的全面领导、推进组织工作科学化制度化规范化、全面提高组织工作质量，具有重要意义。全院各级党组织要把学习贯彻《条例》作为一项重要政治任务，抓好宣传解读和督促检查，进一步加强对组织工作的领导，确保党中央关于组织工作的重大决策部署落到实处。

会议强调，全院上下要始终把握正确导向，树立正确历史观，准确把握党史、新中国史、改革开放史、社会主义发展史的主题主线、主流本质，旗帜鲜明反对历史虚无主义。要加强统筹协调，把“四史”宣传教育同党史学习教育、“永远跟党走”群众性主题宣传教育活动等有机结合起来，相互促进、相得益彰。严格执行中央八项规定及其实施细则精神，坚决克服形式主义、官僚主义。同时加强安全管理，做好新冠感染疫情常态化防控工作。

院党委理论学习中心组 2021 年第十次学习（扩大）会议暨党史学习教育第五次研讨交流会

7 月 5 日，甘肃省农业科学院召开党委理论学习中心组 2021 年第十次学习（扩大）会议暨党史学习教育第五次研讨交流会，专题学习习近平总书记在庆祝中国共产党成立 100 周年大会上的重要讲话，安排部署贯彻落实意见。院党委书记魏胜文主持会议。

会议指出，习近平总书记在庆祝中国共产党成立 100 周年大会上的重要讲话，高瞻远瞩、总揽全局，思想深刻、内涵丰富，体现了深远的战略考量、强烈的历史担当和真挚的为民情怀，是一篇闪耀着马克思主义真理光辉的纲领性文献，为全党全国各族人民向第二个百年奋斗目标迈进指明了前进方向、提供了根本遵循，对于我们不断开创中国特色社会主义事业新局面，具有十分重大而深远的意义。

会议强调，习近平总书记的重要讲话以深邃的历史眼光和宽广的时代视野，系统回顾了我们党开辟的伟大道路、创造的伟大事业、取得的伟大成就，深刻阐述了伟大建党精神，全面总结了百年建党经验，庄严宣告“我们实现了第一个百年奋斗目标，在中华大地上全面建成了小康社会”，精辟概括“坚持真理、坚守理想，践行初心、担当使命，不怕牺牲、英勇斗争，对党忠诚、不负人民的伟大建党精神”，号召全体中国共产党党员在新的赶考之路上努力为党和人民争取更大光荣，思想极为深刻、内涵十分丰富，对于我们在新的征程上传承红色基因、践行初心使命、创造新的历史伟业，具有十分重大的指导意义。

魏胜文要求，全院上下要深刻理解、准确把握习近平总书记重要讲话的核心要义、精神实质和实践要求，自觉用以武装头脑、指导实践、推动工作；要深刻理解“实现第一个百年奋斗目标”这一伟大奇迹，切实增强历史责任感和使命感，接续奋斗、坚毅前行；深刻理解“实现中华民族伟大复兴”这一主题，紧密团结在以习近平同志为核心的党中央周围，切实担负起历史责任。全院各级党组织要把深入学习贯彻习近平总书记在庆祝中国共产党成立 100 周年大会上的重要讲话精神作为当前首要政治任务，作为近期理论武装的重点内容，作为现阶段党史学习教育的重中之重。坚持先学一步、深学一层，带头发挥表率作用，推动学习贯彻走深走实，在全院迅速掀起学习热潮；要组织党员干部原原本本读原文，认认真真悟原理，认真思考，联系工作、联系实际，深入开展学习交流研讨；要强化政治引领、提升组织功能，全面践行习近平总书记对全体党员发出的号召，自觉以实际行动担负起实现更高水平农业科技自立自强的光荣使命。全院广大党员干部要深入学习领会、全面准确把握习近平总书记重要讲话的思想精髓，不断汲取信仰的力量、思想的力量和奋斗的力量，进一步增强“四个意识”、坚定“四个自信”、做到“两个维护”；党委办公室要尽快谋划举办学习“习近平总书记‘七一’重要讲话精神”专题研讨班，系统学习习近平总书记“七一”重要讲话精神。

会议还学习了习近平总书记在“七一勋章”颁授仪式上的讲话、习近平总书记在中央政治局第三十一次集体学习时的讲话、习近平总书记在参观“不忘初心、牢记使命”中国共产党历史展览时的讲话等精神，学习习近平总书记《以史为镜、以史明志，知史爱党、知史爱国》《学史明理、学史增信、学史崇德、学史力行》的重要文章，安排部署全院贯彻落实意见。

会议传达学习全国及甘肃省“两优一先”表彰大会、甘肃省庆祝中国共产党成立 100 周年座谈会精神、《关于开展法治宣传教育的第八个五年规划（2021—2025 年）》《关于印发〈“七一”前后党史学习教育重点工作安排〉的通知》《关于在“我为群众办实事”实践活动中深入开展岗位建功和志愿服务活动的通知》《关于开展“我为群众办实事”重点项目清单“回头看”的通知》《关于召开党史学习教育专题组织生活会有关问题的答复》等有关文件会议精神，安排部署贯彻落实意见。

院党委理论学习中心组 2021 年第十一次学习（扩大）会议

11 月 16 日，甘肃省农业科学院召开党委理论学习中心组 2021 年第十一次学习（扩大）会议，专题学习党的十九届六中全会精神，安排部署学习宣传贯彻工作，教育引导全院各级党组织和广大党员干部用全会精神统一思想、凝聚共识、坚定信心、增强斗志，把党的百年奋斗重大成就和历史经验转化为开创农业科技事业发展新局面的强大精神动力。院党委书记魏胜文主持会议。

会议专题学习了《中国共产党第十九届中央委员会第六次全体会议公报》、习近平总书记在党外人士座谈会上的重要讲话、11 月 12 日省委常委会会议、11 月 13 日全省领导干部会议和 11 月 15 日省政府党组（扩大）会议精神。会议指出，在中国共产党成立 100 周年、"两个一百年"历史交汇的重要时刻，党中央召开全会，以《中共中央关于党的百年奋斗重大成就和历史经验的决议》的形式对党的百年历程作全面总结，深刻阐述我们党百年奋斗 5 个方面的历史意义和积累的"十个坚持"宝贵历史经验，对推动全面建设社会主义现代化国家新征程作出战略部署，具有重大而深远的历史意义。《决议》深刻回答了"过去我们为什么能够成功、未来我们怎样才能继续成功"这一重大历史课题，为实现民族复兴凝聚力量，为实现千秋伟业指明方向，必将激励全体中国共产党人坚定初心使命，推动全党统一思想、统一意志、统一行动，以史为鉴、开创未来。

魏胜文要求，全院各级党组织和广大共产党员要按照党中央统一安排和省委的部署要求，以高度的思想自觉政治自觉行动自觉，扎实有力抓好全会精神学习宣传贯彻工作。一要提高政治站位，切实把思想和行动统一到全会精神上来。要把学习宣传贯彻党的十九届六中全会精神作为当前和今后一段时间的重大政治任务，精心组织、周密部署，制定计划、扎实推进，切实把学习宣传贯彻工作抓到实处、见到成效。二要融会贯通学，切实把全会精神学深悟透、学以致用。把学习贯彻全会精神作为党史学习教育的重要内容，同学习习近平总书记"七一"重要讲话精神结合起来，同学习习近平总书记对甘肃重要讲话和指示精神结合起来，同学习习近平总书记关于农业科技领域的重要论述结合起来，深入反复学、联系实际学，确保融会贯通、学以致用。三要深入开展宣讲，推动全会精神深入人心。院党委班子成员要带头深入各分管部门、联系单位及党支部工作联系点开展宣讲，各部门各单位领导干部和各级党组织负责人结合本单位实际开展宣传活动，让全会精神在基层深入人心。四要强化宣传引导，掀起学习贯彻全会精神热潮。充分发挥院网站、院公众号、宣传橱窗、户外展板等各类宣传阵地作用，及时宣传全院学习贯彻全会精神的实际行动，积极反映党员、干部、职工自觉运用全会精神推动工作的生动场景，认真做好学习教材征订，切实营造浓厚氛围。五要坚持学用贯通，切实把全会精神转化为推动工作的具体成效。把学习贯彻党的十九届六中全会精神与抓好当前各项重点工作结合起来，倒排工期、对账销号，毫不放松抓好疫情防控，力度不减落实巡视整改，全面统筹发展和安全，纵深推进全面从严治党，扎实做好科技创新、成果转化、乡村振兴等重点任务，确保圆满完成全年各项工作任务，为"十四五"良好开局打下坚实基础。

会议传达学习了习近平总书记在 7 月 9 日中央全面深化改革委员会第二十次会议上的重要讲话和《种业振兴行动方案》精神，院长马忠明做了重点发言，安排部署了贯彻落实意见。会议强调，习近平总书记的重要讲话，把种源安全提升到关系国家安全的战略高度，为振兴民族种业指明了方向、提供了基本遵循，对实现种业科技自立自强、种源自主可控具有十分重要的现实意义。马忠明指出，种业振兴工作是我国种业发展史上具有里程碑意义的一件大事，给全省现代种业发展带来新的历史机遇。当前，甘肃省在种质资源保存利用、新品种选育推广、制种基地建设等方面取得显著成效，为现代种业发展奠定了良好基础。与此同时，以重大品种少和种业产业链短为表现的“两头在外”问题以及制种基地不可持续、知识产权保护滞后、外来生物入侵威胁加大等问题，对全省种业发展带来了制约影响。全院上下要深入学习领会习近平总书记重要讲话和方案精神，充分发挥科技支撑作用，为种业强省建设做出应有贡献。一要加强种质资源保存与创新利用。以完成好第三次全国农作物种质资源普查工作为重点，广泛征集保存种质资源，深入开展种质资源精准鉴定和优异资源挖掘，提升种质资源的鉴定评价能力。二要加强新品种选育。启动实施主要农作物种质资源创新利用新品种选育重大科技专项，推进良种科研联合攻关，加快选育环境友好、资源高效、优质等突破性新品种。三要加强卡脖子技术的攻关。以种业关键技术原始创新为目标，重点突破优异种质形成与演化规律、重要性状协同调控机理等理论问题。四要构建产学研用合作新机制。创新科企合作机制和利益共享机制，组建科研联合体，形成发展合力。五要加强种业人才队伍建设。坚持引进与培养相结合原则，培育种业创新领军人才和团队，为种业发展提供人才支撑。六要加强种业智库建设，积极为种业强省提供高质量的意见建议。

会议传达学习了习近平总书记在中央人才工作会议上的重要讲话和《关于进一步加强生物多样性保护的意见》精神。会议强调，要以习近平总书记重要讲话精神为统揽，坚持党管人才，坚持“四个面向”，优化人才结构，加大人才推荐培养，健全重才爱才机制，全方位培养、引进、用好人才，为事业发展提供人才保障。要深入贯彻习近平生态文明思想，加大生物多样性保护应用技术研究，加强野生动植物种质资源保护和可持续利用，提升外来入侵物种防控管理水平，切实彰显省农科院保护生物多样性的责任担当。

会议还传达学习了《中共甘肃省委印发〈关于切实做好宋亮严重违纪违法案以案促改工作的分工方案〉的通知》《关于做好近期外防输入人员管理等疫情防控工作的紧急通知》和《尹弘书记在甘肃省科学技术（专利）奖励大会上的讲话》精神。会议强调，全院各部门、各单位和各级党组织要不断增强政治判断力、政治领悟力、政治执行力，扎实做好以案促改工作，全面落实近期疫情防控任务，切实把政治责任落实到位。

会议还就科研项目争取和验收、职称评审和人才引进、基础设施和重点工程建设、成果转化和企业改革、制度建设和执行落实以及疫情防控等近期重点工作做了安排部署。

院党委理论学习中心组 2021 年第十二次学习（扩大）会议

12 月 3 日，甘肃省农业科学院召开党委理论学习中心组 2021 年第十二次学习（扩大）会议，认真学习了《中共中央关于党的百年奋斗重大成就和历史经验的决议》、习近平总书记关于《中共中央关于党的百年奋斗重大成就和历史经验的决议》的说明、习近平总书记在党的十九届六中全会第二次全体会议上的重要讲话、习近平总书记重要文章《坚持用马克思主义及其中国化创新理论武装全党》《中共中央办公厅关于做好党的十九届六中全会精神学习宣传的通知》《中共甘肃省委关于认真学习贯彻党的十九届六中全会精神的通知》、11 月 18 日省委理论学习中心组学习会议和 11 月 25 日全省学习贯彻党的十九届六中全会精神中央宣讲团报告会等精神，研讨交流学习党的十九届六中全会精神心得体会。院党委书记魏胜文主持会议。

会议指出，党的十九届六中全会是在“两个一百年”奋斗目标历史交汇关键节点召开的具有全局性、历史性意义的重要会议。会议审议通过的《决议》，对党的百年奋斗历程和历史经验进行系统总结，彰显了百年大党高度的历史自觉。《决议》是新时代中国共产党人牢记初心使命、坚持和发展中国特色社会主义的政治宣言，是以史为鉴、开创未来、实现中华民族伟大复兴的行动指南。习近平总书记就《决议》作的说明，以时代眼光审视百年历史，深刻阐明党中央关于制定《决议》的总体考虑，系统阐述了十八大以来党中央关于党的历史的最新认识成果，为我们更好地理解把握《决议》内容提供了有力指导。全院各级党组织和广大党员干部要一体学习领会《决议》精神、习近平总书记报告和重要讲话精神，全面吃透十九届六中全会精神实质，在党的百年奋斗史中汲取前进智慧、奋进力量。

会议要求，全院上下要按照中央的部署和省委的要求精心组织、周密安排，坚持把“学习”放在首位，原原本本读、认认真真悟，推动学习宣传贯彻党的十九届六中全会精神不断走深走实。各级领导干部要深刻领悟，先学一步、深学一层，带头学习，带头宣讲，引导全院迅速掀起学习热潮。

会上，传达学习了《中共中央国务院关于以筑牢中华民族共同体意识为主线推进新时代党的民族工作高质量发展的意见》《中共甘肃省委甘肃省人民政府关于以筑牢中华民族共同体意识为主线推进新时代党的民族工作高质量发展的实施意见》，11 月 24 日省委民族工作会议精神。会议指出，要把习近平总书记在中央民族工作上的重要讲话精神认真学习领会，增强“四个意识”、坚定“四个自信”、做到“两个维护”，自觉把思想和行动统一到习近平总书记重要讲话精神上来，为“十四五”时期全面建设社会主义现代化国家开好局、起好步作出积极贡献。

甘肃省农业科学院举办学习贯彻党的十九届六中全会和习近平总书记“七一”重要讲话精神宣讲报告会

12 月 14 日，甘肃省农业科学院党委举办学习贯彻党的十九届六中全会和习近平总书记“七一”重要讲话精神宣讲报告会。院党委书记魏胜文做了学习贯彻党的十九届六中全会和习近平总书记“七一”重要讲话精神专题宣讲。

宣讲会上，魏胜文开宗明义地指出，党的十九届六中全会是在我们党成立 100 周年的重要历史时刻，在党和人民胜利实现第一个百年奋斗目标、全面建成小康社会，正在向着全面建成社会主义现代化强国的第二个百年奋斗目标迈进的重大历史关头召开的一次重要会议。全会揭示了我们党发展“由小到大”的制胜密码，树起了伟大政党的丰碑；阐释了我们党探索马克思主义中国化“由试到行”的真理追求，树起了理论创新的丰碑；吹响了我们党引领当代中国“由富到强”的前进号角，树起了大国崛起的丰碑；展示了我们党带领人民实现“由有到好”的美好生活，树起了不忘初心的丰碑；贡献了我们党推动国际秩序“由变到治”的中国智慧，树起了人类命运共同体的丰碑。习近平总书记“七一”重要讲话，深情回顾了中国共产党100年走过的峥嵘岁月和光辉历程，高度评价了百年来我们党团结带领中国人民建立的伟大功勋、作出的伟大贡献，庄严宣告实现第一个百年奋斗目标、全面建成小康社会，深刻揭示了中国共产党的精神之源和政治品格，鲜明阐述了以史为鉴、开创未来的根本要求，豪迈宣示了在迈向第二个百年奋斗目标征程上不断创造新的历史伟业、为党和人民争取更大光荣的坚定决心和信心。

魏胜文聚焦党的历史发展的主题主线、主流本质，紧扣党的百年奋斗重大成就和历史经验，突出中国特色社会主义新时代，沿着《中共中央关于党的百年奋斗重大成就和历史经验的决议》结构线、党史脉络线、时代课题线，从整体到局部、从概括到具体、从过去到现在，把党的十九届六中全会和习近平总书记在党史学习教育动员大会上的重要讲话、“七一”重要讲话精神贯通起来，系统宣讲了总结党的百年奋斗重大成就和历史经验的重要意义、党的百年奋斗的初心使命和4个历史时期的重大成就、中国特色社会主义新时代13个方面的历史性成就和历史性变革、党的百年奋斗5个方面的历史意义和10条历史经验以及以史为鉴、开创未来的重要要求，全面阐释了中国共产党是什么、要干什么这个根本问题，中国共产党为什么能、马克思主义为什么行、中国特色社会主义为什么好的历史逻辑、理论逻辑、实践逻辑，教育引导党员干部明理增信、崇德力行、保持定力、开拓进取，更加坚定自觉地为科技支撑全省现代农业发展做出更大贡献，为全体党员干部带来了一场理论盛宴和精神之旅，受到了一次政治熏陶和思想洗礼。

魏胜文强调，全院各级党组织和全体党员干部要从党的百年奋斗历程中汲取智慧和力量，用党的十九届六中全会和习近平总书记“七一”重要讲话精神统一思想、凝聚共识、坚定信心、增强斗志，充分发挥党的建设引领保障作用，全面推进从严管党治党，统筹好疫情防控和业务工作，统筹好发展和安全，关心职工群众工作生活，办好各类民生实事，努力完成全年各项目标任务，实现“十四五”良好开局，以优异成绩迎接党的二十大胜利召开。

甘肃省农业科学院举办学习贯彻党的十九届六中全会和习近平总书记“七一”重要讲话精神研讨培训班

12月14—16日，甘肃省农业科学院举办学习贯彻党的十九届六中全会和习近平总书记“七一”重要讲话精神研讨培训班。

本次研讨培训班在全院上下热烈庆祝中国共产党成立100周年、深入学习贯彻党的十九届六中全会精神的重要时期，在总结盘点2021年工作任务、推动实现“十四五”良好开局的关键节点，在认真落实巡视整改任务、全力攻坚难点问题的特殊阶段，着眼于“统一思想、凝聚共识，坚定信心、增强斗志，推动农业科技事业高质量发展”，采取“集体学习＋研讨交流”“理论宣讲＋专题辅导”的模式，套开了5次党委理论学习中心组学习会议，安排了3场专题宣讲和辅导报告，开展了党史学习教育第六次研讨交流，进行了分组研讨交流和大会重点发言，做到了时机准、恰逢其时，形式好、内容丰富，成效实、成果丰硕，纪律严、秩序井然。

院党委书记魏胜文在开班式上指出，这次培训班的主要任务是系统学习领会党的十九届六中全会和习近平总书记“七一”重要讲话精神，充分认识总结党的百年奋斗重大成就和历史经验的重大意义，深刻领会党百年奋斗的初心使命、重大成就和历史经验，深入理解中国特色社会主义新时代的历史性成就和历史性变革，教育引导广大党员、干部牢记中国共产党是什么、要干什么这个根本问题，坚定理想信念、牢记初心使命，把从党百年奋斗历程中汲取的智慧和力量，转化为推动农业科技事业高质量发展的实际行动。全体参训人员要珍惜学习机会，端正学习态度，严肃学习纪律，抓好学习成果转化，确保研讨培训班顺利进行、取得实效。

培训班上，魏胜文聚焦党的历史发展的主题主线、主流本质，紧扣党的百年奋斗重大成就和历史经验，突出中国特色社会主义新时代，沿着《中共中央关于党的百年奋斗重大成就和历史经验的决议》结构线、党史脉络线、时代课题线，从整体到局部、从概括到具体、从过去到现在，做了学习贯彻党的十九届六中全会和习近平总书记“七一”重要讲话精神宣讲报告，系统宣讲了总结党的百年奋斗重大成就和历史经验的重要意义、党的百年奋斗的初心使命和4个历史时期的重大成就、中国特色社会主义新时代13个方面的历史性成就和历史性变革、党的百年奋斗5个方面的历史意义和10条历史经验以及以史为鉴、开创未来的重要要求。

院长马忠明围绕学习贯彻党的十九届六中全会精神推动“十四五”高质量发展，把回顾过去与开启未来、促进发展结合起来，从发展基础与形势、发展思路与目标、重点任务与工作以及保障措施等方面，对全院“十四五”发展做了辅导。省委党校（行政学院）教授吴晓军结合学习贯彻党的十九届六中全会精神，以“深入领会党的百年奋斗的光辉历程和历史意义”为题，围绕中国共产党4个历史时期的重大成就和百年奋斗经验做了党史学习辅导。党委委员、副院长李敏权，贺春贵、宗瑞谦，党委委员、纪委书记陈静，党委委员、副院长樊廷录，党委委员、党办主任、院工会主席汪建国以上率下、带头发言，逐一交流学习贯彻党的十九届六中全会和习近平总书记“七一”重要讲话精神的心得体会，实现了集中学习与研讨交流互促的良好效果。

培训班上，召开了党史学习教育第六次研讨交流会，观看了党史教育专题片《抗美援朝的决策及其影响》，15名中层干部围绕“深刻领会中国共产党成功推进革命、建设、改革的宝贵经验”进行研讨交流。深入开展了分组研讨交流，4个分组代表围绕学习党的十九届六中全会和习近平总书记“七一”重要讲话精神，结合学习培训，谈思想认识、谈心得体会；结合工作实际，谈发展思路、谈工作举措，进一步充实了头脑、开拓了思路。与会人员一致认识到，历史是最好的教科书，只要把党史学好，把党的历史经验传承好，就能正确判断形势、科学谋划发展、把握工作主动。

结业式上，4个分组召集人和4名分组代表汇报了学习培训成果、交流了心得体会。大家普遍感到，这次研讨培训主题突出、特色鲜明、形式新颖、内容丰富，理论解读有高度、研讨交流有精度、辅导报告有深度，是一次针对性强、实效性强的培训。培训人员一致认为，通过学习培训，达到了理论知识“再丰富”、理想信念“再增强”、党性修养“再锤炼”、工作本领“再蓄能”的目的，要从党的百年历程中汲取智慧和力量，奋力开创农业科技事业高质量发展的时代篇章。

魏胜文做了研讨培训班结业讲话，对研讨培训情况进行了总结，并就下一步学习贯彻党的十九届六中全会和习近平总书记“七一”重要讲话精神强调了四个方面的意见。一要以“衣带渐宽终不悔，为伊消得人憔悴”的执着，持续抓好理论学习，把学习贯彻全会和习近平总书记重要讲话精神作为重中之重，作为党史学习教育的核心内容，组织党员干部认真学习，深入开展研讨交流，全覆盖开展教育培训，进一步做到学史明理、学史增信、学史崇德、学史力行，达到学党史、悟思想、办实事、开新局的目的。二要以“雄关漫道真如铁，而今迈步从头越”的坚定，奋力实现良好开局，充分发挥党的建设引领保障作用，纵深推进从严管党治党，认真落实全面深化改革，统筹好疫情防控与各项工作，统筹好发展和安全，持续巩固深化脱贫攻坚成果与乡村振兴有效衔接，全力做好科技创新和成果转化等各项工作，确保“十四五”开局之年顺利收官。三要以“咬定青山不放松，立根原在破岩中”的韧劲，持续抓好巡视整改，要拧紧螺丝、上紧发条、压实责任，坚决克服“松口气、歇歇脚”的懈怠心理和厌倦情绪，紧盯剩余问题强化攻坚落实，持续巩固提升 3 个月整改成效，扎实抓好省委党建专项检查反馈问题整改，确保高质量完成各项巡视整改任务。四要以“不要人夸颜色好，只留清气满乾坤”的作风，自觉加强廉洁自律，把纪律挺在前面，以违纪违法案件为镜鉴，以案促改、警钟长鸣，深刻吸取教训，举一反三，引以为戒，切实筑牢廉洁从政防线。

纪检监察工作

2021年，在甘肃省农业科学院党委的坚强领导下，在省纪委监委派驻省农业农村厅纪检监察组的精心指导下，院纪委认真学习贯彻习近平总书记全面从严治党重要论述，贯彻落实中央纪委五次全会和省纪委五次全会部署，依规依纪依法监督执纪问责，勇于担当、不负重托、不辱使命，为全院“十四五”发展实现良好开局提供了坚强保障。

一、坚持学思践悟，持续加强理论武装

坚持用党的创新理论凝神聚魂。组织纪检监察干部深入学习习近平新时代中国特色社会主义思想，深刻领会习近平总书记治国理政新理念新思想新战略，深刻把握全面从严治党的政治引领和政治保障作用，增强政治意识、提高政治能力、坚定政治方向。

推动党史学习教育走深走实。督促全院各级党组织深入开展党史学习教育，讲廉政党课90多次、交流学习体会160多次。督促指导党员干部深入学习“四史”，深刻领悟党的百年奋斗重大历史成就和历史经验，深刻领会以伟大自我革命引领伟大社会革命的战略思想，进一步坚定历史自信、增强历史主动，切实把学习成果转化为推进工作的思路举措。

二、坚持引领带动，持续加强政治监督

加强对落实“两个维护”的监督。督促院属单位和党员干部职工增强“四个意识”、坚定“四个自信”、做到“两个维护”，时刻同党中央精神对标对表，坚决贯彻党的路线方针政策、习近平总书记重要指示批示和党中央重大决策部署。坚决杜绝在谋划和推进过程中另搞一套、各行其是。

加强对“十四五”开局起步的监督。督促院属单位准确贯彻“三新一高”发展战略，找准促转求变的着力点和突破口，全面贯彻“十四五”规划，补齐短板弱项，开好局起好步。紧盯“四个不摘”，督促院属单位立足职责定位，主动担当作为，服务巩固拓展脱贫攻坚成果和乡村振兴。

加强对各级党组织履行管党治党主体责任的监督。坚持把全面从严治党与业务工作同部署、同落实、同检查、同考核，提请院党委召开专题会议研究党风廉政建设工作4次，召开院纪委委员会议专题研究纪检监察工作3次。召开全院深化全面从严治党工作会议，总结2020年工作，安排2021年任务。制定印发“2021年纪检监察工作要点”，建立监督责任清单21条。修订完善“党风廉政建设和反腐败重点工作责任书”，与29个院属单位（部

门）签订责任书。

加强对“一把手”和领导班子的监督。贯彻《中共中央关于加强对“一把手”和领导班子监督的意见》和省委“若干措施”，加强对贯彻执行民主集中制、“三重一大”和“三不一末”的监督，加强对依规依法履职用权、担当作为、廉洁自律的监督。督促推动党组织全面从严治党主体责任、党政主要负责人第一责任、领导班子成员“一岗双责”与纪检监察部门监督责任贯通联动、一体落实。

三、坚持严管厚爱，持续加强日常监督

注重制度完善。着眼提升制度的针对性和有效性，督促职能部门和院属单位修订完善经济责任审计、廉政风险防控、财务管理、考勤管理、议事决策、项目管理、科技奖励、督查督办、合同管理、公务用车等方面的制度98项。

注重廉政风险防控。紧盯重点领域、重点岗位、重点工作，督促院属单位排查基建工程、科研经费使用、国有资产管理、物资采购等方面廉政风险点92个，制定防控措施104项。从关键环节入手，针对基建工程、物资采购等工作，探索符合农业科研单位实际、切实可行的加强全过程监督的途径、办法。

注重同级监督。院纪委书记就纪检监察工作与院党委书记进行专题会商，与院长进行专题沟通，对相关院领导进行了约谈、提醒。25个院属单位党组织纪检委员（纪委书记）与党组织书记就纪检工作进行专题会商，推动全面从严治党政治责任落实落地。

注重抓小抓早。对苗头性、倾向性问题早提醒早告诫早谈话，防止小错酿成大错、违纪变成违法。召开廉政集体约谈会议，院党政主要领导和纪委书记对院属29个单位（部门）66名领导干部进行廉政集体约谈。督促开展分级约谈，院领导约谈院属单位（部门）负责人200多人次，全院各级领导约谈1 000多人次，实现了约谈全覆盖。召开全院财务工作会议，院主要领导、纪委书记、分管领导分别对院属单位负责人和财务人员共100多人进行约谈提醒，督促增强规矩意识、强化制度执行、防范财务风险。

注重精准规范问责。精准运用监督执纪“四种形态”，依规依纪依法处置问题线索6件，给予党纪、政务重处分1人，党纪轻处分1人。配合省纪委监委相关部门、驻厅纪检组核查问题线索，加大与驻厅纪检组联合办案力度，主动向上级纪检监察部门学习，不断提升办案质量和问题线索处置规范化水平。

注重廉政教育。督促院属单位开展全面从严治党集中学习教育活动140多场次、警示教育50多场次，教育提醒党员干部职工增强纪律规矩意识，筑牢思想防线，廉洁从政从业。紧盯重要节点，提醒督促党员干部职工落实中央八项规定精神，坚持道德“高线”，守住纪律“红线”，不碰法律“底线”。坚持惩治极少数、教育大多数，以责任追究、问题整改等加强警示教育，用身边事教育身边人。

注重规范管理。进一步理顺信访工作承办部门，明确院纪委不再承担纪检监察以外的信访工作。开展信访举报大起底和重复举报治理落实，督促责任单位妥善处置群众反映强烈的突出问题和历史遗留问题。加强与驻厅纪检组的沟通联系，及时报送监督情况55条、监督检查报告16份，做到了月月“有数据、见台账”。严把“党风廉政意见回复”关，出具84人次党风廉政意见书。加强廉政档案管理，新

建、更新86名领导干部廉政档案。

四、坚持精准施策，持续加强专项监督

加强专项巡察整改监督。针对深化科技领域突出问题集中整治专项巡察和自查自纠“回头看”发现的问题，督促院属单位查找根源、制定方案、抓好整改。会同驻厅纪检组年初、年终2次深入被巡察单位督查整改情况。7个被巡察单位整改满意度年终测评均达到93%以上。督促未列入专项巡察的其他单位对照检查、同步整改。通过抓整改落实，督促院属单位进一步规范科研项目管理和科研经费管理使用，改进科研作风。

有序推进经济责任审计。制定实施《甘肃省农业科学院院属法人事业单位领导人员经济责任审计暂行办法》。经公开招投标，以购买服务的方式委托第三方完成10个单位22名领导人员经济责任现场审计。

加强疫情防控监督。督促院属单位把思想和行动统一到习近平总书记关于疫情防控的重要讲话和指示批示精神上来，统一到省委省政府决策部署和院党委院行政工作安排上来，严守疫情防控“八个严禁”纪律要求，保持高度警惕，从严从紧落实防控责任，从细从实落实防控措施，做到守土有责、守土尽责。

开展整改“回头看”。结合党史学习教育，督促院属单位对以往巡视巡察、经责审计、专项整治等反馈问题、“不忘初心、牢记使命”主题教育检视问题整改情况进行自查自纠，梳理查找问题178个，完成整改170个、长期整改8个。

加强监督检查。会同驻厅纪检组对院属单位党风廉政建设、巡视巡察整改、违反中央八项规定精神自查自纠、“六个一”活动进展情况等进行考核督查，重点抽查12个单位，推动重点任务落实落地。督促相关职能部门做好开展深化改革、选人用人、意识形态、绩效发放、编制核查等方面的专项监督检查。

五、坚持紧盯不放，持续督促巡视整改

主动接受巡视监督。专题向巡视组汇报全院纪检监察工作和院纪委履职情况以及上轮巡视移交问题线索处置情况。督促院属单位支持配合巡视组监督检查和下沉调研。

督促抓实抓细巡视整改。及时跟进督促即知即改，针对巡视组向院党委反馈的5个立行立改问题和听取工作汇报时指出的2个问题，第一时间向相关部门了解情况，实地检查，督促整改。按照“四个不放过”要求，督促责任单位切实整改巡视反馈的4个方面14个问题89个具体问题，做好巡视整改“后半篇文章”。以责任追究推进整改，制发纪检建议6份、工作提示2份，告诫约谈8个单位、提醒约谈5个单位。督促院属单位把“当下改”和“长久立”相结合，加强源头治理，完善制度机制。

抓好牵头任务整改。落实落细整改工作，牵头整改的限期3个月的3个问题、限期6个月的1个问题已完成整改，限期1年的4个问题有了阶段性进展。配合整改3个问题已整改到位。坚持纪在法前、纪严于法，着眼规范程序，会同院属有关部门和单位完成1项重点任务整改。

分类处置巡视移交问题线索。落实双报告要求，分别向驻厅纪检组和院党委汇报巡视移交的14件问题线索。做好登记分类，梳理出

具体问题 44 个，分为重复类、个人诉求类、了解关注类。实施分类处置，重复类登记备查；个人诉求类按职能职责转院有关部门办理并做好解释说服、疏导调解工作；了解关注类综合院属单位说明和调阅资料掌握的情况，经综合分析研判，按照经告诫提醒约谈予以了结、经整改到位予以了结、线索核查三种方式处置。综合运用监督执纪“四种形态”，给予党纪处分 1 人，告诫提醒约谈 13 个单位，告诫谈话 25 人次，提醒谈话 9 人次。

六、坚持纠树并举，持续加强作风建设

按照《中共甘肃省纪委办公厅关于坚持不懈推动落实中央八项规定精神的意见》，督促推动中央八项规定精神落实落地。立足农业科研单位实际，梳理了 7 个方面 34 项违反中央八项规定精神问题清单。督促院属单位对照清单自查自纠问题 30 个。紧盯驻厅纪检组重点督办的 6 个问题，督促责任部门提高认识、认真核实、抓好整改。持续推进“作风建设年”活动，坚决反对形式主义、官僚主义，整治落实政策令不行、禁不止，服务群众推拖绕、冷硬横，履职尽责不担当、不作为，基层减负做样子、假整改等问题。坚决反对享乐主义、奢靡之风，严查公务消费中的违规违纪问题，严查违规收送礼品礼金、违规支出变通下账、婚丧喜庆拆分举办和礼金明拒暗收等问题，严查违规发放津贴补贴、以公务接待名义大吃大喝等问题。纠“四风”树新风，既纠治作风方面的问题，又督促职能部门切实履行职责，正学风、转文风、改会风、提质效，在全院大力弘扬科学家精神，教育引导党员干部职工努力践行拼搏进取、自觉奉献的爱国精神，求真务实、勇于创新的科学精神，团结协作、淡泊名利的团队精神，营造积极进取、干事创业的良好氛围。

七、坚持从严要求，持续加强队伍建设

提升政治素质。加强理论武装，不断提升纪检监察干部的“政治三力”。坚持纪检监察工作的正确方向，增强“四个意识”，坚定“四个自信”，做到“两个维护”，始终在思想上政治上行动上同党中央保持高度一致。

增强业务能力。以党的十八大以来纪检监察工作法规、制度、文件为重点，加强纪检监察业务知识学习。选派 6 人次参加省纪委举办的纪检监察业务培训和知识测试。坚持以干代训，1 人配合驻厅纪检组核查案件。作为承办单位，协助驻厅纪检组在省农科院举办纪检业务培训班，并选派院纪委委员、院属单位党组织书记、纪检委员（纪委书记）及院纪委全体干部 40 多人参加培训。

优化队伍结构。对院纪委 1 名工作人员进行轮岗交流。向院党委建议并落实院属单位党组织纪检委员（纪委书记）由单位领导班子成员担任。

锤炼过硬作风。按照打铁必须自身硬的要求，一以贯之抓纪律执行、锲而不舍抓干部作风，锤炼严细深实的工作作风，不断增强凝聚力、战斗力。

七、 咨询建议及管理服务

关于提倡和推广食用全麦粉的建议

《甘肃农业科技智库要报》 2021年第1期

作者：马忠明、周文麟、张国宏、蔺海明、王茜

小麦是我国北方及甘肃省人民的主要口粮，但当前市场上供应的小麦面粉均为特粉、标准粉，浪费了大量的营养物质和珍贵的粮食资源。全社会推广食用全麦粉，既有利于人体健康，践行建设健康中国的理念，也能节约大量粮食资源，为保障国家粮食安全做出贡献。

全麦粉是保留了小麦麸皮和胚芽而加工成的面粉，用这类面粉加工成的食品称为全麦食品。小麦籽粒主要由皮层、胚芽和胚乳3部分组成。其中胚乳约占总量的82%，麸皮约占15%，胚芽约占3%。小麦麸皮和胚芽虽然仅占总量的18%左右，但其所含的膳食纤维素、维生素和矿物质、微量元素却占到60%～70%，最高组分可达90%以上。在生产特粉、标准粉过程中，小麦麸皮被当作副产品，常用于畜禽饲料、生产酱油和食醋等方面，给小麦直接利用造成了大量营养物质损失，长期食用这种面粉，也不利于人体健康。

一、推广食用全麦粉有利于身体健康

全麦食品具有重要的生理功能和营养特性，对预防糖尿病、高脂血症、高血压、肥胖症等有着积极意义。全麦食品富含膳食纤维，能够改善肠胃功能，保护肠胃健康，减少肠道对油脂等物质的吸收，预防肥胖症，降低癌症发病率，降低血脂，预防心血管病；全麦食品中含有丰富的不饱和脂肪酸、维生素E和黄酮类物质，具有抗衰老和调节代谢的作用；全麦食品富含钙、钾、镁、磷等矿物质元素及多种维生素、胡萝卜素、烟酸等；全麦食品中所保留的麸皮、胚芽所含的蛋白质比例较高，氨基酸比例适中，品种齐全，品质可与大豆蛋白相媲美。现在国人对健康和粮食安全问题日益重视，推广食用全麦粉应受到高度关注。

二、推广食用全麦粉可以节约大量的粮食资源

据研究资料显示，当前面粉生产过程中产生的麸皮等副产品约占到小麦重量的22%～25%，而这些宝贵资源没有得到更高价值的利用。初步估算，如果把加工生产特粉、标准粉改为加工生产全麦粉，就能提高出粉率20%

左右，倘若全省全麦粉加工率能达到面粉总量的 50%，就相当于将全省小麦面粉利用率提高 10%。甘肃省 2018 年小麦总产量 280 万吨，据此估算，就可多利用食材 28 万吨，相当于 187 万人一年的小麦消费量（人均 150 公斤），这是一笔非常巨大的优质粮食资源，应该引起高度重视。

三、推广食用全麦粉的机遇

当前推广食用全麦粉有了新机遇，第一是习近平主席发出保障粮食安全和建设健康中国的伟大号召。习近平主席强调指出，“对我们这样一个有着 14 亿人口的大国来说，农业基础地位任何时候都不能忽视和削弱，手中有粮、心中不慌在任何时候都是真理”。习近平主席对制止餐饮浪费行为作出重要指示，“餐饮浪费现象，触目惊心、令人痛心”！“谁知盘中餐，粒粒皆辛苦”。“尽管我国粮食生产连年丰收，对粮食安全还是始终要有危机意识，今年全球新冠感染疫情所带来的影响更是给我们敲响了警钟”。习近平主席还指示，“要把人民健康放到优先发展的战略地位”。习近平主席站在民族长远发展和民族伟大复兴的战略高度，发出了推进健康中国建设和保障粮食安全的动员令。

第二是公众对培育健康文明的生活方式、预防疾病、节约粮食、保障粮食安全日益重视。

第三是国家粮食和物资储备局已经发布了全麦粉粮食行业标准，为全麦粉生产、检验、食用提供了法规依据。

当前推广食用全麦粉也遇到一些障碍，首先是广大公众对食用全麦粉的好处不认识不理解，形成了食用特粉营养丰富的错误观念。其次是特粉比全麦粉色感好，口感也好，而全麦粉的白度相对较差，影响商品销售。另外全麦粉加工比较费时费力，保质期短，产品销售价格比较低，造成面粉企业比较效益下降，企业往往不愿生产。

综上所述，积极推广食用全麦粉是一件简便易行、利国利民的好事，全省人民应当积极参与，从自己做起，为保障粮食安全、促进健康中国建设贡献力量！

四、推广食用全麦粉的几点建议

一是大力宣传节约光荣、浪费可耻的思想观念，大力弘扬中华民族文明健康的优秀传统，努力使推广食用全麦粉在全社会蔚然成风。各级党政军机关、事业单位、大中学校、人民团体、国有企业、领导干部，都要率先垂范。科技人员要积极作为，广泛进行科普宣传，让广大消费群体充分了解全麦粉、认可全麦粉，掌握全麦粉的营养价值及保健功效，了解食用全麦粉的好处和重大现实意义，引导全社会形成食用全麦粉的良好风尚。

二是粮食主管部门要抓住新机遇，积极组织粮食加工企业、销售企业共同担当起节约粮食的光荣重任，加大生产、供给全麦粉的力度。采取有效措施，认真研究解决生产全麦粉过程中出现的新问题，排除推广食用全麦粉障碍。

三是要充分发挥政府的引导力和公信力，号召广大消费者从促进健康、节约粮食、保障粮食安全的高度积极推广食用全麦粉。

四是加强科技创新。第一是加大人才和资金投入，开展提高小麦蛋白质含量和人体必需氨基酸含量遗传育种研究攻关，使之更富于营养，更利于人体健康。第二是全力攻克全麦粉加工费时费力、保质期短、口感较差等方面的制约瓶颈，为大力推广全麦粉排除障碍。

（马忠明系全国政协委员，甘肃省农业科学院院长、二级研究员；周文麟系原甘肃省科协副主席，研究员；张国宏系全国先进工作者，甘肃省农业科学院二级研究员；蔺海明系甘肃农业大学教授；王茜系原甘肃省粮食科学研究所工程师）

加强盐碱地治理，提升耕地质量的建议

《甘肃农业科技智库要报》　　2020 年第 2 期

作者：钱加绪、车宗贤、张仁陟、郭全恩

长期以来，全省高度重视盐碱地治理工作，省委、省政府主要领导多次对盐碱地治理工作进行了批示。在《甘肃省“十三五”现代农业发展规划》《甘肃省“十三五”耕地质量提升行动总体规划（2016—2020）》中，将盐碱地治理列为推动全省农业发展的一项重要工作。2017 年，根据省委、省政府主要领导的要求，制定了《甘肃省人民政府办公厅关于盐碱耕地治理与综合利用发展的意见》和《甘肃省盐碱耕地治理与综合利用扶持办法》，进一步明确了工作思路，细化了具体措施。2019 年，为落实习近平总书记《在黄河流域生态保护和高质量发展座谈会上的讲话》精神，结合全省盐碱地改良现状，制定了《甘肃省黄河流域盐碱地改良建设工程实施方案（2020—2025）》。一系列政策和文件的出台，对全省盐碱地治理和改良提供了基本遵循。但是目前，甘肃省盐碱地面积仍有 2 121.12 万亩，其中盐碱耕地 500 多万亩，主要分布在河西走廊和沿黄灌区，这两个区域都是甘肃省粮食主产区，土壤盐碱化已造成该区域土地生产能力减退。各项政策措施落地不够，齐抓共管的机制未能形成，盐碱地的治理成效不够明显，形势不容乐观。

一、甘肃省盐碱地治理概况

甘肃省盐碱地占全省耕地总面积（二调耕地总面积，以下同）的 6%以上。其中，轻度盐碱耕地占 2.7%；中度盐碱耕地占 2.2%；重度盐碱耕地占 1.1%。

1949 年以前，甘肃盐碱地治理主要依靠干排积盐地调节盐分平衡，由于耕地面积小，干排积盐地面积大，所以耕地土壤盐渍化相对不很严重。新中国成立后进行了大规模开荒造田，而开垦的土地大多是灌区内和灌区边缘的干排积盐地，从而改变了原有的水盐平衡状况，在不同阶段，改良和治理措施不同，土壤盐渍化状况不同。

20 世纪 50 年代初直到 60 年代中期，为大规模开荒时期。在开荒的同时，由于大量修建平原水库，重灌轻排，灌排渠系不配套，造成地下水埋深抬高，次生盐渍化发展迅速。为了洗盐，又得加大灌溉定额，形成盐渍化越重灌水越多，灌水越多盐渍化越重的恶性循环，使不少地区土地弃耕，形成“盐赶人走”的被动局面，粮食平均单产仅 1 000～1 300公斤/公顷。

20 世纪 60 年代中期到 80 年代初，各地大规模开荒已结束，耕地面积相对稳定。由于前一阶段地下水位大幅上升，次生盐渍化还不断发展，危害越来越严重，虽提出“以水为纲，综合治理”，但主要是靠挖排水渠，以明排为主，个别地方虽有竖井排，但不普遍。这一阶段虽强调综合治理，但实际没有落实，因而土壤盐渍化仍有发展。

从 20 世纪 80 年代中期到 90 年代中期，虽明排仍是改良盐碱地的主要措施，但已由过去的人工开挖和清淤转变为机械，初步形成配套的排水系统。同时结合地下水开发，发展竖井排灌，在武威、张掖和酒泉等地已取得显著成效。另外还大力进行水利建设，初步形成沟、井、站结合的排水体系。通过“灌、排、平、肥、林”综合措施，使土壤盐渍化得到有效控制，少数还建成稳产高产田。

从 20 世纪 90 年代中后期，甘肃疏勒河综合开发开垦了一部分荒地，这些新增耕地绝大部分都有不同程度的盐渍化。另外，引大入秦灌区、景泰川高扬程黄灌区，灌溉后引起地下水位升高也使得土壤盐渍化在不断发展。原有耕地盐渍化在减轻，大部分向脱盐方向发展，而新垦土地盐渍化在不断发展，又增加了新的盐渍土面积。

进入 21 世纪以来，随着农业发展速度加快和土地资源开发利用强度的提高，一些地区原有的盐渍化问题加剧，同时还出现了一些新的盐渍化问题。治理主要采取明沟暗管、膜下滴灌、秸秆还田、绿色覆盖和施用化学改良剂等措施。尽管做了很多工作，但不系统，所以治理成效不太显著。

二、甘肃省盐碱地存在的问题分析

甘肃河西走廊和沿黄灌区，气候干旱，土壤蒸发强烈，土壤中的水分含量极少，导致在地表蒸发过程中地下水会沿着土壤毛细管上移，盐分随之上移，水分随蒸发过程耗散于大气，而盐分则留在土壤表层，当盐分离子积累达到一定高的浓度时，就发生土壤盐渍化。甘肃省独特的地理、气候条件造就了甘肃省土壤盐渍化的独特性，主要表现在以下四个方面：

一是甘肃全域耕地（除陇南和甘南外）高 pH（7.8～11），盐碱并存，限制耕地生产力提升，加剧温室气体排放，降低肥料利用率。同时，甘肃省盐碱荒地的盐碱类型多样、限制因素复杂，但面积巨大，没有形成详细的规划和因地制宜的高值利用技术模式。

二是河西走廊灌区，土壤盐渍化表聚加重趋势明显，耕地质量有退化风险。河西走廊灌区，年降水量小（50～190 毫米）蒸发量大（2 000～2 600 毫米），水资源紧缺，由于免冬灌、滴灌等节水措施的应用，盐分表聚，盐渍化程度加重，面积持续扩大。

三是在沿黄灌区的高扬程灌区盐分向低扬程灌区或自流灌区转移聚集，次生盐渍化风险加剧，威胁高产田安全。目前，沿黄灌区有 7 个 20 万公顷规模的高扬程灌区，多年灌溉的盐分向 12.6 万公顷低扬程灌区和 5.6 万公顷自流灌区转移聚集，次生盐渍化风险加剧，部分区域土壤盐分达到重度，无法耕种。

四是甘肃省地膜覆盖和膜下滴灌的大面积应用，土壤盐分累积在根区以外，土壤存在着潜在盐渍化的风险。

三、甘肃省治理盐碱地的建议

一是加强政策的贯彻落实，推动盐碱地治理措施落地。

对于盐碱地治理，省委、省政府已有明确要求和具体的实施方案，现在关键是认识要进一步深化，措施要进一步细化，抓落实的力度要进一步强化。首先，要在全省建立盐碱地治理的责任体系，明确责任和责任人，明确责任分工，细化目标任务。其次是严格落实省政府已经出台的各项政策和措施并设立年度检查考核标准和办法，并将考核结果进行通报，形成全省盐碱地治理良好工作局面。最后是创新有效工作机制，利用财政补贴等办法，激励推广盐碱地治理的各种有效模式，促进技术成果落地。

二是组建盐碱地治理产业技术体系，做好顶层设计，分区分类治理。

建议在甘肃省组建盐碱地治理技术体系（可参照国家现代农业技术体系的设置），设1名首席科学家和8～10名岗位科学家；在盐碱地面积较大的区域，设立综合试验站5～8个，每个综合试验站设1名站长。在此基础上，做好顶层设计。一方面，要根据不同区域盐渍化类型（硫酸盐型、氯化物型）和特点（原生盐渍化和次生盐渍化），分区制订改良策略，以科学合理的开发利用促进生态的有效保护和生产的持续发展，实现多目标有效协同。另一方面，要细化和明确未利用地中需要限制开发的具体地类和相应规模，限制开发需要适当考虑区域特点，条件适宜的地区应允许进行集中保护性开发。更重要的是对新上水利工程，要立足当前，着眼未来，设计不仅要考虑水利工程的科学合理，而且要考虑农田工程的可持续发展。

三是加大科技投入，强化技术指导，推动集成技术普及。

建议甘肃省科技厅设立“盐碱地治理”重大专项，要加大盐碱地治理技术、有效产品的研发力度，依靠科技解决盐碱地治理和耕地质量提升技术单一的问题，加快新型产品应用步伐，探索使用肥料与改良盐碱地一体化产品利用新途径，为盐碱地治理提供新的技术手段。同时，全省要高度重视技术宣传培训工作，形成上下联动的技术指导培训工作格局。要通过广播电视、报纸、网络平台等各种新兴媒体，开展盐碱地改良技术宣传指导，真正让农民掌握技术，全面推进技术的普及应用。通过关键农时的技术培训会议，对各县（区）技术人员就关键技术、效果评价、分析调查等方面进行系统培训，统一思想，提升认识水平。各县（区）技术人员要对部分企业、农民专业合作社及种植大户中的技术人员进行盐碱地改良技术培训，不仅要提高这些农民专业合作社、种植大户的技术应用效果，也要有效扩大宣传范围，提高示范带动作用。

四是科学布点，健全和构建检测体系及监管运维机制。

在健全完善全省耕地质量监测体系的同时，优先在盐碱农田上开展耕地质量监测，科学设立盐碱耕地质量标准化监测站点、常规监测点和一般调查点，为及时掌握盐碱耕地质量动态变化提供技术支撑。与此同时，在全省盐碱耕地上采集土样检测分析，摸清和掌握盐碱耕地盐分现状，为治理和改良提供理论依据。此处还需明确管护责任，落实专项资金，建立动态监测预警体系。利用遥感、大数据、云计算等技术建立动态监测网络系统，对土壤性状、盐分状况、利用情况、生态修复等方面实施定期动态监测，保障盐碱地持续发挥生态、社会和经济效益。

（钱加绪系甘肃省老科技工作者协会副会长兼农业科学分会会长，研究员；车宗贤系甘肃省农业科学院肥料与节水研究所研究员、甘肃土壤肥料协会会长；张仁陟系甘肃农业大学博导、教授；郭全恩系甘肃土壤肥料与节水农业研究所博士、副研究员）

办公室工作

2021年，甘肃省农业科学院办公室紧紧围绕全院中心工作，认真贯彻落实院党委、院行政的决策部署，积极履行参谋助手、督查督办、综合协调、服务保障等职能，较好地完成了各项工作任务。

一、理论学习积极主动

按照院党委统一安排，结合工作特点，院办公室坚持以习近平新时代中国特色社会主义思想为指导，全面贯彻落实党的十九大及十九届历次全会精神和习近平总书记对甘肃重要讲话和指示精神，认真学习党的百年恢宏史诗，感悟思想伟力、体会真理魅力、汲取奋进动力，理解和把握“两个确立”和“两个维护”的政治成果，理解和把握“十个坚持”的历史经验，进一步强化了“不忘初心，牢记使命”的历史责任，使讲政治从外部要求转化为内在主动。

二、以文辅政成效显著

一年来，院办公室深入研究中央和省委、省政府相关文件制度精神，结合全院实际，高质量完成了多篇重要文稿起草工作。特别是向省委办公厅和省政府参事室提交的几份咨询建议均得到采纳，信息报送工作受到省委办公厅书面表扬。同时，在办文工作中，坚决贯彻党中央和省委、省政府关于精简文件、减轻基层负担的决策部署，坚持不该发的文件一律不发，发文数量减少近10%。

三、综合协调高效有序

一年来，始终坚持围绕全院中心工作和阶段性重点工作，加强综合协调。圆满完成了省委、省政府有关领导及相关厅局和兄弟院所来院调研交流接待工作，会议组织和接待更加有序、程序更加规范，全面贯彻院领导指示，从全年任务分解、台账建立、日常协调、服务保障等方面着力，统筹工作安排、统筹领导日程、统筹服务保障，确保政务运转高效。按照时间服从质量的要求，对省委、省政府的工作要求与全院工作部署相结合，细分责任，建立台账，有序推进；协调落实院领导日程320项(次)，在工作的协调落实中提高了工作效率。

四、督查督办务实有力

围绕全院任务分解、重要会议和院领导指示批示等方面内容开展督查督办，有力促进了全院各项重大决策、重要部署和重点工作的贯彻落实。每月采取到期提醒的方式，确保各处室在繁忙的业务工作中事项不遗漏、工作不迟滞、标准不降低。全年督办各类事项457项(次)，巩固和加强了机关工作一盘棋的格局，提高了工作的时效性、精准性。与此同时，以提高工作效率、保证政令畅通、强化执行力为目标，推进督办工作制度化、规范化、程序化，制定出台了督查督办工作制度，建立了有效的工作机制，机关工作一盘棋的格局得到巩固和加强。

五、制度建设不断完善

对全院“十一五”以来制定出台的各项规章制度进行全面梳理，开展制度的“废改立”，修订了《合同管理办法》，制定了《督查督办工作制度》《公务用车管理办法》《公共会议室管理办法》等 4 项制度，并督促相关职能部门共废止制度 16 项、修订 11 项、新制定 7 项，充实完善了现有工作中的缺失和盲点。同时，围绕本部门职能，规范了办文、机要、档案、印章、值班等管理，制度管控得到有效增强。

六、管理服务务实高效

完成了“智慧农科”（一期）协同办公平台的构建，汇集了科研管理、协同办公、文档管理、信息发布、资源管理等功能，实现了电脑端与手机移动端的双向互补，实现智慧办公。开展了全院文秘、保密及档案管理培训班，提升了办公室工作人员的业务能力和工作水平。编印出版了《甘肃省农业科学院年鉴》，使其成为公开发行并且多维度宣传的史料。畅通了信访接待，接管了信访信息平台的管理任务，及时办理相关信访要件，落实院领导接待日制度，畅通了职工反映社情民意的渠道，和谐院所建设进一步得到加强。强化档案建设，全面收集整理各类档案资料 4 216 卷/件。开发优化档案管理系统，规范推进档案数据建设。做好档案管护及利用，为科研工作、工程建设、巡视巡查、精神文明建设、职工权益维护等提供各类档案 3 647 卷/件。在全省档案考核中，继续名列省直单位前列，保持了省特级称号，1 人被评为全省档案工作先进个人。提高办文效率，做到急事急办、特事特办，全年呈转来文来电 1 645 份，传阅 852 件次，督办 458 件。继续协调好法律顾问，让合法性审查成为保障院决策科学性的重要环节；规范公务接待，在落实中央八项规定精神的前提下，确保接待热情规范有序；加强服务保障，做好办公用房调整，公务用车、创新大厦电梯、会议室的管理及视频会议服务，保障好公务车的安全出行，全年 6 位司机安全运行 15 多万公里，协调服务各单位会议室 521 场次。

七、机要保密安全可靠

严格落实保密管理规定，强化保密整治，全面落实习近平国家安全观，组织开展涉密人员庆祝中国共产党成立 100 周年保密知识竞赛，开展微信泄密专项整顿行动，举办全院保密工作会议和保密知识培训，切实做好保密工作的清查及规范管理，有效提升了院属各部门各单位的保密意识和保密能力，确保了党和国家信息运转安全可靠。1 人被评为全省保密工作先进个人。

中共甘肃省委办公厅

感谢函

省农业科学院办公室：

2020年，贵单位坚持以习近平新时代中国特色社会主义思想为指导，全面贯彻党的十九大和十九届二中、三中、四中、五中全会精神，认真落实中央和省委有关信息工作要求，聚焦中央和省委重大决策部署，充分发挥贴近基层、贴近群众优势，及时准确全面地向省委办公厅报送了大量基层社情民意和第一手鲜活信息，为省委领导了解情况、科学决策和指导工作发挥了重要作用，工作成效明显。

日复一日勤耕耘，字斟句酌书华章。《甘肃信息》一年来取得的成绩，得益于各级党委领导的高度重视，得益于各级党办部门的大力支持，得益于信息战线全体同仁的辛勤付出。在新春即将来临之际，谨向贵单位各级领导和信息战线的同志们长期以来的支持帮助表示衷心感谢！祝大家工作顺利、身体健康、阖家幸福！

2021年是实施“十四五”规划、开启全面建设社会主义现代化国家新征程的开局之年，希望贵单位增强“四个意识”、坚定“四个自信”、做到“两个维护”，坚持问题导向，把握工作重点，优化服务职能，为服务省委决策、服务全省经济社会发展作出新贡献，以优异成绩庆祝建党100周年。

省委办公厅综合信息处

2021年元月

财务工作

2021年，甘肃省农业科学院财务资产管理处紧紧围绕全院中心工作，根据本部门的实际情况和年度重点工作任务，精心安排，通力合作，较好地完成了各项工作任务。

一、提高站位，强化政治理论学习

持续深入学习贯彻习近平新时代中国特色社会主义思想，全面贯彻落实党的十九大，十九届历次全会精神以及习近平总书记对甘肃重要讲话和指示精神，增强“四个意识”、坚定“四个自信”、深刻理解并以实际行动忠诚拥护“两个确立”、坚决做到“两个维护”。按照院党委统一安排，按照党支部标准化建设要求，加强支部建设，严肃党内政治生活，定期开展“三会一课”、主题党日等活动，增强支部的凝聚力。巩固和深化“不忘初心、牢记使命”主题教育成果，扎实开展党史学习教育，深入学习习近平总书记“七一”重要讲话精神，积极开展“为民办实事”实践活动，为全处事业发展提供坚强保障。

二、强化措施，制度建设日臻完善

针对全院财务管理中存在的报销流程多、报销手续繁杂、财务制度执行不一致、下放政府采购权限不够等问题，对财务管理制度进行了健全完善，制定出台了《甘肃省农业科学院预算管理办法》《甘肃省农业科学院财务管理办法》《甘肃省农业科学院国有资产管理办法》及《甘肃省农业科学院政府采购管理办法（试行）》，进一步规范全院财务管理，统一度量衡，逐步形成全院财务管理一盘棋的格局。

根据财政部《行政事业单位内部控制规范（试行）》和《关于全面推进行政事业单位内部控制建设的指导意见》等文件精神和要求，牵头完成了全院内控体系建设工作。梳理完善了预算管理、人事人才管理、建设项目管理、收入支出管理、政府采购管理、资产管理、科研管理、合同管理等经济业务流程，编制发布了《甘肃省农业科学院内部控制手册》。全院内部控制体系的建立和实施，形成人人重风险防范、强化自我责任意识的良好氛围，各项制度和业务流程得到全面梳理，决策、执行、监督内控机制更加完善，形成了管控合力，内部控制制度步入规范化和制度化管理轨道。

三、围绕中心、统筹兼顾，注重绩效，预算管理工作稳步提升

根据《甘肃省财政厅关于2021年省级部门预算的批复》文件，统筹兼顾，早测算、早下达，开展院内预算分解工作。按照坚持保障和改善民生、着力保障重点工作、严格贯彻落

实“过紧日子”要求，确保职工工资、社保支出需求；统筹安排资金，足额落实职工取暖费福利待遇，确保职工过渡期奖励性补贴发放，切实增强职工的获得感、幸福感，也为基层减负；突出重点，合理安排部门管理服务专项，保证管理及后勤保障工作正常开展，重点保障院中心工作落实和重点支出需要。严格落实“党政机关要坚持过紧日子”要求，进一步调整优化支出结构，严格控制一般性支出，按照“零增长”的原则安排机关和研究所公用经费。

优化资源配置，全面推进预算绩效管理。按照“谁申请项目、谁设定绩效目标”的要求，通过项目申报环节同时申报绩效目标、执行期间加强绩效监控、年度执行完毕开展绩效自评等措施，着力加强项目预算绩效管理。按照“全方位、全过程、全覆盖”绩效管理要求，开展了院属预算单位整体支出绩效自评工作，通过绩效管理实践，进一步提高财政资金配置效率和使用效益，提升资金使用单位绩效管理水平。

四、高效规范，切实强化国有资产管理工作

积极与财政部门沟通，在保障机构运行、项目执行的前提下，编制了2021年省级行政事业单位资产配置预算及年内追加预算，有效保障了全院机构运行及项目预算经费的支出进度。圆满完成2021年资产预算配置工作。简化程序、加快进度，积极配合各建设单位和相关部门，完成国家土壤质量凉州观测试验站、国家土壤质量镇远观测实验站、国家土壤质量安定观测实验站、国家种质资源渭源观测实验站、国家农业环境张掖观测实验站、农业农村部西北特色油料作物科学观测实验站、动物营养与饲料研究中心等7项建设项目政府采购意向公开及政府采购工作。进一步规范了各单位政府采购行为。

根据《甘肃省财政厅　甘肃省机关事务管理局关于开展省级行政事业单位房屋等国有资产专项工作的通知》要求，及时安排部署，制定工作方案，圆满完成专项整治清理工作。

五、强化担当，积极推进巡视整改工作

按照院党委《关于印发〈中共甘肃省农业科学院委员会关于省委第九巡视组反馈意见的整改落实方案〉的通知》《关于印发〈省委第九巡视组关于巡视省农业科学院党委的反馈意见〉和魏胜文同志表态发言的通知》要求及整改分工，对10个具体问题进行监督整改。财务处高度重视巡视反馈意见整改工作，制定整改台账，及时安排，真改实改，并于2021年8月24日按期报告了整改时限为1个月的4个问题整改结果。持续整改的6项问题严格按照整改方案积极推进并取得阶段性成效。

六、增强服务意识，做好日常财务管理工作

严格贯彻执行国家、省有关财政政策法规，按照先有计划后有支出、先有预算后有支出的管理要求，细化核算标准，优化工作程序，严格报销审核工作。严格结转资金管理，针对结转资金量较大的状况，结合农业科研项目季节性强的特点，通过督促、提醒，各单位领导认识明显增强，项目执行进度加快，除受疫情影响部分建设及进口设备采购类项目执行进度缓慢、结转资金量较大外，总体上结转资

金总量控制较好。

七、聚焦能力建设，强化业务培训，培养高层次财会人才

组织召开了全院财务管理工作会议并举办财务人员能力提升培训班。聚焦保障能力建设、提升服务全院科技创新事业发展能力、为“十四五”全院财务工作新发展设定了新目标，同时也就加快财务人员转型培养，建立常态化培养机制和考评激励机制，培养管理型、复合型会计人才提出了新的要求。常态化组织财务人员完成继续教育网上学习培训工作。创造条件，积极支持入选甘肃省第四批会计高端人才库人员脱产参加学习培训，推荐财务人员积极参加外交部驻外财务干部选拔考试。

经费收支情况

2021年度院属各单位经费收入情况一览表

单位：万元

单位名称	合计	财政拨款收入							事业收入		
		小计	机构运行经费	离退休费	社保经费	抚恤金	改制政策性补贴	财政拨款科研专项	小计	非财政拨款项目收入	其他事业收入
院本级	7 748.54	7 129.74	2 408.83	42.98	362.30	20.21	1 575.79	2 719.63	618.80	590.95	27.85
作物所	2 774.27	1 658.67	800.19	6.05	196.45	11.18		644.80	1115.60	897.17	218.43
土肥所	1 845.35	1 040.13	576.77	4.00	154.36			305.00	805.22	679.00	126.22
马铃薯所	1 401.75	976.49	371.33	1.90	97.06			506.20	425.26	235.27	189.99
植保所	1 673.28	1 074.54	576.00	16.07	146.47			336.00	598.74	373.49	225.25
旱农所	1 959.13	1 117.83	572.57	2.30	135.56			407.40	841.30	545.91	295.39
林果所	1 448.85	855.50	555.93	3.35	146.22			150.00	593.35	408.16	185.19
农经所	973.46	637.40	392.57	2.10	101.12	15.61		126.00	336.06	55.54	280.52
蔬菜所	1 461.16	995.87	623.64	3.30	155.76	9.17		204.00	465.29	338.14	127.15
生技所	824.91	572.11	366.13	0.80	89.18			116.00	252.80	161.88	90.92
加工所	1 485.93	1 142.48	478.10	1.90	127.48			535.00	343.45	343.45	
畜草所质标所	1 238.83	759.56	453.45	1.60	109.51			195.00	479.27	250.24	229.03
经啤所	1 106.82	801.96	405.71	2.00	98.25			296.00	304.86	269.70	35.16
小麦所	665.32	533.64	318.84	1.90	70.90			142.00	131.68	88.42	43.26
后勤中心	909.17	662.45	546.41	0.70	63.14			52.20	246.72		246.72
合　计	27 516.77	19 958.37	9 446.47	90.95	2 053.76	56.17	1 575.79	6 735.23	7 558.40	5 237.32	2 321.08

说明：院本级包括院财务处、试验站。

2021 年度院属各单位经费支出情况一览表

单位：万元

单位名称	合计	工资福利支出	商品和服务支出	对个人和家庭的补助支出	资本性支出（基本建设）	资本性支出	对企业补助
院本级	7 076.43	1 651.33	1 769.44	501.08	359.51	1217.58	1 577.49
作物所	2 393.77	989.28	1 163.32	135.71		105.46	
土肥所	1 705.50	683.78	976.61	22.14		22.97	
马铃薯所	1 321.89	598.21	436.99	50.25	213.93	22.51	
植保所	1 686.42	809.68	776.36	86.23		14.15	
旱农所	2 118.94	621.74	1 267.99	74.59		154.62	
林果所	1 474.31	715.82	600.15	86.47		71.87	
农经所	970.83	399.13	482.25	70.21		19.24	
蔬菜所	1 395.73	632.38	668.70	85.97		8.68	
生技所	801.70	391.25	349.42	53.07		7.96	
加工所	1 728.59	515.86	499.04	70.50		643.19	
畜草所质标所	1 572.05	607.65	659.45	64.20		240.75	
经啤所	837.43	402.72	373.69	54.05		6.97	
小麦所	656.56	349.11	269.25	38.20			
后勤中心	1 059.13	390.69	652.28	13.43		2.73	
合　计	26 799.28	9 758.63	10 944.94	1406.10	573.44	2 538.68	1 577.49

说明：院本级包括院财务处、试验站。

2021 年度试验场（站）经费收支情况表

单位：万元

单位名称	收　入			支　出						
	小计	财政补助收入	经营收入	小计	工资福利支出	商品和服务支出	对个人和家庭的补助支出	资本性支出	对企事业单位的补贴	经营支出
张掖试验场	2 076.53	1 798.89	277.64	2 068.88	486.65	142.52	97.01		1121.11	221.59
榆中试验场	943.91	876.89	67.02	932.62	183.59	33.02	101.26	245.00	303.02	66.73
黄羊试验场	471.91	407.36	64.55	368.74	101.48	40.43	12.10		153.35	61.38
合 计	3 492.35	3 083.14	409.21	3 370.24	771.72	215.97	210.37	245.00	1 577.48	349.70

基础设施建设工作

2021年，在甘肃省农业科学院党委、院行政的正确领导下，基础设施建设办公室紧盯重点工作，统筹疫情防控抓落实，西北种质资源保存与创新利用中心建设项目主体结构封顶并完成大部分砌筑安装工程，果酒及小麦新产品研发平台建设项目完成了合同约定任务，消防系统维修改造和农经所办公条件改善项目竣工并投入使用，巡视和巡察反馈的问题整改到位，较好地完成了各项工作任务。

一、强化西北种质资源保存与创新利用中心建设项目管理

为充分保护和利用甘肃丰富的种质资源，提升种质资源对重大品种和特色品种培育的支撑能力，甘肃省农业科学院立项建设西北种质资源保存与创新利用中心。建筑面积10 903.74平方米，地下一层、地上八层，主要设计有种质资源库和实验室等。在2020年建设工作的基础上，以项目安全管理、投资控制、进度控制、质量控制、合同管理、信息管理为重点，组织协调设计、施工、监理等参建单位，加强对施工现场的常态化管理，严把进场材料质量关和施工质量关，落实安全文明生产的要求，委托造价单位跟踪审核工程进度款，确保了施工质量和资金安全。8月18日封顶，完成了主体结构施工。截至2021年年底，砌筑了85%的墙体，安装了地下室采暖、给水、排水主管和人防门，以及地上50%的采暖、给水、排水主管、20%的电气管盒。调研考察国家种质资源库和外挂石材，为长期库、中期库设计和制冷设备采购借鉴了相关经验。设计了种质资源库体初步方案，邀请相关专家进行了论证。

二、院消防系统维修改造项目竣工并投入使用

完成了消防泵房水泵及控制柜等设备更换、消防泵房至创新大厦室外原有消防管网更换、消防泵房至其他科研设施室外原有消防管网维修、院区科研设施消防水电系统检修更换和调试、创新大厦消防水电系统检修更换和调试、消防泵房与创新大厦及其他科研设施及整个室外消防系统进行联调联试，以及消防专业检测，9月26日通过正式竣工验收并交付使用。

三、加强对果酒及小麦新产品研发平台建设项目的跟踪监督管理

该项目主体地下一层、地上三层，框架结构，总建筑面积1 296.45平方米，具体由院加工所负责实施，院基建办督促落实。截至

2021 年年底，完成了地下一层结构施工及地上三层屋面梁、板混凝土浇筑；地下室外墙防水及回填土施工；砌体安装工程、外墙保温及真石漆、水电消防安装和窗户安装。

四、全力推进旧楼加装电梯工作及其他维修改造工程

深入群众宣传解释政策、学习新时代“枫桥经验”，采取选住户代表、发挥基层党组织等举措，全面完成了 13、14 号家属楼预留的电梯井腾退工作。88 户全部同意腾出占用的电梯井，确定了增设电梯初步方案，初选了电梯品牌、委托工程原设计单位完成了加固设计方案、88 户电梯井门洞已全部封堵，收集了 2022 年增设电梯指标资料并报安宁区建设局。对正在使用的《甘肃农业科技》编辑部工作室和职工阅览室进行了隔断改造，改善了办公条件。维修改造院职工活动中心，保证了院第十三届职工运动会的正常开展。

五、依规依纪依法完成了招投标工作

通过委托具有相应资质的招标代理机构，采取邀请招标和公开招标的方式，完成了西北种质资源保存与创新利用建设项目跟踪审计、基坑检测、工程检测、暂估电梯和窗户的招投标，院消防系统维修改造项目监理、消防检测招投标，农经所办公条件改善项目相关设计及施工招投标，以及职工活动中心维修改造工程的施工招投标等工作。

六、统筹协调完成了其他管理服务工作

修订了《甘肃省农业科学院基本建设项目管理办法》，对 17-20 号楼质保期内住户反映的问题进行了维修，并对土建工程、铝合金窗户、壁挂炉、窗户、外墙保温、分户门等进行了复检。加强对全院基础建设类项目的跟踪服务，分别到 14 个研究所进行调研对接，对涉及建设类的项目进行了登记备案。整理汇总了《基本建设管理常用法规制度汇编》电子版，提供给全院各单位参考。加强全院基本建设项目的指导工作，组织对全院涉及工程项目管理的人员进行了培训，加深了对招标采购法律法规和部门规章等政策的理解，规范了工程类项目的招投标管理。采取备案方式对 2021 年全院 21 项工程项目进行了检查。

老干部工作

2021年，在甘肃省农业科学院党委、院行政的正确领导下，老干部处认真贯彻落实习近平新时代中国特色社会主义思想和习近平总书记“七一”重要讲话精神以及十九届六中全会精神，深入开展党史学习教育，增强“四个意识”，坚定“四个自信”，做到“两个维护”，坚决围绕中心服务大局，以高度的政治责任感和满腔热情，组织学习和开展有益活动，圆满完成全年的目标和任务。

一、重点工作任务落实到位

近年来，院党委坚持以习近平新时代中国特色社会主义思想为指导，认真学习贯彻习近平总书记关于老干部工作的重要论述，深入挖掘“银发资源”，将引导离退休干部发挥正能量与乡村振兴战略有机结合，通过精准谋划、搭建平台，唤起银发人才的内在动力和参与热情，主动投身服务“三农”伟大事业，为科技支撑甘肃发展提供智力支持。工作中，院党委注重发挥离退休干部党组织优势，着力加强参与助力“三农”的组织引导，通过增强党组织战斗堡垒作用，有效激发老同志积极主动作为的责任感和使命感；注重紧扣乡村振兴总要求，组织农业老专家深入基层一线，开展技术咨询和现场示范等实践活动，为“三农”发展提供科技支撑；注重扶志与扶智相结合，坚持把助力“三农”作为重要课题，发挥银发智库优势，为乡村振兴赋能增效。全院广大老干部紧紧围绕服务改革发展建言献策，立足自身优势特长发挥余热，为全省经济社会和全院各项事业发展贡献了智慧和力量。积极参与院新冠感染疫情防控工作，配合院党委、社区深入进行理论武装，达到统一思想，服从指挥，全院离退休职工主动作为。为疫情防控做出了积极贡献。

二、“两项待遇”和关心关怀落到实处

严格落实老干部政策，老干部政治生活“两项待遇”得到全面落实。时时关注老同志生活情况，对长期病重的老同志做到及时探望，在生活上帮助他们，使老同志在物质生活上有依靠。两节慰问由院领导带队，对7名退休地级领导、4名离休干部进行了看望慰问，同时慰问了全院29名特困退休职工。坚持每月到市区老干部家中至少走访看望1次，对异地安置离休干部和异地居住退休职工保持经常电话联系，坚持对住院的离退休职工进行看望慰问，看望100多人次。在节日期间，对居住在外地和市内的离退休老干部打电话问候。认真落实离退休职工的生活待遇和医疗待遇。及时为4名离休干部申报并发放了每年增发的基

本离休费和门诊医疗费，为 1 名离休干部申报并发放了超定额门诊医疗费，为 3 名离休干部申报并发放了 1 000 元健康奖励费。

三、思想政治工作有力推进

积极组织离退休支部党员三会一课、组织生活会等制度，组织传达学习上级和院有关会议文件精神，注重把离退休支部集体学习讨论和平常的个人自学相结合，取得了良好的实效。对居住较远、行动不便的党员采取送学上门的方式，通过学习，切实把广大离退休党员干部的思想和行动统一到党的十九届六中全会精神上来，把智慧和力量凝聚到实现全院确定的各项目标任务上来，进一步增强了责任感、紧迫感和使命感，使广大离退休党员干部紧跟时代步伐，做到政治坚定、思想常新、理想永存。注重做好政策宣传、正面引导工作，积极化解矛盾，促进了离退休职工队伍的和谐稳定。全年接待来信来访 40 多人次，对反映的问题，都进行了认真核查和政策宣传解释，晓之以理，没有激化矛盾。

四、精神文化生活不断提升

结合新冠感染疫情期间活动场所关闭的实际，电话咨询关心关怀全体离退休职工的身体健康情况，并适时通报疫情动态变化情况，让老同志做到心中知晓，全院没有任何因疫情防控不好而产生负面影响的情况。注重把经常性活动和集体活动结合起来，年初，组织 100 多名离退休职工参加了全院迎新春环院越野赛。组织全院离退休职工举办庆重阳趣味运动会，积极参加离退休党支部书记读书班、培训班、座谈会以及全院离退休职工“庆元旦，迎新年”有奖猜谜等活动。丰富了离退休职工的精神文化生活，营造了健康向上的文化生活氛围。

五、服务管理更加精准

根据上级有关文件精神并结合全院实际，在工作中经常了解掌握离退休职工情况，知道他们想什么、需要什么、希望什么，有针对性地搞好亲情服务、特殊服务和精细化服务工作。比如长期坚持办理门诊医疗费及报刊费报销，为退休职工和家属办理了老年人优待证，为异地居住和外出突发性疾病的离退休干部办理住院备案、费用申报，为老干部开会、学习、看病及住院派车等服务性工作。为正高级职称人员办理保健证等。激发老干部老专家的作用发挥，配合协助老科协农科分会开展工作，在助力全省脱贫攻坚建言献策、科技咨询和科普宣传等方面积极开展工作。《陇东道地中药材高效栽培技术示范基地建设与人才培养》是由省委老干部局推荐，省委组织部批准实施的 2021 年度省级重点人才项目，由省老科协农科分会组织实施。该项目立足陇东地区道地中药材自然禀赋，针对陇东地区中药材产业技术人才缺乏、队伍培养滞后的现状，充分发挥省老科协老专家经验优势，依托庆阳市镇原县相关中药材种植合作社和种植大户，采用“示范基地＋人才培养”模式，进行全过程技术示范和人才培训，在系统解决陇东柴胡生产关键技术的同时，切实培养出一批经营、种植带头人和会种药、种好药的“明白人”。

六、自身建设取得实效

坚持以习近平新时代中国特色社会主义思想为指导，围绕中心，服务大局，以政治建设为统领，更加突出服务管理，真抓实干，推动老干部工作更好地融入全院发展稳定大局，不断提升新时代老干部工作的高质量发展。深刻领会十九届五、六中全会精神，认真学习习近平总书记关于老干部工作和老龄工作的重要讲话指示精神。教育大家要切实增强从事老干部工作的荣誉感、自豪感，自觉站在讲政治的高度，用习近平总书记关于老干部工作的重要论述武装头脑，将讲话精神和全国老干部局局长会议精神贯彻落实到年度各项工作的统筹安排中，切实把学习成果体现到思想认知上、本领提升上、使命担当上、工作成效上。

后勤服务工作

2021年，在甘肃省农业科学院党委、院行政的正确领导下，在院属各单位和各部门的支持、配合下，后勤服务中心在做好全院新冠感染疫情防控工作的同时，较好地完成了全年各项工作任务。

一、院列重点工作任务

推行便捷化服务。实现了银联刷卡、支付宝、微信等缴费方式。在院内安装了24小时果蔬销售扶贫专柜、净水供水设备。持续推进环境整治，对院内现有地上车位进行重新喷漆，新增加车位40多个，规范车辆停放方向，院内道路设置限速标识等。较好完成全院水、电、暖的安全供应。

二、密切关注新冠感染疫情，及时调整防控措施，创建无疫院区

做好疫情常态化管理，及时调整防控措施，统筹疫情防控和全院各项工作有序开展。督促全院职工做好新冠感染疫苗接种工作，做到应接俱接，构筑群体免疫屏障。按照院党委、院行政部署，牵头组织院属各单位、各部门密切配合，扎实做好全院疫情防控工作，加强对重点区域消杀，设立快递消杀点，指定专人对快递消杀，组织全院人员做核酸检测6次（约15 600人次），创建无疫院区。

三、条件建设项目有序推进

完成了院内道路维修及环境整治项目、科研辅助设施维修改造工程及锅炉维修项目。配合安宁区政府老旧小区改造项目，启动实施1-10号楼的外保温等旧楼改造工程。

四、扎实推进“平安甘肃”建设

完成了2020年度“平安甘肃”建设自查自评工作。与院属各单位签订了《甘肃省农业科学院“平安甘肃”建设目标管理责任书》，为有序有效开展平安建设工作奠定了基础。及时调整了院“平安甘肃”建设领导小组人员。强化反电信诈骗宣传引导。通过在院区显著位置悬挂反诈横幅、联合刘家堡派出所民警走访全院住户注册“金钟罩”小程序和通过QQ、微信群组发送警示提醒等方式，增强职工反电信诈骗意识，有效保证了职工财产安全。

五、关心关注民生

为新进人员及院属兰州片职工分配住房32套，完成了15-20号楼地下车位的核定、价格决算等工作。对剩余地下停车位办理短期租赁

手续，截至 2021 年年底，地下车位长期租赁 163 个，短期租赁 20 个，剩余 16 个。完成了 17-20 号楼 396 户的住户预收房款清退工作，完善了离职人员的退房流程，为 7 户由于历史遗留问题未办理房产证手续的住户办理了房产证。

六、推动公共机构节能建设

完成了 2020 年度公共机构能源资源消费统计网络直报工作。以“节能降碳，绿色发展”为主题，开展节能宣传周活动。组织职工参加省机关事务管理局举办的低碳竞走 QQ 线上健步走活动。全院共有 37 人踊跃参加，其中 10 人在比赛中取得名次，2 人获二等奖，8 人获三等奖。

八、媒体报道

【回眸“十三五”喜看新变化】加速转化应用支撑乡村振兴

——“十三五”甘肃省农业科学院科技成果转化成效显著

（来源：每日甘肃网《甘肃日报》 2021年3月11日）

“十三五”期间，甘肃省农业科学院下大力气推动科技成果转化，改革管理体制机制，创新转化转移方式，通过科技成果示范推广、开展技术培训、促进知识产权交易转移等途径，将新品种、新技术、新产品和技术服务输送到生产一线，加速科技成果向现实生产力转化，公益性和市场化转化均取得了重大进展，为全省现代农业发展、脱贫攻坚和乡村振兴提供了有力技术支撑。5年来，推广应用作物新品种（系）100余个，新产品70余个，新技术140余项，各类科技成果累计应用1.3亿亩，新增粮食产量近30亿公斤，新增经济效益65亿元。

以助推脱贫攻坚为目标，省农科院聚焦产业扶贫和智力扶贫，在全省深度贫困地区开展科技帮扶行动，通过科技成果示范推广、科技培训、技术指导、技术服务等方式，将科技成果输送到脱贫攻坚主战场，将科技措施落实到县、到村、到户，带动提升县域特色产业发展水平，创建农户脱贫模式。5年来，在全省284个贫困村建立了示范基地近20万亩，通过引进新品种并配套技术应用，调整种植结构，提升农业生产水平，在帮助贫困户种好“铁杆庄稼”，保障“不愁吃穿”的基础上，引导培育如藜麦和饲用高粱等新型特色富民产业。通过综合运用新品种、新技术和新产品，示范区各类农作物产量和质量均有显著提高，其中主要粮食作物小麦增产9%～12.7%，玉米增产11%～21.75%，马铃薯增产13.5%～40%；各类蔬菜平均增产10%～30%，其中高原夏菜亩均增收500～700元，日光温室蔬菜最高亩产值达3万元；大豆、胡麻增产12%～28%；苹果、梨、葡萄等各类果品增产15.5%～33%；当归、黄芪等中药材平均增产22.4%。同时注重开展技术培训和科技服务，为提升农民致富能力，协助政府科学决策，帮助企业、合作社发展壮大提供智力支持。5年来，培训农民和基层技术人员12.8万人次，服务地方政府部门、企业、合作社450余个。

为加速科技成果落地应用，打通科学技术到生产一线“最后一公里”，“十三五”期间省农科院在科技成果转化方面进行了体制机制创新。院级层面专门成立了科技成果转化处，院属各研究所建立专门科技成果转化队伍。为适应现代信息技术发展趋势，利用现代融媒体技术高效开展科技成果推广转化，与电视台合作开展“话农点经”农业技术推广节目93期；建立了微信和QQ技术交流群，实现专家与农户、企业、合作社的直接服务；利用院内网站、创办智慧农业平台、开展各种科技成果推介和技术服务；设立成果转化专门项目，在全省建立科技成果示范基地130余个，辐射推广面积近8 000万亩，新增效益40亿元。陇薯系列马铃薯、陇鉴和陇春系列小麦、陇椒系列辣椒等新品种在全省大面积推广种植，产生了良好经济效益。“陇”字号品种为全省农业产业发展提供了基础支撑，在西北地区乃至全国范围内的影响力逐年扩大。

示范推广的以全膜双垄沟播为代表的旱地节水栽培技术，以地膜覆盖、合理密植、配方施肥、间作复种、树形改造等为代表的农作物高效丰产栽培技术，以新型农药施用结合物理防治手段为代表的作物重大病虫草害综合防控技术，以留膜免耕为代表的农作物简化省力栽培技术，以 1-MCP 保鲜剂、无硫护色、组织固化和贮藏窖结构改造为代表的农产品保鲜贮藏加工技术，以机械覆膜、播种、收割为代表的农机农艺结合技术，以秸秆、尾菜和马铃薯加工废弃物饲料化处理为代表的农业废弃物循环利用技术及畜牧健康养殖技术等，为农业生产提质增效提供了技术保障。

省农科院将知识产权创制、保护和运用摆在重要位置。“十三五”期间共获得发明专利授权 54 项，实用新型专利授权 149 项，新品种保护 13 项，著作权 55 项。获省专利奖一等奖 1 项，二等奖 4 项，三等奖 5 项。有 19 项专利技术及品种权以专利转让方式实现交易转化，转化金额 1 120 万元。科研成果经过从科研单位到生产单元的转移，激发了其中蕴含的经济价值和社会效益。其中有代表性的“花卉专用胶囊肥”专利以 11 万元转让，企业以此项技术为依托，生产销售胶囊肥 200 万盒；肥料生产企业通过“一种长效缓释当归专用肥及其制备方法”专利技术，生产销售专用肥 10 万吨，累计推广应用 125 万亩；“一种肉苁蓉接种方法”专利，推广面积近万亩，累计产量达到 58 000 余公斤，实现销售额 775 万元，新增利润 356 万元；“一种双杆双模塑料大棚”专利在设施农业中被广泛应用，累计应用面积 1.84 万亩，生产各类蔬菜 5.52 万吨，销售额达 2.2 亿元以上，新增产值 5 180 余万元。

（新甘肃·《甘肃日报》记者　李满福）

从党史中汲取智慧和力量提升农业科技创新能力

（来源：新甘肃《甘肃日报》　2021 年 3 月 23 日）

连日来，甘肃省农业科学院系统召开党史学习教育动员大会，传达学习习近平总书记在党史学习教育动员大会上的重要讲话精神和全省党史学习教育动员大会精神，要求突出农科特色，从为什么学、学什么、怎么学、怎么做、如何抓五个方面进行动员和部署。

省农科院要求系统党员干部在学习过程中，突出农业科研工作的特殊性，注重发挥农科特色，讲好优秀党员专家政治担当走在前、扎根基层讲奉献、服务“三农”显本色的故事，大力弘扬科学家精神，发扬爱国奋斗精神，教育引导党员干部坚定中国共产党领导是中国特色科技创新事业不断前进的根本政治保证。要把党史学习教育内化于心，立足本职岗位，开展以“科技创新当先锋、岗位奉献争一流”为主题的“比学赶超”活动。教育引导党员干部在任何岗位、任何地方、任何时候、任何情况下都要以史为鉴、勇于担当、永远奋斗，为农业科技事业发展贡献力量。

（新甘肃·《甘肃日报》记者　李满福）

协同攻关，加速创新！甘肃农业科创联盟为现代农业发展提供科技支撑

（来源：新甘肃　2021年6月5日）

为期两天的2021年甘肃省农业科技创新联盟工作会，6月3日在甘肃省农业科学院举行。来自联盟成员单位和分联盟单位的代表，围绕农业科技创新平台建设、加速科技成果转化、提升协同攻关能力等话题，谈思路，说想法，找路子。

2020年，甘肃省农业科技创新联盟聚焦脱贫攻坚和乡村振兴重大战略任务，克服新冠感染疫情等不利因素影响，围绕甘肃现代丝路寒旱农业和“牛羊菜果薯药”六大特色产业关键技术问题，在农业科技创新、平台建设、农产品品质标识、科技成果推介、助力精准扶贫和乡村振兴等方面取得显著进展，为政府部门决策提供了咨询建议，为产业发展提供了科技支撑，为新型经营主体提供了科技服务。

“十四五”工作已经开启，以协同解决区域性农业科技重大问题和制约主导产业发展关键技术瓶颈为己任的全省农业科创联盟，自我加压，超前谋划，吹响了农业科创新的“集结令”。紧盯乡村振兴主战场，积极担当作为，在实践中探索出联盟在支撑全省乡村振兴中的先进典型和成功模式；聚焦产业关键技术，提升服务产业能力；瞄准区域共性问题，提升协同攻关能力；创新体制机制，增强内生动力，打通创新要素双向流动通道，使优势科研单位与联盟企业相互融合、深度介入，推动科研院所与企业共建研发中心、集成示范基地。

（新甘肃·《甘肃日报》记者　李满福）

瞄准农业主战场协同攻关　甘肃省农业科技创新联盟吹响“集结号”

（来源：新甘肃《甘肃日报》　2021年6月6日）

2021年甘肃省农业科技创新联盟工作会6月3日在甘肃省农业科学院举行。来自联

盟成员单位和分联盟单位的代表，围绕农业科技创新平台建设、加速科技成果转化、提升协同攻关能力等话题，谈思路，说想法，找路子。

在过去一年里，甘肃省农业科技创新联盟聚焦脱贫攻坚和乡村振兴重大战略任务，克服新冠感染疫情等不利因素影响，围绕甘肃现代丝路寒旱农业和“牛羊菜果薯药”六大特色产业关键技术问题，在农业科技创新、“三平台一体系”建设、农产品品质标识、科技成果推介、助力精准扶贫和乡村振兴等方面取得显著进展，为政府部门决策提供了咨询建议，为产业发展提供了科技支撑，为新型经营主体提供了科技服务。

“十四五”开局之年，以协同解决区域性农业科技重大问题和制约主导产业发展关键技术瓶颈为己任的全省农业科创联盟，自我加压，超前谋划，吹响了农业科技创新的“集结号”：紧盯乡村振兴主战场，积极担当作为，在实践中探索出联盟在支撑全省乡村振兴中的先进典型和成功模式；聚焦产业关键技术，提升服务产业能力；瞄准区域共性问题，提升协同攻关能力；创新体制机制，增强内生动力，打通创新要素双向流动通道，使优势科研单位与联盟企业相互融合、深度介入，推动科研院所与企业共建研发中心、集成示范基地。

会议期间，还召开了甘肃省马铃薯产业科技创新联盟、甘肃省食用百合科技创新联盟和甘肃省林果花卉种质资源科技创新联盟三个分联盟工作会。

（新甘肃·《甘肃日报》记者　李满福）

笃实力行，科研为民！甘肃省农业科学院党史学习教育走深走实

（来源：新甘肃　　2021 年 6 月 9 日）

党史学习教育开展以来，甘肃省农业科学院按照中央统一部署和省委工作安排，自觉担负起新时代省级农科院的职责使命，坚持科研为民理念，统筹资源配置，加强科技攻关，提升农业科技创新能力，把党史学习教育成效转化为加强农业科技创新的强大动力。

瞄准科技创新主阵地，以上率下，学史铸魂。省农科院通过开展“科技创新当先锋、岗位奉献争一流”的“比学赶超”活动，激发农业科技人员投身服务全省农业现代化的工作劲头。该院对学习内容分层级分重点，推动形成党委会议专题学、理论学习中心组示范学、党支部带动学、党员干部和职工群众踊跃学的学习机制，促进全院上下学史明理、学史增信、学史崇德、学史力行。

省农科院把办实事、解难题作为检验党史学习教育成效的重要标准，恪守科研为民价值导向，推进科技兴农措施落实到位。该院确定“为党旗添光彩、为群众办实事”实践活动为民帮办实事项目 10 项、惠民政策或长效机制 6 项，并制定实施措施，逐项推进落实。瞄准甘肃六大特色产业和重大科技攻关需求，组建

甘肃省马铃薯产业、食用百合、林果花卉种质资源科技创新联盟，协同解决马铃薯产业发展等关键技术难题。坚持以生产需求为导向，突出增产增效并重、良种良法配套、农机农艺融合，凝练重点科技任务，下达在研项目286项，支撑全省农业生产。坚持把为民办实事同科技服务无缝对接、一体推进，在全省14个市（州）40多个县（区）开展科技下乡行动，选派科技人员开展技术咨询，解决农户生产中的“急难愁盼”难题。注重用为民办实事连接脱贫攻坚与乡村振兴，新选派12名干部接续在镇原县方山乡开展驻村帮扶工作，在帮扶村示范玉米等“铁杆庄稼”2 930亩，巩固发展帮扶村种草养畜、小杂粮及大棚蔬菜等特色富民产业，真正为农民办实事、为乡村添活力。

（新甘肃·《甘肃日报》记者　李满福）

甘肃省农业科学院冬小麦新品种选育取得重要进展
筛选抗锈丰产种质　创新多项育种技术

（来源：新甘肃　　2021年6月24日）

进入“三夏”，全省冬小麦即将大规模开镰收割，由甘肃省农业科学院小麦研究所培育的兰天系列冬小麦品种在田间表现高抗条锈病特点，为甘肃省及全国小麦条锈病持续控制，实现藏粮于技和保障粮食安全作出重要贡献。

小麦条锈病是我国小麦生产上的最主要病害之一。甘肃陇南、天水是全国小麦条锈病的策源地和重要的菌源区，不仅影响甘肃粮食生产安全，而且影响到我国黄淮麦区粮食生产。甘肃省农科院小麦所冬小麦团队秉持以周祥椿教授为代表的科学家精神，立足天水、陇南这个全国小麦条锈病最大越夏区，新品种选育以抗锈为目标，兼抗其他多种病害、结合抗旱抗寒，先后选育出兰天19号、兰天26号、兰天36号、兰天39号、兰天42号、兰天43号及兰天132、兰天134、兰天538、兰天575、兰天653等一批抗锈小麦新品种，且株型紧凑，具有增产潜力，亩产均较当地品种增产10%以上。

科研团队创新种质资源，近年来每年从国内外引进和评价各类种质资源3 000余份。将常规育种技术、航天诱变技术、基因聚合技术等相结合，开展抗锈抗逆丰产优质新种质创新。如应用航天诱变技术，筛选出抗条锈病优异材料兰航选151、青麦9号等；将抗条锈病基因 *Yr*5、*Yr*15、*Yr*30、*YrZH*22、*YrZH*84及抗叶锈病基因 *LrZH*22聚合，创制出一批优异新材料如兰天538、兰天653等。

去年和今年全省降水偏多、田间湿度大，对小麦条锈病的扩散十分有利。2020年在徽县组织专家对兰天36号小麦实收测产，亩产量达620.88公斤，创了徽县小麦产量最高纪录。今年，兰天系列品种冬小麦播种面积约310万亩，占全省冬小麦播种面积的39%和陇南播种面积的50.2%。截至6月2日，全省小麦条锈病发生面积仅249万亩，兰天小麦对甘肃小麦条锈病绿色防控功不可没。新品种兰天34号、兰天36号、天42号、兰天43号、兰天132、兰天134、兰天538、兰天575、兰天653等在田间对条锈病表现免疫到高抗水平。

近日，中国工程院院士、西北农林科技大学康振生教授，湖北省农业科学院作物研究所所长高春宝研究员，河南省农业科学院小麦研究中心胡琳研究员等专家在清水试验站进行观摩，对兰天系列冬小麦新品种（系）在田间的抗条锈病性和丰产性予以充分肯定，认为选育的这批品种表现出高抗，不仅能够保障粮食安全，而且能够对小麦条锈病的防控作出新的贡献。

（新甘肃·《甘肃日报》记者　王朝霞　杨唯伟）

创新驱动，院士把脉！甘肃打造旱作农业高质量发展样板

（来源：新甘肃　2021年6月29日）

甘肃旱地农业搭上科技创新的快车，形成一系列重要成果，为我国探索旱地农业可持续发展之路提供了借鉴。日前，中国工程院院士、中国农业大学资源环境与粮食安全研究中心主任张福锁教授带领研究团队及西北农林科技大学生态与水土保持专家，来到位于定西市安定区团结镇的甘肃省农业科学院旱地农业研究所定西试验站，与甘肃农业科技人员共同探讨西北黄土高原丘陵沟壑半干旱区生态农业高质量发展的思路与科技创新方向。

甘肃省农业科学院旱地农业研究所定西试验站作为甘肃中部旱作区重要的科技创新平台，自1983年建站以来，在区域脆弱生态环境治理和旱作农业技术创新应用等方面作出巨大贡献。20世纪80年代提出的西北黄土高原脆弱生态环境分区治理“高泉模式”，成为黄土高原丘陵沟壑区环境治理的样板，被我国著名水土保持学家朱显谟院士誉为“黄土高原上一颗璀璨的明珠”；20世纪90年代该试验站提出的“主动抗旱、雨水治旱”集水高效农业发展思路，推动了旱作农业实践的飞跃，为解决农民温饱问题和推动社会经济发展发挥了重要作用；21世纪初提出的旱作农业提质增效关键技术与综合模式进一步提升了旱作区农业生产水平和生产力，为决胜脱贫攻坚发挥了重要作用。当前，在黄河流域生态保护和高质量发展及推进乡村振兴国家战略的大背景下，如何依靠科技创新驱动推动区域旱作农业高质量发展，成为甘肃旱农人新的历史使命与责任。

在进行田间地头实地考察后，张福锁院士指出，定西试验站在区域生态治理和旱作农业科技创新方面取得了显著成效，具有深厚的理论基础和丰富的研究经验，目前的研究方向和研究内容符合国家需求和政策导向，对推动旱作农业高质量发展与助推乡村振兴具有较强的支撑作用。希望科技人员保护好流域富饶的梯田，转变传统生产方式，总结研究成果，在现

有工作基础上加强种养一体循环农业发展模式创新，秉承绿色、高效、可持续发展思路，打造西北黄土高原丘陵沟壑区旱作农业高质量发展样板。

试验站首席专家、甘肃省农业科学院旱地农业研究所所长张绪成研究员介绍，近年来试验站实施创新驱动发展战略和“藏粮于地、藏粮于技”战略，以节本增效、优质安全、绿色发展为重点，在旱作区耕层调控、高效轮作、绿色覆盖、耕地保育、结构优化、种养循环等方面开展了大量创新研究工作，初步提出了旱地立式深旋耕作技术、中低产田改良与综合培肥技术、粮—薯、粮—草、粮—豆等高效轮作技术以及全生物降解地膜绿色覆盖等一批旱作农业绿色发展关键技术，并建立了环境友好型、耕地保育型和资源节约型农业绿色发展模式雏形。

（新甘肃·《甘肃日报》记者　李满福）

甘肃省农业科学院召开庆祝建党百年表彰大会

（来源：新甘肃　2021 年 7 月 1 日）

6 月 30 日下午，甘肃省农业科学院召开庆祝中国共产党成立 100 周年表彰大会，回顾党的光辉历程，讴歌党的丰功伟绩，传承党的优良传统，为党龄达到 50 年以上的老党员颁发“光荣在党 50 年”纪念章，对“两优一先”、脱贫攻坚先进、“最美家庭”等进行表彰。

会议指出，站在新的发展阶段和新的历史起点上，信仰是最强劲的动力、实干是最响亮的语言、创新是最重要的法宝。甘肃省农科院各级党组织和广大党员、干部、职工要拼搏奋斗、笃志弘毅，自觉扛起新发展阶段赋予农科科技创新的光荣使命，从百年党史中汲取奋进的智慧和力量，坚持“四个面向”，加强科研攻关，深化人才培养，强化科研管理，大力弘扬科学家精神，勇作新时代甘肃农科科技创新的“排头兵”和“主力军”，为实现更高水平科技自立自强和支撑引领全省现代农业发展做出更大贡献。

无尽的掌声，是对先进最大的褒奖。与会人员纷纷表示，他们将以先进为榜样，积极投身科技支撑全省现代农业发展和乡村振兴战略实施的火热实践。

（新甘肃·《甘肃日报》记者　李满福）

十年磨一剑！甘肃省农业科学院推动西北区马铃薯产业发展依托国家现代农业产业技术体系不断创新

（来源：每日甘肃网　　2021 年 7 月 1 日）

甘肃省农业科学院马铃薯研究所依托国家现代农业产业技术体系，着力解决区域性技术难题，开展马铃薯种质资源创新，选育出抗旱、高淀粉、优质马铃薯新品种，有力地支撑了西北区马铃薯技术进步和产业发展。

自 2008 年国家马铃薯产业技术体系组建以来，省农业科学院马铃薯研究所作为马铃薯育种岗位依托单位，以王一航研究员为岗位专家承担了“十一五”西北鲜食马铃薯育种岗位建设任务。2011 年，以来以文国宏研究员为岗位专家，承担了“十二五”西北区育种岗位、“十三五”高淀粉品种改良岗位和“十四五”育种岗位建设任务。

十余年来，该团队田间种植保存马铃薯种质资源 7 226 份次，引进各类马铃薯种质资源 238 份次，配制杂交组合 2 681 个。常年保存国内外马铃薯种质资源 800 份次以上，向生产和科研提供种质资源及育成品种 1 089 份次，脱毒种薯原种 21 万粒，原种 6.5 万公斤，确保了西北区马铃薯种质创新的基因资源安全，为马铃薯种质创新提供了基础性保障。

该团队经过科研攻关，累计培育马铃薯实生苗 30.2 万株，创新株系 2 206 份，育成马铃薯高代品系 113 份，其中高淀粉品系 33 份，抗旱品系 57 份，抗晚疫病品系 13 份，抗黑痣病品系 3 份，高花青素品系 10 份。育成马铃薯新品种 12 个，其中，抗病广适优质多用品种陇薯 7 号通过了国家、甘肃省和广东省农作物品种审定委员会审定，由北方一季作区推广到广东冬作区；鲜食品种 LK99 早熟，生育期 85 天；陇薯 8 号淀粉含量高达 27.34%，是淀粉含量最高的国内育成品种；陇薯 9 号、陇薯 12 号、陇薯 15 号等 7 个品种淀粉含量均超过国内高淀粉品种标准 18%，均达到 20%以上；陇薯 10 号、陇薯 11 号和陇薯 13 号 3 个品种抗旱性突出；LK99、陇薯 7 号、陇薯 9 号和陇薯 16 号适合油炸加工和全粉加工。

在甘肃省科技重大专项、甘肃省马铃薯新品种选育扶持项目、甘肃省农科院学科创新团队建设项目等支持下，陇薯系列品种年推广应用面积在 600 万亩以上，分别占甘肃省和西北马铃薯年种植面积的近 1/2 和近 1/3，促进了马铃薯产业链繁种、生产、营销、加工、消费各环节的健康发展，得到了广大种植农户、经销和加工企业、消费者的认可，促进了甘肃由马铃薯大省迈向马铃薯强省。

（新甘肃·《甘肃日报》记者　王朝霞　杨唯伟）

鼓足干劲，谱写科技创新和高质量发展新篇章

（来源：新甘肃　　2021年7月2日）

7月1日上午8时，庆祝中国共产党成立100周年大会在北京天安门广场隆重举行，甘肃省农业科学院组织党员干部、职工群众收听收看了大会盛况后纷纷表示，要满怀信心投身科技支撑全省现代农业发展和在乡村振兴的火热实践中奋发作为，鼓足干劲谱写农业科技创新事业高质量发展的时代篇章。

全省农业科技战线的干部职工以不同方式收听收看大会盛况。

无论是在机关会议室，还是各地试验场（站）等不同收视点，大家豪情满怀、精神振奋，认真聆听习近平总书记的重要讲话，感受党的百年光辉历程。老党员程恩沛动情地说，要锤炼出鲜明的政治品格，继续弘扬光荣传统、赓续红色血脉，永远把伟大建党精神继承下去、发扬光大。火昭玥是一名入党积极分子，他说要不断培养坚韧不拔的意志，坚定马克思主义和共产主义理想信念，坚定对中国特色社会主义和伟大中国梦的信心，从思想上严格要求自己，争取早日成为一名合格党员。

（新甘肃·《甘肃日报》记者　李满福）

【乡村·新聚焦】构筑甘肃粮食安全屏障

——甘肃省农业科学院春小麦育种硕果累累

（来源：新甘肃　　2021年7月6日）

骄阳似火，麦浪滚滚。7月初，甘肃春小麦生长进入灌浆关键期。

河西灌区是甘肃最重要的商品粮基地。7月2—4日，来自国家小麦工程技术研究中心、中国农业科学院作物科学研究所、中国科学院兰州分院、中国科学院西北高原生物研究所、黑龙江省农业科学院克山分院、宁夏农林科学院作物研究所，以及甘肃省农业农村厅、省科学院、省种子总站、甘肃农业大学及省内相关科研院所专家组成的专家组，走进甘肃省农业科学院黄羊镇小麦育种试验站和山丹县春小麦试验示范基地，进行现场观摩。

一走进黄羊镇小麦育种试验站，便看见麦浪间分布着不同的标志牌，全省区试、全国区试、品比试验、产量鉴定、种质资源创新、特色小麦选育……这里，不仅见证了省农科院小麦研究所的茁壮发展，还展示着多年来的春小麦育种成果。

自2009年小麦研究所建立以来，团队首席杨文雄研究员带领春小麦团队成员，以优质、高产、节水、特色专用小麦品种选育和绿色高效栽培模式集成示范为目标，先后选育出以陇春27号、陇春35号为代表的旱地春小麦和以陇春26号、陇春30号、陇春41号为代表的水地春小麦新品种14个，获得省部级一等奖2项，二等奖3项，获批植物新品种保护权1项。

——选育的高产优质早熟广适春小麦新品种陇春41号，适应性广，除在甘肃省河西及沿黄灌区大面积种植外，现已推广到内蒙古呼伦贝尔、新疆伊犁哈萨克自治州昭苏县等地。

——选育的春小麦新品种陇春44号正在参加国家和甘肃省两级区试，品质指标达到国家中强筋小麦品种标准，中抗白粉病，实现了优质、高产、早熟、抗病的完美结合，突破了甘肃春小麦优质育种的瓶颈。在2020年的省区域试验中，平均亩产达到564.8公斤，比对照品种宁春4号增产8.3%。

——正在参加甘肃省区域试验的紫粒小麦陇春46号，成熟落黄好、籽粒色泽鲜艳。在2020年品比试验中，亩产473.8公斤，比对照品种宁春4号增产3.4%。

这些科研成果，让广大农户获得了实实在在的实惠。

在山丹县清泉镇拾号村，面积达500亩的甘肃省现代农业科技支撑体系区域创新中心项目小麦新品种及绿色增效模式集成示范点，小麦研究所的专家们已筛选出以陇春41号为代表的2～3个高产优质小麦品种，集成并应用“新品种＋宽幅匀播＋药剂拌种＋测土配方施肥＋一喷三防”技术。

“山丹县小麦种植面积约为19万亩，陇春系列春小麦很受农户欢迎，约占全县种植面积的40%，达7.6万亩。”山丹县农技推广中心主任何振明介绍，这离不开省农科院小麦所专家们持之以恒的示范和推广。

做好小麦新品种选育、强化小麦种质资源创新，既是夯实粮食安全的重要举措，也是打好种业翻身仗的具体体现。

面对肩上的重任，近年来杨文雄带领团队沉下身子，扎根泥土，不断加强创新，取得了丰硕成果。

在加强高产广适优质节水春小麦种质资源创制和新品种选育方面，利用常规杂交、航天诱变、基因聚合、矮败轮回选择、分子标记辅助选择等育种技术，选育出新品系陇春20612等30多份。

以市场需求为导向，开展特色、优质、功能性专用小麦品种培育，选育出强筋面包新品系陇春20618等8份，中强筋小麦品种（系）陇春44号等3份，面条馒头专用品种（系）陇春41号等5份，彩色小麦系3046B-1等9份。

以超高产、高光效、紧凑株型为目标，选育出分蘖力强、旗叶剑形小叶上举、可增加亩穗数8万～10万穗、丰产性好、群体优、成熟落黄好的新品系陇春20665等14份。

专家组一路考察，一路深入了解。

“陇春41号和陇春42号有什么区别?”

“亩产能达到多少?”

“抗白粉病能力怎么样?”

……

深入实地考察后，专家组在山丹县召开座谈会。

座谈会上，国家小麦工程技术研究中心郭天财教授等专家组成员及基层农技推广中心、良种繁育企业代表对以陇春41号为代表的优质高产广适陇春系列春小麦品种的选育和示范推广给予充分肯定，认为陇春系列春小麦品种在种质资源创新、育种技术和育种成效方面效果显著，建议进一步加强适宜市场需求的专用型新品种的选育和产业链延伸，为助力甘肃春小麦生产，实现“藏粮于地、藏粮于技”，保障粮食安全发挥重要作用。

（新甘肃·《甘肃日报》记者　杨唯伟）

在智慧碰撞中探寻现代农业发展密码

——第二十七届中国兰州投资贸易洽谈会现代丝路寒旱农业高质量发展论坛侧记

（来源：新甘肃　　2021年7月8日）

“站在新的起点，如何破解‘一方水土养育一方人’这一历史命题”“让信息化技术为西北丝路寒旱农业插上‘翅膀’”……7月8日的兰州晴空万里，黄河两岸绿树成荫，第二十七届中国兰州投资贸易洽谈会现代丝路寒旱农业高质量发展论坛在此召开。

以“农”为题，荟萃众智，160余位国内外专家学者齐聚金城，为甘肃现代丝路寒旱农业献计献策，为西部农业高质量发展提供深邃思考。

“近年来，卫星导航、节水滴灌等数字科技被广泛应用于西北寒旱农业生产，在信息化技术的辅助下，传统农业正一步步迈向精准化、智能化。”中国工程院院士、石河子大学教授陈学庚在报告中说：“推动政府市场高效联动，开展农艺、农膜、农机深度融合研究，在残膜回收再利用、信息化监测和机械化新装备示范推广等关键技术上再提升，是攻克西北寒旱农业发展瓶颈的关键。”

作为西部农业大省，甘肃省对于全国其他省份特别是西部地区农业农村发展具有借鉴意义。“寒”与“旱”是甘肃农业发展环境的重要生态特征，这一资源禀赋决定了寒旱农业在甘肃发展的基础。

“城镇化发展导致农村劳动力减少，农业生产人工成本不断提升，高质量发展的要求正在倒逼农业产业的变革。因此，发展现代、绿色、智慧农业是我国农业未来发展的方向。”中国工程院院士、国家农业信息化工程技术研究中心主任赵春江在论坛分享了对发展智慧农业与建设数字乡村的思考。

近年来，甘肃发挥比较优势、构筑错位发展格局、打造“甘味”农产品，大力发展现代丝路寒旱农业，以“牛羊菜果薯药”为代表的优势特色产业种养规模不断扩大，“厚道甘肃·地道甘味”的美誉度和影响力大幅提升，在脱贫攻坚中发挥了不可替代的重要作用，为全省农业经济发展注入了新的活力和动能。

“技术创新引领学科方向，产品创制支撑产业发展。”国家蔬菜工程技术研究中心主任、北京市农林科学院蔬菜研究中心研究员许勇以蔬菜和甜瓜产业为例，从跨行业融合发展、发挥区位优势增加市场竞争力和传统产业技术升级等方面详细阐述了“瓜菜产业高质量发展实现路径”。

今年，为巩固拓展脱贫攻坚成果，全面实施乡村振兴战略，持续做大做强优势特色产业，甘肃省委、省政府决定在全省实施现代丝路寒旱农业优势特色产业三年倍增行动，促进全省农业产业提质增效。

“研以致用，是农业科技研究的关键。”浙江大学农业生命环境学部常务副主任喻景权教授认为，“轻简、优质、高效、生态的新一代无土栽培技术，是未来蔬菜产业乃至戈壁设施农业提质增效的重要手段之一。”

八音合奏，终和且平。与会代表各抒己见，各方观点互相切磋、智慧碰撞交融。大家纷纷表示，下一步，将以现代科研手段为支撑，瞄准多样化高品质需求，发挥“丝路”区位优势，深挖“寒旱”内在特质，提升“甘味”农产品品质，为提升甘肃现代丝路寒旱农业质量效益做出最大的努力。

（新甘肃·《甘肃日报》记者　洪文泉）

兰天系列冬小麦新品种在甘肃陇南陇东创高产

（来源：新甘肃　　2021 年 7 月 22 日）

兰天 45 号在徽县单产突破 510 公斤，兰天 42 号在清水县亩产达 594.7 公斤，兰天 36 号在清水县亩产 584.5 公斤，创了陇南二阴山旱区的高产纪录，陇原 235 在灵台县亩产达 408.2 公斤等。

干旱、土壤瘠薄，加上自然灾害频发，特别是以小麦条锈病为主的有害生物高发频发，导致甘肃冬小麦产量低而不稳，全省小麦平均亩产仅为 260 多公斤。对此，省农科院小麦研究所冬小麦团队致力于小麦抗条锈育种工作。近年来，课题组把降低株高改造株型做为主攻目标，育成了一批抗条锈病，兼抗其他多种病害的矮秆丰产冬小麦新品种，如兰天 34 号、兰天 36 号、兰天 42 号、兰天 43 号、兰天 45 号和陇原 235 等，增产潜力得到较大幅度提高，深受示范区广大农民喜爱。

在 2020—2021 年度冬小麦生产季，甘肃冬季气温偏低，小麦条锈病等病害在局部地区偏重发生，而省农科院小麦研究所冬小麦课题组培育出以兰天系列为代表的新品种不仅抗条锈性突出，而且产量表现突出，在甘肃陇南及陇东不同生态区创下了高产纪录，为甘肃粮食安全做出积极贡献。

6 月 10 日，省农技总站组织专家团队在陇南市徽县开展了冬小麦高产核心示范田现场实收测产，示范品种为兰天 45 号，单产突破 510 公斤。7 月 3 日，专家团队又在灵台县开展了测产，陇原 235 亩产达 408.2 公斤。

7 月 7 日，西北农林科技大学邀请农业农村部小麦专家指导组成员、甘肃农业大学柴守玺教授及甘肃省农科院等单位有关专家，对天水市清水县金集镇水清村“旱地小麦化肥减施增产增效技术”示范田进行了现场实收测产。测产品种为兰天 42 号，示范的核心技术为冬小麦监控施肥技术，示范田较农户常规施肥节约氮肥和磷肥用量 20%以上，亩产达 594.7 公斤。

7月11日，省农科院小麦研究所邀请农业农村部小麦专家组成员、西北农林科技大学张睿研究员及天水市种子和农技推广部门专家，对天水市清水县王河镇李沟村种植的小麦新品种兰天36号进行了现场实收测产，亩产584.5公斤，创二阴山旱区的高产纪录。

（新甘肃·《甘肃日报》记者　杨唯伟）

一块试验田　三种长势苗

——甘肃省农业科学院马铃薯田杂草防控技术研发取得阶段性成果

（来源：《甘肃经济日报》　2021年8月10日）

甘肃省农业科学院植物保护研究所胡冠芳研究员团队承担的国家重点研发计划项目“化学农药对靶高效传递与沉积机制及调控”的子课题“马铃薯有害生物防控农药雾化技术及参数优化验证”取得阶段性成果。那么，此项研究对降低马铃薯种植成本，创造生产价值究竟有多大？就此，记者走进试验田进行了探访。

一块试验田　三种长势苗

8月5日，在省农科院榆中园艺试验场试验基地一块马铃薯试验田里，记者看到了不一样的三种长势。标有“除草剂三元组合·播后苗前土壤处理”的试验区域，正在开花的马铃薯长势旺盛，看不到一株杂草；标有“空白对照”的试验区域里，杂草淹没了马铃薯花；人工除草区域，有少量杂草生长，但马铃薯长势明显不如施药区域好。

“在同一块试验地，种植同品种的马铃薯，分成施药区域、不施药空白区域和人工除草区域，通过对比观察试验效果。”省农科院植保所研究员胡冠芳说。2019年以来，除草剂二元或三元混用组合播后苗前土壤处理或苗期茎叶喷雾控草技术，在榆中园艺试验场及渭源县会川镇半阴坡村累计示范1 000余亩，除草及增产效果显著。

另一块胡麻试验地，同样出现了三种长势。使用除草剂的区域，未发现杂草生长，胡麻蒴果大而饱满；未使用除草剂的对照区杂草长得比胡麻还高，胡麻蒴果小而干瘪；而人工除草区域，有杂草生长。

“胡麻田杂草安全高效防控技术研究了八年，已成功破解了我国胡麻田杂草防控技术难题，正在全国推广应用。”胡冠芳说。

国家特色油料产业技术体系草害防控岗位胡冠芳研究员团队，经过多年大量的除草剂筛选试验研究和应用示范，提出了以辛酰溴苯腈等农药防胡麻田多种杂草的安全高效防控技术。该技术具有安全、防效高，工效高，有效降低用药量用水量和生产成本四大突出创新点，去年获得甘肃省科技进步奖二等奖。

五年试验成果　突破技术瓶颈

据胡冠芳介绍，藜、牛繁缕、狗尾草等阔叶杂草与禾本科杂草，在甘肃省是危害马铃薯生长的优势种杂草，一般发生年份会致使马铃薯产量损失20%以上，重发年份和地区减产70%以上。

杂草的严重危害和高昂的生产成本，已成为马铃薯生产中亟待突破的技术瓶颈。

2017年以来，胡冠芳研究员团队承担国家重点研发计划项目“化学农药对靶高效传递与沉积机制及调控”的子课题“马铃薯有害生物防控农药雾化技术及参数优化验证”，着力对马铃薯田杂草防控技术开展系统研究。

“五年来，通过实施马铃薯田杂草种类调查、发生危害规律研究和除草剂田间试验，已筛选出了对马铃薯和后茬作物安全的除草剂二元或三元混用组合，有效突破了人工除草导致生产成本大幅提升的技术瓶颈。”胡冠芳说，其总体防效达95%以上。

“前年试验10亩马铃薯，去年试验20亩，经过两年试验示范，今年合作社将540亩马铃薯田除草全部采用除草三元混用组合。喷药后，地块干净，没有杂草，又不伤害马铃薯，且长势很好。”渭源县会川镇半阴坡村科技示范户赵永吉高兴地说。

研发价值大　经济效益好

我国胡麻主要分布于甘肃、新疆、内蒙古、宁夏等地，年播种面积在400万～500万亩。而随着土地流转进程的加快，马铃薯生产全程机械化已成大势所趋。研发一整套杂草安全高效防控技术，显得尤为迫切和重要。

“胡麻田杂草防控技术研发成果，2012—2019年全国累计示范推广1 933万亩，已获经济效益28.68亿元。”省农科院植保所所长郭致杰说，目前全国年推广面积200余万亩，节本增效5.93亿元。

同时，赵永吉介绍，往年马铃薯田除草最少需要两遍，一亩地仅支出人工除草费用就高达320元。现在只需要喷一次药，从播种到开挖，都不用除草。5个人一天能喷药80亩，一亩地除草剂仅需支出16元。按此推算，每亩使用除草剂比人工除草节省成本200元，540亩就可以节省成本10万多元。

据了解，2020年甘肃省马铃薯种植面积1 030万亩。“十四五”期间，全省提出马铃薯种植面积要增加到1 300万亩，力争达到1 500万亩，并已建成马铃薯千亩以上种植基地399个，万亩以上种植基地14个，绿色标准化种植面积达到284万亩。

“按照省绿色标准化种植面积284万亩计算，使用马铃薯除草剂二元或三元混用组合，一亩地节约人工成本200元，284万亩可节约人工成本5.68亿元。”郭致杰说，若在所有马铃薯杂草重发区域推广应用，该项技术将为全省每年节省人工成本10亿元。

（新甘肃·《甘肃经济日报》记者　俞树红）

今天，第三届甘肃省农业科技成果推介会线上活动启动！

（来源：新甘肃　　2021年8月11日）

8月11日，为严格落实新冠感染疫情防控措施，原定于今天在酒泉市召开的第三届甘肃省农业科技成果推介会由“线上+线下”的形式改为线上推介活动如期举办，线下活动延期举办。今天，第三届甘肃省农业科技成果推介会线上推介活动正式启动，线上平台正式开放。

据悉，此次推介会由甘肃省农业科技创新联盟主办，甘肃省农业科学院、酒泉市人民政府承办，旨在加速农业科技成果转化，创新转化模式和机制体制，跨学科、跨行业、跨领域开展技术合作和成果转化，推动农业科技成果快速转化，促进全省农业科技成果服务产业快速发展。

线上推介展示平台包括云展馆、云直播、成果名录、会议指南、重大成果、成果分享和往届回顾等模块。云展馆和成果名录分别以VR展厅和列表的形式展示200项成果，云直播可直播和回放推介会启动仪式及各单位参展直播内容，成果名录展示此次推介会精选的100项成果，往届回顾保留了第二届推介会的全部内容。

农业现代化，关键是农业科技现代化。作为加快全省农业科技成果转化应用，推进科技现代化发展的重要平台，此次推介展示成果主要涉及“牛、羊、菜、果、薯、药”六大特色产业、甘肃省主要农作物的育种和种植栽培，以及草畜产业、农畜产品加工业等方面的科技成果200项，其中品种100项、技术64项、产品14项、专利11项、科技服务类11项。

（新甘肃·《甘肃日报》记者　杨唯伟）

【乡村·新聚焦】构筑甘肃粮食安全屏障

——甘肃省农业科学院春小麦育种硕果累累

（来源：新甘肃　每日甘肃网　甘肃日报　　2021年8月13日）

骄阳似火，麦浪滚滚。7月，甘肃春小麦生长进入灌浆关键期。

河西灌区是甘肃最重要的商品粮基地。7月2—4日，来自国家小麦工程技术研究中心、中国农业科学院作物科学研究所、中国科学院兰州分院、中国科学院西北高原生物研究所、黑龙江省农业科学院克山分院、宁夏农林科学院作物研究所，以及甘肃省农业农村厅、省科学院、省种子总站、甘肃农业大学及省内相关科研院所专家组成的专家组，走进甘肃省农业科学院黄羊镇小麦育种试验站和山丹县春小麦试验示范基地，进行现场观摩。

一走进黄羊镇小麦育种试验站，便看见麦浪间分布着不同的标志牌，全省区试、全国区试、产量鉴定、种质资源创新、特色小麦选育等。这里，不仅见证了省农科院小麦研究所的发展，还展示着多年来的春小麦育种成果。

自2009年小麦研究所建立以来，团队首席研究员杨文雄带领春小麦团队成员，以优质、高产、节水、特色专用小麦品种选育和绿色高效栽培模式集成示范为目标，先后选育出以陇春27号、陇春35号为代表的旱地春小麦和以陇春26号、陇春30号、陇春41号为代表的水地春小麦新品种14个，获得省部级一等奖2

项，二等奖 3 项，获批植物新品种保护权 1 项。

——选育的高产优质早熟广适春小麦新品种陇春 41 号，适应性广，除在甘肃省河西及沿黄灌区大面积种植外，现已推广到内蒙古呼伦贝尔、新疆伊犁哈萨克自治州昭苏县等地。

——选育的春小麦新品种陇春 44 号正在参加国家和甘肃省两级区试，品质指标达到国家中强筋小麦品种标准，中抗白粉病，实现了优质、高产、早熟、抗病的完美结合，突破了甘肃春小麦优质育种的瓶颈。在 2020 年的省区域试验中，平均亩产达到 564.8 公斤，比对照品种宁春 4 号增产 8.3%。

——正在参加甘肃省区域试验的紫粒小麦陇春 46 号，成熟落黄好、籽粒色泽鲜艳。在 2020 年品比试验中，亩产 473.8 公斤，比对照品种宁春 4 号增产 3.4%。

这些科研成果，让广大农户获得实实在在的实惠。

在山丹县清泉镇拾号村，面积达 500 亩的甘肃省现代农业科技支撑体系区域创新中心项目小麦新品种及绿色增效模式集成示范点，小麦研究所的专家们已筛选出以陇春 41 号为代表的 2～3 个高产优质小麦品种，集成并应用“新品种＋宽幅匀播＋药剂拌种＋测土配方施肥＋一喷三防”技术。

“山丹县小麦种植面积约为 19 万亩，陇春系列春小麦很受农户欢迎，约占全县种植面积的 40%，达 7.6 万亩。”山丹县农技推广中心主任何振明介绍，这离不开省农科院小麦所专家们持之以恒的示范和推广。

做好小麦新品种选育、强化小麦种质资源创新，既是夯实粮食安全的重要举措，也是打好种业翻身仗的具体体现。

面对肩上的重任，近年来，杨文雄带领团队沉下身子，扎根泥土，不断加强创新，取得了丰硕成果。

在加强高产广适优质节水春小麦种质资源创制和新品种选育方面，利用常规杂交、航天诱变、基因聚合、矮败轮回选择、分子标记辅助选择等育种技术，选育出新品系陇春 20612 等 30 多份。

以市场需求为导向，开展特色、优质、功能性专用小麦品种培育，选育出强筋面包新品系陇春 20618 等 8 份，中强筋小麦品种（系）陇春 44 号等 3 份，面条馒头专用品种（系）陇春 41 号等 5 份，彩色小麦系 3046B-1 等 9 份。以超高产、高光效、紧凑株型为目标，选育出分蘖力强、旗叶剑形小叶上举、可增加亩穗数 8 万～10 万穗、丰产性好、群体优、成熟落黄好的新品系陇春 20665 等 14 份。

专家组一路考察，一路深入了解。

“陇春 41 号和陇春 42 号有什么区别?”

“亩产能达到多少?”

“抗白粉病能力怎么样?”

……

深入实地考察后，专家组在山丹县召开座谈会。

座谈会上，国家小麦工程技术研究中心郭天财教授等专家组成员及基层农技推广中心、良种繁育企业代表对以陇春 41 号为代表的优质高产广适陇春系列春小麦品种的选育和示范推广给予充分肯定，认为陇春系列春小麦品种在种质资源创新、育种技术和育种成效方面效果显著，建议进一步加强适宜于市场需求的专用型新品种的选育和产业链延伸，为助力甘肃春小麦生产，实现“藏粮于地、藏粮于技”，保障粮食安全发挥重要作用。

（新甘肃·《甘肃日报》记者　杨唯伟）

【乡村·新关注】植根沃土勤耕耘

——记甘肃省农业科学院旱地农业研究所党总支

（来源：新甘肃 每日甘肃网《甘肃日报》 2021年8月13日）

这个集体，被授予全国青年科技创新先进集体、全国青年文明号标兵单位、甘肃省先进基层党组织等荣誉……

这个集体，涌现出了党的十五大代表、全国先进工作者、国家百千万人才工程人选、甘肃省领军人才……

一张张奖状，一份份荣誉，记录着甘肃省农业科学院旱地农业研究所党总支以高质量党建激发团队战斗力，实现高质量发展的故事。

故事要从20世纪70年代初说起。以老共产党员、全国先进工作者秦富华为代表的旱农人，在镇原县上肖乡路岭村住窑洞、吃派饭，推广蓄水保墒抗旱耕作技术，创造了六条路旱农经验，让粮食亩产从100公斤增加到250公斤。

20世纪80年代，小麦条锈病大流行，有“陇东粮仓”之称的庆阳、平凉小麦减产50%。全国先进工作者雍致明研究员带领团队开始了抗锈小麦新品种的攻关之路。1996年，选育出了多抗丰产小麦新品种陇鉴196，解决了甘肃东部小麦条锈病的重大难题。

20世纪90年代，共产党员马天恩研究员带领团队率先提出：雨水治旱、主动抗旱、集水农业发展思路。以控制山坡径流和植被恢复为主，创造了高泉流域治理模式，使昔日的荒坡秃岭变成了如今的绿色银行，被誉为黄土高原综合治理的一颗璀璨明珠和山川秀美的样板。

时间更迭，初心不改。在党的领导下，一代接一代的旱农人先后在镇原县上肖、定西市唐家堡、庄浪建立长期性试验基地，40年如一日开展旱作农业技术创新与应用。如今，这三个地方已成为国家农业科学试验站、国家玉米产业技术体系综合试验站，以及大豆产业技术体系综合试验站。

进入21世纪，针对陇原旱作区水资源高效利用和抗旱增产的重大需求，新一代旱农人创新和丰富党建工作载体，多措并举发挥党员和劳模“传帮带”作用，凝聚成了坚强的战斗堡垒，树立了一面又一面旗帜。

全国先进工作者张国宏研究员坚信“一滴水能够看见大海，一粒种子能够改变世界”，认真践行“把论文写在大地上，把成果送进百姓家”，带领团队选育出抗逆丰产优质冬小麦新品种15个，累计种植4 000多万亩，增产2.6亿公斤，增收10.2亿元，为甘肃小麦生产做出了突出贡献。

共产党员樊廷录是国家百千万人才工程人选。他领衔旱作集雨高效用水科研团队，主持完成的北方旱塬区优质粮食产业开发模式与技术研究、旱地全膜双垄沟播降水高效利用技术与示范项目获甘肃省科技进步奖一等奖，创造了旱作区玉米吨粮田和每毫米水分生产3.46公斤的世界纪录，支撑了甘肃粮食总产向1 000万吨的历史性跨越。

共产党员张绪成博士是甘肃省领军人才。

针对甘肃中东部作物生产受水热资源限制的瓶颈问题，他与他的团队历时十余年研究形成了以立式深旋耕、氮肥减量追施增钾运筹、垄上微沟水分高效利用等为主的旱地作物抗逆稳产栽培技术体系。同时，研制了立式旋耕机、单垄微沟播种覆膜机、垄上微沟追肥机及专用肥等产品，实现了农机农艺深度融合。

作为全省农业科技创新的“先锋队”和服务“三农”的“主力军”，近年来，旱农所党总支紧紧围绕科技兴农这一中心任务，带领年轻的共产党员践行旱农人的初心和使命。

按照“种养结合、以养定种、循环发展”的思路，“甘肃青年五四奖章”获得者李尚中研究员带领团队在庆阳市和平凉市提出了“甜高粱/饲用玉米种植＋青贮＋养牛＋粪污还田”的生态循环农业技术，使农户种养综合效益提高10%以上，为加快甘肃“粮改饲”步伐，旱作农业区产业脱贫提供了技术支撑。

“甘肃省直青年五四奖章”获得者马明生副研究员及团队成员，2018—2019年，在通渭县榜罗镇和第三铺乡累计推广2万亩以上马铃薯高效种植技术，亩产达2 000公斤以上，亩增收2 000元，推动当地产业发展，带动贫困户脱贫致富。

省农科院“优秀共产党员”陈光荣博士及团队成员，基于甘肃省间套作多熟种植的习惯，研究集成了大豆与小麦、马铃薯、玉米、幼龄果树等作物带状复合种植技术，累计推广408.6万亩，新增大豆0.92亿公斤，增收2.26亿元，2018年获省科技进步奖一等奖。

一项项重大成果的取得，得益于组织引领和党员发挥先锋模范作用。现有4个支部的甘肃省农科院旱地农业研究所党总支，共有党员40人。党员已成为旱农所科技创新的中坚力量。

“十三五”期间，旱农所承担国家及地方科研项目100余项，选育新品种9个，出版专著5部，发表论文171篇，授权国家专利8件，颁布地方标准7项。

（新甘肃·《甘肃日报》记者　杨唯伟）

【乡村·新聚焦】
兰天系列冬小麦新品种在陇南陇东创高产

（来源：每日甘肃网《甘肃日报》　2021年8月13日）

兰天45号在徽县单产突破510公斤，兰天42号在清水县亩产达594.7公斤，兰天36号在清水县亩产584.5公斤，创了陇南二阴山旱区的高产纪录，陇原235在灵台县亩产达408.2公斤等。

干旱、土壤瘠薄，加上自然灾害频发，特别是以小麦条锈病为主的有害生物高发频发，导致甘肃冬小麦产量低而不稳，全省小麦平均亩产仅为260多公斤。对此，省农科院小麦研究所冬小麦团队致力于小麦抗条锈育种工作。近年来，课题组把降低株高改造株型作为主攻目标，育成了一批抗条锈病，兼抗其他多种病害的矮秆丰产冬小麦新品种，如兰天34号、兰天36号、兰天42号、兰天43号、兰天45

号和陇原235等，增产潜力较大幅度提高，深受示范区广大农民喜爱。

在2020—2021年度冬小麦生产季，甘肃冬季气温偏低，小麦条锈病等病害在局部地区偏重发生，而省农科院小麦研究所冬小麦课题组培育出，以兰天系列为代表的新品种不仅抗条锈性突出，而且产量表现突出，在甘肃陇南及陇东不同生态区创了高产纪录，为甘肃粮食安全做出积极贡献。省农技总站组织专家团队在陇南市徽县开展冬小麦高产核心示范田现场实收测产，示范品种为兰天45号，单产突破510公斤；在灵台县开展了测产，陇原235亩产达408.2公斤。

日前，西北农林科技大学邀请农业农村部小麦专家指导组成员、甘肃农业大学柴守玺教授及甘肃省农科院等单位有关专家，对天水市清水县金集镇水清村“旱地小麦化肥减施增产增效技术”示范田进行了现场实收测产，测产品种为兰天42号，示范的核心技术为冬小麦监控施肥技术，示范田较农户常规施肥节约氮肥和磷肥用量20%以上，亩产达594.7公斤。省农科院小麦研究所邀请农业农村部小麦专家组成员、西北农林科技大学张睿研究员及天水市种子和农技推广部门专家，对天水市清水县王河镇李沟村种植的小麦新品种兰天36号进行了现场实收测产，亩产584.5公斤，创二阴山旱区高产纪录。

（新甘肃·《甘肃日报》记者　杨唯伟）

获国家授权专利10余项、制定行业标准8项！甘肃省农业科学院着力提升马铃薯贮藏保鲜技术水平

（来源：新甘肃　每日甘肃网　　2021年8月24日）

近日，记者从甘肃省农业科学院获悉，省农科院农产品贮藏加工研究所依托国家现代农业产业技术体系，针对马铃薯采后及贮藏期间存在的关键技术问题，开展马铃薯贮藏设施及抑芽防腐保鲜技术等方面的研究与示范，并取得显著成效，获得国家授权专利10余项，制定国家与行业标准、省地方标准和企业标准8项，有力支撑了全省马铃薯产业的发展。

马铃薯产业是甘肃省六大特色产业之一，年种植面积稳定在1 000万亩左右。由于马铃薯贮藏设施落后、贮藏保鲜技术水平低，导致年均贮藏损失率达15%，直接经济损失达10亿元。省农科院农产品贮藏加工研究所团队在国家马铃薯产业技术体系、国家自然科学基金、省科技重大专项等项目支持下，潜心研究十多年，获得国家授权专利10余项，制定国家与行业标准、省地方标准和企业标准8项。研发出了用于商品薯的抑芽剂新产品3种、用于种薯的发芽调控剂1种，筛选出了马铃薯贮藏防腐剂1种，设计出了马铃薯贮藏设施及通风系统建造模式，研发出适用于中小型马铃薯贮藏设施的强制通风智能控制仪等一系列科技成果，为提升全省马铃薯贮藏保鲜技术水平提供了有力保障。

研究团队研发的技术成果被农业农村部农

产品加工局采纳后，作为“国家农产品产地初加工补助政策”的核心技术之一，在内蒙古、甘肃、新疆等13个省份推广实施。团队主要成员被聘为全国农产品产地初加工补助政策马铃薯贮藏服务专家，参与相关政策的顶层设计、方案制定、教材编写和全国性主体培训。

自2012年以来，研究团队累计开展技术培训与交流80场次，培训人员上万人次；在甘肃省定西、平凉、白银、临夏等9个马铃薯主产区示范推广，累计示范建成10～100吨的新型马铃薯贮藏设施超过1.7万座，新增贮藏能力50多万吨，缓解了农民马铃薯贮藏设施不足的问题，提升了马铃薯产区贮藏技术水平，实现了马铃薯产后减损增效，错峰销售、均衡上市的目标，促进了全省马铃薯产业健康发展。

（新甘肃·《甘肃日报》记者　王朝霞　王煜宇）

重磅新成果！《甘肃农业科技绿皮书：甘肃农业改革开放研究报告（2021）》发布

（来源：新甘肃　　2021年8月25日）

8月25日下午，甘肃省农业科学院、社会科学文献出版社共同发布了《甘肃农业科技绿皮书：甘肃农业改革开放研究报告（2021）》，这本近30万字的研究成果，是40多位农业智库学者最新原创研究成果的一次集成展示。

绿皮书以甘肃农业改革开放进程中的重点、热点和难点问题为主要内容，包含总报告和“改革篇”“开放篇”“特色篇”3个专篇，共18篇研究报告。报告回溯了甘肃农业农村改革开放的历程，研究了深化农村改革与扩大农业开放的全局性、关键性重大问题，提出了推动全省农业高质量发展的对策和建议。

绿皮书披露，农业改革开放有效推动了全省特色农业发展，促进了农民收入持续增长。40年来，全省农民人均收入增长了94倍；伴随着农业生产力的大幅提升和农外就业渠道的拓展，甘肃省农业转移人口逐年递增，新型城镇化稳步推进，城镇化稳步提高，城镇就业总量和城镇就业比重持续上升；对外开放形成新格局，甘肃省农产品出口已涵盖全球6大洲85个国家和地区；甘肃省农业供给侧改革取得成就，确保粮食安全，构建绿色生产体系；甘肃省农村电子商务快速发展，为农村青年创新和创业带来新机遇；休闲农业成为新业态，甘肃休闲农业发展态势强劲，规模效益不断增加。

在随后举行的研讨会上，来自中国农业科学院农业信息研究所、中国农业科学院农业经济与发展研究所、甘肃农业大学、甘肃省农业科学院等科研院所、高校的专家学者进行线上、线下互动研讨。

（新甘肃·《甘肃日报》记者　李满福）

《甘肃农业科技绿皮书》新成果发布

（来源：人民网 中国甘肃网《甘肃日报》 2021年8月26日）

8月25日，甘肃省农业科学院、社会科学文献出版社共同发布了《甘肃农业科技绿皮书：甘肃农业改革开放研究报告（2021）》，绿皮书以甘肃农业改革开放进程中的重点、热点和难点问题为主要内容，包含总报告和“改革篇”“开放篇”“特色篇”3个专篇，共18篇研究报告。书中回溯了甘肃省农业农村改革开放的历程，研究了深化农村改革与扩大农业开放的全局性、关键性重大问题，提出了推动全省农业高质量发展的对策和建议。

绿皮书指出，甘肃省农业领域双向开放的不断加深，为农业企业外向发展增添了新动力。甘肃涉农企业借势而为，以牛、羊、菜、果、薯、药及现代种业等地方特色农产品为依托，有效释放国际贸易合作潜力，促进了与相关国家和地区经济的紧密联系。农业改革开放有效推动了全省特色农业发展，促进了农民收入持续增长。40年来，全省农民人均收入增长了94倍；伴随着农业生产力的大幅提升和农外就业渠道的拓展，甘肃省农业转移人口逐年递增，新型城镇化稳步推进，城镇化率稳步提高，城镇就业总量和城镇就业比重持续上升；对外开放形成新格局，甘肃省农产品出口已涵盖全球85个国家和地区；甘肃省农业供给侧改革取得成就，确保粮食安全，构建绿色生产体系；甘肃省农村电子商务快速发展，为农村青年创新和创业带来新机遇；休闲农业成为新业态，甘肃休闲农业发展态势强劲，规模效益不断增加。

在随后举行的研讨会上，来自中国农业科学院农业信息研究所、中国农业科学院农业经济与发展研究所、甘肃农业大学、甘肃省农科院等科研院所、高校的专家学者进行线上线下互动研讨。

（新甘肃·《甘肃日报》记者 李满福）

甘肃省农业科学院参与项目荣获2020年度国家科学技术进步奖

（来源：新甘肃 2021年11月11日）

记者从甘肃省农业科学院获悉，2020年度国家科学技术奖励大会日前在北京召开，甘肃省农业科学院作为第三参与单位、樊廷录研究员作为第三完成人的“北方旱地农田抗旱适水种植技术及应用”荣获国家科学技术进步奖二等奖。

据悉，“北方旱地农田抗旱适水种植技术及

应用”聚集了“十一五”以来中国农业科学院、辽宁省农业科学院、甘肃省农业科学院、山西省农业科学院、青岛农业大学、全国农技推广服务中心在国家科技计划项目的大量研究成果。

该项目以旱作农田水分变化及适水种植为核心，明确揭示了北方旱地作物水分供需变化规律及适应对策，揭示土壤增碳扩容、地表覆盖抑蒸、冠层塑型提效的作用机理，攻克了旱地农田土壤-地表-冠层协同调控的世界性难题，创建了北方主要类型旱地抗旱适水种植主导技术。该成果在我国北方旱农地区大面积应用，取得了显著的社会经济效益，为实施国家旱地农业规划和旱作节水示范提供了重要科学依据与关键技术支撑。

20 世纪 90 年代以来，樊廷录研究员率领团队依托镇原旱农试验站，扎根陇原，坚持创新。围绕甘肃省陇东旱塬农田水分变化演变特征，在旱地农田垄沟覆盖蓄水抗旱与抑蒸减蚀、土壤增碳扩容、旱作玉米产量－群体－水分关系等方面取得了重要进展；尊重科学规律，注重定位试验，破解了抗旱适水种植难题，摸清了陇东旱塬主要旱地作物干旱发生规律和适水种植优先序，攻克了机械化垄沟集雨种植机艺一体化、旱地玉米适水定密技术参数、秸秆适水还田改土等关键技术；坚持示范基地建设，创新应用模式，始终面向一线产业需求，建成了镇原国家农业科学试验站，建立了规范化示范展示及培训基地，在实践中形成了西北半湿润偏旱区覆盖集雨抗旱增粮主导技术模式，推动了科技成果转化，为全省粮食增产增效树立了科技样板，为项目获奖提供了科技支撑。

（新甘肃·《甘肃日报》记者　杨唯伟　王煜宇）

【坚持两手抓　夺取双胜利】甘肃省农业科学院：疫情防控不放松　科技服务不缺位

（来源：新甘肃　　2021 年 11 月 11 日）

本轮疫情发生以来，甘肃省农业科学院一手抓疫情防控，一手抓科技服务，形成全院上下齐心战“疫”、科技服务促增收的良好局面。目前，该院各研究所、试验站（场）正积极行动，有序分类推进复工复产。

群策群力，筑牢疫情防控安全网

疫情就是命令，防控就是责任。省农科院党委按照省委、省政府决策部署，组织全院党员和干部职工群策群力齐战“疫”。

连日来，省农科院围绕严防死守、争创“无疫社区”工作要求，从落实弹性工作制、坚持领导干部“三级带班”，严格执行干部职工“居家办公、网上办公”，有效阻断疫情传播链条；强化党组织战斗堡垒作用，坚决履行防控责任，加强人员管理，保证物资派送，做到疫情防控不留死角、不存疏漏。

省农科院发挥领导干部带头作用，突出党员先锋模范作用和志愿者服务作用，紧贴党史学习教育“我为群众办实事”实践活动，有序组织党员干部、青年志愿服务，密切协助驻地社区共同做好核酸检测、人员排查、环境消毒、值班值守等防控工作，筑牢疫情防控安全网。

发挥科技优势，全力保障农业生产

当前，正是秋冬科技培训、保春耕、促发展的关键时期。省农科院发挥科技优势，保障疫情防控和农业生产“两不误”。各科研团队密切关注疫情对农产品从生产、流通到消费各个环节的影响，通过广播、钉钉视频会议、微信群及电话等多种方式，与当地政府、企业、合作社和农户取得联系，倾听生产困难和问题，及时答疑解惑。

针对当前农业生产需要，省农科院以“互联网＋农业”的方式开通线上农业咨询，重点围绕全省“牛、羊、菜、果、薯、药”六大特色产业，从贮藏加工、水肥管理、病虫害防治等方面，为农业经营主体、合作社及农民提供农业科技知识培训和咨询服务。

这些天，省农科院专家已通过网络平台开展在线培训指导农业合作社、家庭农场等新型经营主体 20 余个，在线答疑 700 余次，技术咨询 210 人次；依据研究领域及服务区域，制作抗旱、抗寒、高产、优质等作物新品种及配套栽培技术方面的视频、课件 20 余个；针对全国名特优新农产品营养品质评价鉴定工作，对临夏县等地的农业部门、企业和农户进行视频指导，帮助他们做好秋冬季肉牛肉羊冬季补饲及保暖设施的维护。

统一谋划，有序推进科研工作

在省农科院的统一部署下，所属单位制定了专门的复工复产管理措施，调整工作时序，采取案头工作先行，统领科研工作并进的思路，保证各项科研工作有序推进。

坚守在各试验站（场）的科研人员，为保质保量完成抢种试验、播种等任务马不停蹄地忙碌着。张掖试验场积极与当地政府沟通协调，吸纳周边村民，解决果品采收“用工难”问题，如期完成了 300 余亩果园采收；组织人员疏通渠道，打捞树叶、冰块等易淤物，确保 1 500 亩果园冬灌顺利进行。

省农科院贮藏保鲜中心积极与客户协调沟通，在做好果品保鲜和疫情防护的前提下，出库销售果品 50 吨；通过农业机械或人工，保证1 000余亩大田秸秆清理、深翻土地、冬灌等工作顺利进行。

此外，各试验站（场）重点保证连栋温室的冬季运行，监测采集温度等各类数据，制订花卉、蔬菜、苗木等繁育工作计划，督促开展果品采收贮藏、设施农业生产、果园冬季灌水等，为全面复工复产做好充足的准备。

（新甘肃·《甘肃日报》记者　杨唯伟）

推动甘肃现代农业科技“走出去”，这场线上国际培训班在甘肃省农业科学院开班！

（来源：新甘肃　　2021 年 11 月 23 日）

11 月 23 日下午，由科技部举办、甘肃省农业科学院承办的面向全球发展中国家的现代旱作节水及设施农业技术国际培训班在甘肃省农科院开班。

此次培训班是甘肃承担的首个农业领域的国际培训班，旨在立足甘肃“丝绸之路经济带黄金段”的区位特点，发挥甘肃省农科院在旱作节水和设施农业技术领域的科技优势，推动以甘肃现代旱作节水和设施农业技术为主体的现代农业科技“走出去”。

培训班以线上形式举办，为期 20 天，共有来自亚洲、非洲、拉丁美洲 16 个发展中国家的 52 位学员参与。培训期间，将有 18 位专家在线上进行答疑授课，让学员系统地学习现代旱作节水农业、设施栽培、特色林果、农产品储藏加工等方面的理论与模式，熟练掌握成本低、轻简化、易操作的实用农业技术，有效助推发展中国家旱作农业提档升级。

干旱缺水是全球绝大部分发展中国家农业和社会发展的重要制约因素，应用现代节水和设施农业技术是促进旱作区农业发展最根本的措施。甘肃地处中国西北内陆，是干旱缺水最严重的省份之一。甘肃省农科院作为全省唯一的综合性省级农业科技创新机构，自建院伊始，就紧紧围绕旱作农业水资源高效利用、农田地力提升、黄土高原和丘陵沟壑区生态治理等关键技术问题，开展了长期不懈的系统研究。

经过几代人的努力，甘肃省农业科学院已集成创新了地膜覆盖、集雨节灌、设施栽培等多项旱地农业技术，凝练提出了黄土高原丘陵区小流域水土流失综合治理模式，丰富发展了西北旱地降水高效利用的理论体系。一系列理论和技术在粮食、果蔬、中药材以及生态治理等领域广泛应用，有力促进了西北旱作农业的绿色高效发展，也为全世界同类型地区旱作农业的可持续发展提供了成功典范。

（新甘肃·《甘肃日报》记者　杨唯伟）

扎根黄土旱塬　服务旱农发展

——记甘肃省农业科学院旱地农业研究所镇原试验站

（来源：新甘肃　　2021 年 11 月 25 日）

甘肃省 2/3 以上的耕地为旱地。陇东黄土旱塬是我国农耕文明发祥地之一，素有“油盆粮仓”之称。然而严重的水土流失和频繁的干旱并存，制约着旱地农业发展。

20 世纪 70 年代，甘肃省农业科学院科技人员响应党的号召，在庆阳市镇原县上肖镇建立试验站。从那时起，一批批科研人员扎根黄土旱塬，进行科学数据积累和农业产业发展规律与技术研究，为甘肃旱地农业的可持续发展提供了技术支撑，也为全国旱地农业发展奉献了宝贵的经验。

潜心旱农研究践行历史使命

1972 年，甘肃省农业科学院的一批科技人员来到庆阳市镇原县上肖乡六条路村，创建了试验站。他们住窑洞、吃派饭，克服困难，潜心科研，集成和创新应用了一批作物杂交品种和突破性技术，总结形成了“六条路旱农经验”，让粮食亩产从100公斤增加到250公斤，解决了当地农民的温饱问题。1982年在延安召开的全国旱地农业会议上，与会领导、专家肯定了镇原旱农经验。

历经半个世纪，镇原试验站一代代的科研人员勤奋钻研，提出“集水—保水—节水—用水”的高效用水思路，研发应用了7项旱农重大技术。其中，提高北方旱塬粮食作物产量和水分利用效率的关键技术及提升旱地冬小麦生产优质化水平的节本增效技术，累计增加效益达30多亿元。

1984年，试验站更名为甘肃省农科院镇原旱地农业综合试验站。1991年，试验站正式进入国家旱地农业科技攻关行列，开启旱农创新之路。2012年，试验站遴选为国家玉米产业技术体系综合试验站，2015年，试验站入选农业部学科群实验站和国家农业科研创新团队，2018年，试验站被首批确定为国家农业科学野外实验站。

试验站科技创新不断提升，科研基地也不断改善：由原来的几孔窑洞，到现在拥有两栋科研生活办公楼；由原来的“一把尺子一杆秤”，到现在拥有科研仪器20多台（套）、抗旱棚1座、径流监测池1处、野外气象观测站1处、野外信息采集及空防喷药无人机3架等。

不变的是，一代代科研人员持续扎根于此，潜心服务旱地农业发展。目前，试验站现有固定科研人员13人，其中博士2人、硕士7人。

秉承“三农”理念　履行基地职责

水是农业的命脉。围绕水问题、做好水文章、节水改土成为旱地农业科技创新与技术突破的长期任务。

一直以来，镇原试验站始终立足于黄土旱塬区“粮”与“水”的问题，研究旱作农田降水高效蓄保、覆盖集雨种植、土壤肥力演变与培育、抗旱品种创制与生物节水等重大问题，加强成果转化，提高粮食产量，提升农民素质。

试验站先后承担国家和地方项目100余项，创造了“六条路旱农经验”，研发应用了7项旱农重大技术，选育审定小麦新品种17个和大豆新品种3个。

同时，以试验站基地为中心，辐射带动周边地区，建立了4个千亩以上的农业示范基地，分别是“陇东旱塬优质粮食丰产示范基地——镇原”“甘肃省草畜循环利用示范基地——庆城”“陇东粮饲兼用玉米全程机械化收获示范基地——泾川”“夏大豆间套作示范基地——宁县”，辐射示范带动效果显著。

建站以来，镇原试验站还广泛开展国内外学术交流，接待观摩及培训农业技术人才累计5万人次，培养研究生50余名，累计增产粮食55亿公斤，为陇东旱塬粮食安全生产做出了突出贡献。

弘扬“孺子牛”精神　把论文写在大地上

半个世纪以来，一代代科研人员扎根试验站默默耕耘，把论文写在了陇原大地上。

试验站秦富华研究员、雍致民研究员、张国宏研究员先后获全国先进工作者荣誉称号，樊廷录研究员入选国家百千万人才工程，秦富华研究员当选为党的十五大代表，试验站有4人享受国务院政府特殊津贴。镇原试验站先后荣获2项国家科技进步奖二等奖，5项省部级科技进步奖一等奖，11项省部级科技进步奖二等奖，国家发明专利9项，发表论文200余篇，出版专著8本。

作为我国农业科研历史悠久的试验站之

一，这里已成为国家农业科技创新、成果孵化、人才培养和科技合作基地，为农业科技进步和生产发展做出了重要贡献。

新时代赋予新使命。镇原试验站科研团队正在向国内一流农业科学观测站的目标奋发迈进。

（新甘肃·《甘肃日报》记者　杨唯伟）

在新时代新征程上展现新气象新作为

——甘肃省干部群众热议党的十九届六中全会精神

（来源：每日甘肃网《甘肃经济日报》　2021 年 11 月 18 日）

连日来，全省各单位把学习宣传贯彻党的十九届六中全会精神作为当前和今后一个时期的重大政治任务，坚持学用结合，迅速掀起了学习贯彻全会精神的热潮。

甘肃省农业科学院党委书记魏胜文表示，在新发展阶段科技创新大有可为的历史机遇期，更要学懂、学精十九届六中全会精神，坚持“四个面向”，坚决扛起“为农业插上科技翅膀”的职责使命，把实现高水平科技自立自强作为核心目标，把高质量发展作为第一要务，紧盯全省现代农业产业发展和乡村振兴战略实施中的急切需求和瓶颈问题。以党的建设为保障，汇聚科技创新资源、强化科研技术攻关、加快成果转化应用、改进创新管理模式、深化科技体制改革，不断提升核心竞争力。切实增强省农科院在农业科技领域的支撑服务保障作用，满怀信心地在科技供给服务、全省“三农”和推进乡村振兴战略实施的新征程中，考出好成绩，做出大贡献。

（新甘肃·《甘肃经济日报》记者　俞树红）

陇东旱塬上的“吨粮田”

（来源：新甘肃《甘肃经济日报》甘肃经济网　2021 年 12 月 1 日）

11 月 26 日，甘肃省农业科学院在平凉市泾川县高平镇举行了旱作玉米密植增产低水分籽粒直收现场观摩会，经过专家现场测产显示：玉米亩产达 1 087.24 公斤，并实现了玉米低水分机械籽粒直收入库。

见证玉米“吨粮田”

“这是我们引进选育的新品种先玉 335，水分含量为 12.64%，每亩产量达 1 087.24 公斤……”11 月 26 日，在旱作玉米密植增产低水分籽粒直收现场观摩会上，国家玉米产业技术体系专家、省农科院副院长樊廷录，抓起一把刚从收粒机内流出的金黄色玉米，向参观的测评专家们介绍。

记者在现场看到，两台大型玉米收粒机穿梭于玉米田间，三轮车负责往仓库转运收获的玉米，省农科院旱地农业研究所工作人员正在忙着抽样测产。

省农科院旱地农业研究所所长李尚中介绍，从筛选的15个新品种中选取9个品种现场实收测产，结果籽粒含水量在13.29%～17.73%，平均含水量15.47%，三个品种达到国家粮食入库标准。其中九玉W03、联创825、强盛388、MC703、迪卡519、先玉698亩产1 000公斤以上，平均产量为每亩1 045.39公斤，旱作玉米产量实现了“吨粮田”。

与会专家一致认为，陇东旱地玉米产量能达到“吨粮田”水平实属不易，科技创新发挥了重要支撑作用，尤其生物降解膜替代PE膜有效控制了地膜残留污染，在我国北方旱地粮食生产上是一项重大的技术进步和突破，对确保区域粮食安全和玉米绿色丰产增效具有重要的支撑与引领作用。

年增产玉米1.2亿公斤

“好技术要转化成果，在黄土旱塬推广，实现绿色环保、增产增效，政府推动，农民认可，确保国家粮食安全，让农民真正受益。”西北农林科技大学教授、国家玉米产业体系岗位科学家薛吉全说。

那么，这项新技术将给黄土旱塬地区带来什么？

薛吉全说，今后玉米生产方式将在黄土旱塬发生转变，现代化科技种植玉米将推动西北旱区玉米产业高质量发展，农业生产将从单一种植向科学综合种植转变。机械化规模种植不但降成本、增效益，还可以减少劳动力50%左右，让玉米从田间直接入库，减少了脱粒、晾晒等人工工序，把劳动力从田间解放出来，真正实现农业机械化。

樊廷录做过测算，目前甘肃省陇东（庆阳和平凉）地区玉米种植面积近430万亩，全部是旱地。其中适宜（平坦塬面和川坝地）机械粒收玉米播种面积150万亩。采用密植增产及低水分机械籽粒收技术，按照每亩增产85公斤算，可总增产粮食1.28亿公斤。目前每公斤玉米收购价2.4元，按此算，将新增经济效益近3亿元。加之机械粒收代替人工收获，仅收获玉米一项，每亩减少成本120元。150万亩相当于节约成本2.25亿元。综合增产与节约成本两项，该项技术应用后，陇东旱塬150万亩玉米地，年可增产粮食1.2亿公斤、节本增效5亿元。

观摩推广让农民大开眼界

当日，省农科院在庆阳市镇原县开展甘肃省重大专项“作物绿色丰产栽培技术研发与示范”机械化粒收现场、国家重点研发计划“旱作玉米绿色增效及农户种养结合增收模式应用”课题及“2021年国家玉米产业技术体系兰州综合试验站玉米机械化粒收现场”观摩会，为推广新技术种植，现场施教。

“想不到现在玉米收获也实现了全程机械化。”11月27日，镇原县永盛源养殖专业合作社负责人杜永斌目睹了大型农机收获玉米的场景后感叹。

为了参加这次观摩会，杜永斌早早从镇原县中原乡原峰村赶来。他说：“合作社流转了600亩土地种植玉米，人工收玉米成本高，每亩地支付掰玉米人工费210元，玉米脱粒费30元，加上晾晒、搬运费，一亩地人工费的成本300元，而机械收获费用每亩地只有80元。”

镇原县农业农村局组织各乡镇种植合作社负责人参加了观摩。庆阳辰基种植养殖专业合作社出动几台大型机械，在示范基地田间现场演示。两辆玉米收粒机将收获的玉米送到该合作社粮库。之后，一台秸秆饲料打捆机驶过田间，将秸秆打捆包装，另一台秸秆粉碎机演示秸秆粉碎还田。

庆阳辰基种植养殖专业合作社负责人李占鑫介绍，近三年，与省农科院旱地农业研究所合作，种植 3 000 亩旱作玉米密植绿色增效示范基地，收获不小，附近农民纷纷前来观摩学习。

平凉市农业科学院信息产业科科长王甲玺介绍，从 2015 年开始，平凉市农科院玉米项目团队主动和甘肃省农科院合作，依托国家、省、市有关科研项目实施，围绕陇东旱塬玉米生产转方式，助推产业扶贫，实现降本增效、绿色生产。在泾川县高平、党原、玉都、飞云等乡镇示范 2 万多亩，每亩增产 15%，降低生产成本 140 元，为加快科技创新、助推乡村振兴提供了科技支撑。

（新甘肃·《甘肃经济日报》记者　俞树红）

中以绿色农业交流项目在甘肃省农业科学院启动

（来源：新甘肃　每日甘肃网《甘肃日报》　2021 年 12 月 15 日）

今天下午，由甘肃省农业科学院与以色列驻华大使馆联合筹备的“中以绿色农业交流项目”启动仪式在甘肃省农科院举行。

活动现场，双方代表签署了“中以友好现代农业合作项目”合作协议，并为“中以友好创新绿色农业交流示范基地”揭牌。依托该项目，省农科院将与以色列驻华大使馆建立合作，引进以色列水肥一体化和日光温室环境调控等现代农业技术及装备。同时，依托该项目打造中以农业科技合作交流科研基地、中以农业科技人员国际化联合培养基地、中以现代农业技术综合展示基地，使其成为新时期甘肃中以外事交流和农业科技合作的示范样板。

以色列滴灌节水、精准施肥、农业信息化、高产种养、设施栽培和特种肥料生产等农业技术均处于世界前列。近年来，省农科院高度重视对外交流合作和智力引进工作，曾先后组织多批次培训团赴以色列学习考察，取得了积极成效。近日，在省外事办的协调帮助下，省农科院与以色列驻华大使馆就“中以友好现代农业合作项目”达成合作意向。

“中以友好现代农业合作项目”的签署，标志着该项目正式落地实施，也意味着省农科院在加强智力引进、扩大国际合作交流、加强创新平台建设方面迈出了新的步伐。省农科院将充分利用好这个平台，全方位、深层次地开展与以色列及相关单位的科技合作，为全省农业高质量发展和乡村振兴注入新的活力。

（新甘肃·《甘肃日报》记者　杨唯伟）

九、 院属各单位概况

作物研究所

一、基本情况

甘肃省农业科学院作物研究所成立于2007年，主要从事作物种质资源收集保存、创新利用研究，遗传改良技术与应用基础研究，新品种选育与配套栽培技术研究，开展成果转化、科技服务、人才培养及科技培训。设有玉米、胡麻、油菜、向日葵、棉花、杂粮、豆类、高粱和品种资源9个专业研究室和1个作物遗传育种实验室，拥有1个国家油料作物改良中心胡麻分中心、2个农业农村部学科群野外科学观测站、1个国家胡麻产业技术体系研发中心、1个省级胡麻工程中心共5个国家和省级科研平台，1个省级农作物品种资源库和4个院级专业试验站。现有在职职工65人，科研人员58人，硕士以上30人，国家有突出贡献中青年专家1人，入选国家“百千万人才工程”1人，甘肃省领军人才6人。

二、科技创新及学科建设

2021年，共承担各类科研项目78项，其中新上项目33项，结转项目38项，横向合作7项。在敦煌、张掖、永登、兰州、皋兰、景泰、和政和甘谷等地落实种质资源、品种选育和栽培技术研究试验213项，参试材料52 569份，试验用地达527亩。

针对产业需求，培育8个作物新品种并通过品种审定或品种登记；4项国家发明专利、13项实用新型专利、3项计算机著作权获得授权；《农作物种质资源种子入库技术规程》等6项甘肃省地方标准颁布实施；13项科研项目按期结题验收，4项成果通过省科技厅成果登记。参与完成的“机收玉米新品种选育及育繁推一体化集成技术研究与应用”获神农中华农业科技奖科学研究类成果三等奖。在*The Crop Journal*等SCI期刊发表高质量论文2篇，在《作物学报》等CSCD期刊发表论文10篇；撰写科技助农咨询报告2份，出版专著1部。陇单336通过国家审定，成为研究所第一个国审玉米品种，陇中黄605通过省级审定，陇亚16号、陇亚17号通过农业农村部品种登记。育成了玉米、胡麻、糜谷、油菜、大豆、油葵、棉花、高粱等一批优质、广适、适合机收和适宜青贮做饲草的作物育种新材料。

三、科研条件和平台建设

农业农村部“西北特色油料作物科学观测试验站”建设项目已完成土建工程和田间工程的勘察、测量和施工图设计、评审工作，正在进行施工图修改和预算工作。国家农业科学敦煌观测实验站建设项目进行了线上答辩，争取到瓜州县政府无偿划拨自有耕地100亩。张掖、秦王川、会宁、敦煌等试验站设施设备完善、更新，为开展作物高通量表型鉴定奠定了基础。

组织申报2022—2025年中央预算内投资农业建设项目6项，西北种质资源保存中心、甘肃省特色油料作物遗传改良与利用重点实验室、张掖玉米区试站3项列入项目储备，完成国家油料改良中心胡麻分中心建设项目省级竣工验收。

四、科技服务与乡村振兴

2021年，共建立新品种示范点30多个，示范陇棉、陇糜、陇谷系列品种、陇亚系列胡麻品种、陇豌系列豌豆品种、陇单系列玉米品种等 10.913 万亩，新增推广面积 40 多万亩。签订油菜、玉米、高粱等新品种合作开发、品种转让协议 4 个，开展技术咨询服务、承担委托试验、转基因检测等工作 40 多项，全年成果转化纯收入达 201.5 万元。

以科技项目为载体，选派优秀科技工作者在镇原方山乡长期驻村，在镇原、积石山、临潭、会宁、永靖、东乡等地发放自育陇字号新品种 6 000 多公斤，提供各种肥料、农药等新产品 3 600 袋（瓶），建立新品种示范基地 8 个，开展科技培训 37 场（次），赠送技术资料 2 600 多册，培训农民 2 700 人次，带动了特色产业开发，实现了经济、社会和扶贫效益的多方位体现。

五、人才队伍与团队建设

2021 年，有 3 名同志获得硕士生导师资格。享受国务院政府特殊津贴 1 人、被评为第二批甘肃省拔尖领军人才 1 人、甘肃省领军人才 1 人、获得第十届甘肃省青年科技奖 1 人。7 人入选甘肃省现代丝路寒旱农业专家团队。邀请中国科学院、中国农业科学院、华中农业大学等科研机构 52 名专家来作物研究所开展学术交流合作，为人才成长创造了良好条件。

六、党建与精神文明建设

组织各支部梳理存在的问题、提出整改方案，完善和细化书记负总责、支部委员抓具体工作的责任机制。深入学习党的十九大精神、习近平新时代中国特色社会主义思想。把党史学习作为党支部“三会一课”等基本内容，组织和帮助支部开展党史学习教育。先后组织“重温革命史，徒步长征路”、庆祝建党 100 周年党史知识竞赛等学习活动。认真履行“两个责任”，抓好党风廉政建设。

开展“凝心聚力、喜迎新春”“感党恩、跟党走、攀高峰”庆祝三八妇女节活动。积极参加甘肃省农科院第十三届“兴农杯”职工运动会并取得优秀组织奖，以及两个亚军、两个季军的好成绩。在新冠感染疫情遭遇战中，积极做好组织动员工作，发挥党员的先锋模范作用，有力支持了抗击疫情工作。

小麦研究所

一、基本情况

甘肃省农业科学院小麦研究所成立于 2009 年，是集小麦新品种选育、杂交小麦研究、小麦条锈病遗传多样性控制、小麦水分高效利用及相关生产技术研发和科技咨询于一体的专业性科研机构。现有职工 23 人，其中正高 10 人、副高 8 人，博士 7 人、硕士 6 人，省领军人才 3 人、省优秀专家 2 人。退休职工 7 人，其中研究员 1 人。

现下设冬小麦研究室、春小麦研究室、分子育种研究室，有清水试验站、黄羊试验站及定西旱地小麦试验点。拥有国家小麦产业技术体系天水综合试验站、国家小麦改良中心甘肃小麦种质资源创新利用联合实验室、国家引进国外智力成果示范推广基地——小麦条锈病基因控制、甘肃省小麦工程技术研究中心、甘肃省小麦种质创新与品种改良工程实验室、甘肃省小麦产业技术体系研发中心、甘肃省小麦良种繁育行业技术中心 7 个科研平台。

小麦所成立以来，先后选育出小麦新品种46个，其中陇春系列春小麦新品种16个，兰天系列冬小麦新品种30个。发布地方标准12项，获植物新品种保护权2项。获得各类科技成果奖励18项，其中国家及省部级奖励12项。主持完成的“陇春系列小麦品种选育与示范推广”获2016—2018年全国农牧渔业丰收奖一等奖，“抗旱丰产广适春小麦新品种陇春27号选育与应用”成果获2015年度省科技进步奖一等奖。

目前，全所共承担国家现代农业产业技术体系、国家自然科学基金、省重点研发计划、省自然科学基金和院列各类科研项目共20余项。

二、科技创新及学科建设

2021年，全所申报各类项目48项，其中国家基金12项。全年立项12项。开展品种抗逆性评价、种质资源创新、（特色）品种选育、新品种试验示范等工作47项，占地面积320亩，种植各类试验材料14 921份，建立试验示范基地6个。通过省级审定小麦新品种4个，25个品种（系）参加国家和省级区试；7个项目通过结题验收或绩效评价，发布地方标准9项，完成省级科技成果登记5项，获植物新品种保护权1项，授权实用新型专利1项；发表学术论文6篇，其中CSCD论文3篇。重组栽培生理研究室，设置成立分子育种研究室。

三、科技服务与乡村振兴

转让新品种使用权4项。在省内外示范推广新品种260万亩，在灵台、泾川、庆城等地建立小麦新品种良种繁育基地，在促进产业发展、推动成果转化和新品种推广应用方面发挥了重要作用。以清水和黄羊试验站为平台，主办冬、春小麦品种观摩会，在徽县承办了全省冬小麦观摩会，并进行了研讨交流，累计约350人次参加了观摩研讨活动。新甘肃、甘肃电视台、《兰州晚报》等新闻媒体对观摩会进行了报道。在山丹县举办了陇春小麦观摩会，并进行研讨交流，累计约100人次参加，座谈会上山丹县委县政府就小麦所选育的陇春系列春小麦品种对山丹县小麦产业产生的贡献表示感谢，并表态继续加强双方合作。针对小麦倒春寒、晚霜冻及持续干旱的生产问题，所内专家及时提出相应技术措施；积极开展各级各类技术服务20次以上，积极向各级各部门建言献策，向相关部门递交小麦生产、种业发展等方面相关调研报告或技术报告7份，其中《关于推进我省小麦产业绿色高质量发展的提案》和《关于做大做强我省种业助力乡村振兴的提案》提交政协甘肃省十二届五次会议集体提案，《防控小麦条锈病迫在眉睫》和《关于近期剧烈降温和霜冻对我省苹果及夏粮作物影响情况调研的建议》被民进中央采用，《我省冬小麦主要病虫害防治迫在眉睫》和《关于加强我省冬小麦当前及春季田间管理确保来年丰收的建议》被中共甘肃省委统战部采用，《关于推进我省小麦产业绿色高质量发展的建议》被省政府参事室呈报省委省政府。

按照院党委安排，派遣1名研究员赴镇原县方山乡关山村开展乡村振兴工作。一年来，扎实履行驻村工作队“六大员”职责，帮办实事60余件。利用自身特长，在农作物生长关键时期开展技术培训10余次，科学指导防锈抗旱。对引进的6个燕麦品种开展试验示范，发放玉米良种 900 袋、甜高粱种子 50 公斤、冬小麦良种 1 650 公斤。全所科技人员以“三区”项目为依托，在受援地或示范地举办各类技术培训会 10 余场次。3 名同志表现优秀，受援地村委会赠送锦旗表示感谢。

四、人才培养和团队建设

1 人获“感动甘肃·陇人骄子”提名奖，2 人次获民进中央和民进省委表彰奖励，1 人次获省委宣传部表彰，3 人被省农业农村厅聘任为丝路寒旱农业高质量发展小麦专家组成员，1 人荣获甘肃省农业科学院“优秀共产党员”荣誉称号。

五、科技交流与国际合作

邀请国内知名专家康振生院士、郭天财教授、胡琳研究员、高春保研究员及省农业农村厅、省科技厅相关领导到小麦新品种观摩会指导工作，专家组对陇春、兰天小麦在田间的表现和对社会的贡献给予了高度评价。甘肃省政协、山西省政协相关领导到试验站调研种业发展。利用线下、线上多种方式，参加相关学术研讨会 12 场、50 余人次。在《甘肃日报》、甘肃电视台等省级新闻媒体宣传 4 次，制作研究所及相关产品短视频 15 条，利用抖音、快手等短视频平台进行了宣传，累计点击量超过20 000次。先后有中国科学院、中国农业科学院、西北农林科技大学等单位的相关专家和研究生 40 余人次来黄羊、清水试验站开展学术交流和合作。向西藏、青海、宁夏、陕西和甘肃的陇东、陇南、中部不同生态区等 31 家同行或单位交换种质资源、提供材料 200 余份。

六、科研平台和条件建设

“抗条锈小麦育种及原原种繁殖基地建设”项目获准立项，建设经费 40 万元。“清水冬小麦区域试验站建设项目”进入国家现代种业提升工程项目 2022 年储备库，项目总经费 1 818 万元，其中，中央投资 1 455 万元。“小麦面粉加工中试实验室建设”进展顺利，主体框架基本完成。快速育种平台建设按期完工，在继续保持小麦所传统育种优势的基础上，将实现常规育种与分子育种和快速育种的有效结合，显著提高育种效率。

七、党建和精神文明建设

组织全所职工认真学习习近平新时代中国特色社会主义思想和党的十九大及十九届历次全会精神，坚决贯彻执行习近平总书记在甘肃省的讲话精神及与科技创新、人才培养等相关的论述。扎实开展党史学习教育活动，每位同志都认真撰写党史学习教育心得 1～2 篇。全所同志结合自身实际，开展向省委省政府领导呈送种业发展报告、小麦绿色高产技术等专题报告，进行各种类型实用技术培训等，如“我为群众办实事”活动。认真开展“三会一课”，加强党支部规范化标准化建设，进一步强化党支部战斗堡垒作用和党员先锋模范作用，党旗始终在科研、生产、疫情防控等一线高高飘扬。以《党风廉政建设和反腐败重点工作责任书》为目标，围绕重点任务，先后开展了专题会商、廉政约谈、信访起底、清单落实、制度修订完善、廉政警示教育、风险排查、学风文风专项整治、撰写履职报告等工作，开展相关活动 14 次。积极配合院纪委执纪履责，保质保量完成院纪委安排下达的各项工作任务，组织开展了违反中央八项规定精神问题自查自纠、全面从严治党政治责任“六个一”活动进展情况自查等。针对省委第九巡视组反馈的相关问题和院纪委对班子约谈的相关问题，配合相关部门进行了认真整改落实。

马铃薯研究所

一、基本情况

甘肃省农业科学院马铃薯研究所成立于2006年，是一个集马铃薯种质资源保存与评价利用、育种技术与品种选育、栽培生理与栽培技术、种薯脱毒与组培快繁、无土栽培与种薯繁育、病虫害防控与水肥高效利用等研究和成果转化与科技服务为一体的专业化科研机构。现有在职职工29人，其中研究员9名，副研究员9名，博士6名，硕士8名。享受国务院政府特殊津贴1人，国家现代农业产业技术体系岗位科学家1人，省领军人才2人，省现代农业产业体系副首席1人、岗位专家2人，1人入选省“333科技人才工程”，2人入选省“555科技人才工程”。退休职工19人，其中研究员2人，享受国务院政府特殊津贴1人，省科技功臣1人，省先进科技工作者1人。

下设遗传育种、栽培技术、种质资源与生物技术和种薯繁育技术4个研究室，会川和榆中2个试验站，以及甘肃一航薯业科技发展有限责任公司，拥有国家农业科学种质资源渭源观测实验站、农业农村部西北旱作马铃薯科学观测实验站、抗旱高淀粉马铃薯育种研究创新基地、马铃薯脱毒种薯繁育技术集成创新与示范星创天地、甘肃省马铃薯种质资源创新工程实验室、甘肃省马铃薯脱毒种薯（种苗）病毒检测及安全评价工程技术研究中心、马铃薯种质资源创新利用与脱毒种薯繁育技术国际科技合作基地、甘肃省农业科学院马铃薯研究所会川试验站科普示范基地、马铃薯种质创新利用及脱毒种薯繁育技术示范推广基地、中俄马铃薯种质创新与品种选育联合实验室、丝绸之路中俄技术转移中心、甘肃省示范性劳模创新工作室12个科研平台。

建所以来，获科技成果奖励11项，国家发明专利3项，国际发明专利2项，国家实用新型专利5项，计算机软件著作权2项，地方标准（规程）4项。选育马铃薯新品种12个，其中国审品种2个，省审品种7个，品种登记3个，获植物新品种权4个。

二、科技创新及学科建设

全年组织申报项目50余项，新上项目20项，合同经费1 047.2万元；布设各类试验73项，占地166.5亩，展示示范9 374亩；组织结题验收项目10项；申报专利及计算机软件著作权5项，其中4项获得授权；发表论文19篇。

三、科技服务与乡村振兴

选派1名同志在镇原县方山乡王湾村驻村帮扶，各项帮扶工作顺利开展。发放马铃薯良种4 000公斤，推广种植马铃薯面积达到300亩。协同工作队一起走访入户50多户，冬季送温暖8户，各家各户送面粉25公斤，食用油5公斤。协助村委进行甘肃省房屋调查、贷款催收、社医保催收、疫情防控、督促群众疫苗接种等工作。

“三区”人才科技服务项目，全年联系服务 14 个村，服务企业、合作社、农民协会等机构 10 个，引进马铃薯新品种 26 个，推广新技术 17 项，建立示范基地 5 个，培养基层技术骨干 22 人，发放马铃薯脱毒种薯原原种 48 000粒，原种 8 687 公斤，农药 3 886 袋(瓶)。开展技术培训 40 场次，共计 1 654 人。

四、人才培养和团队建设

今年聘任研究员 1 人，高级农艺师 1 人，1 人晋升研究员。1 人入选中国作物学会马铃薯专业委员会委员，续聘甘肃省领军人才 3 人，1 人获得博士学位，在读博士 1 人，1 人前往西安外事学院进行为期 3 个月的英语学习，成绩合格。

五、科技交流与国际合作

今年先后有 27 人次参加了榆林马铃薯大会、深圳“第十九届中国国际人才交流大会”、济南“给农业插上科技的翅膀”研讨会、“国家马铃薯良种联合攻关品种展示观摩会议”等学术交流会议。试验站及脱毒中心先后接待国际马铃薯中心亚太中心、省发改委、省委巡视组、省党史组、甘肃省马铃薯产业科技创新联盟、临洮农校及兰州市少年儿童生态道德实践活动人员 20 批次、1 036 人。牵头联合 33 家科研院所、高校和马铃薯产业相关企业成立了甘肃省马铃薯产业科技创新联盟，并召开了成立大会和第一届理事会。

六、科研条件与平台建设

通过“渭源县马铃薯良种制种大县奖励项目”完成了会川试验站贮藏窖设施改造升级工作，建设原种网棚 7 200 平方米，购置了苗床设备，完成了审计和总验收；在榆中试验站依托条件建设项目“甘肃省马铃薯种质种苗协同创新中心建设”，完成物联网设备的安装、调试、试运行以及农机具库的维修与改造。“马铃薯种质资源创新工程实验室”考核评价优秀，省发改委补助运行资金 50 万元。“甘肃省国际科技合作基地”完成年度评估。“兰州市引智成果示范推广基地”完成年审，市科技局拨付经费 5 万元。

七、党建和精神文明建设

严格落实院党委的决策部署，做到年初有部署、年中有检查、年末有总结；明确党总支负责人为党建工作第一责任人，有效抓好班子成员“一岗双责”，推进党建工作与业务工作融合；严格执行民主集中制，落实“三重一大”事项决策制度。总支组织集中学习 2 次，专题党课 3 次，交流研讨 2 次，现场教育 1 次，集中学习习近平总书记在庆祝建党 100 周年大会上的讲话 1 次，所属支部召开支委会 22 次，党员大会 10 次，党课 10 次，主题党日 33 次，专题组织生活会 4 次。按照《落实全面从严治党政治责任“六个一”活动实施方案》，完成“六个一”活动主要任务，充分发挥党组织监督执纪职责，提醒谈话 7 人次，警示谈话 27 人次，批评教育 1 人次。修订了《甘肃省农业科学院马铃薯研究所学术委员议事规则》和《甘肃省农业科学院马铃薯所财务管理细则》。开展了党风廉政集中教育 8 次，排查风险点 5 个，制定防控措施 5 项，检查发现问题 1 个，完成整改 1 个，开展了学风会风文风专项整治。在抗疫一线值班的人员 7 人次，其中全部为党员。走访慰问老党员 2 人次，慰问困难职工 9 人次。积极组织职工参加第十三届“兴农杯”职工运动会，获得了 1 个三等奖；在《甘肃日报》等媒体宣传报道 3 次，院局域网报道 28 次，所里积极开展争先创优活动，研究室支部获得先进党支部荣誉称号，1 人被评为优秀党务工作者，2 人被评为优秀共产党员。

旱地农业研究所

一、基本情况

甘肃省农业科学院旱地农业研究所成立于 1987 年，主要从事干旱半干旱、半湿润偏旱区以及高寒阴湿区的雨水高效利用、作物种质创新与品种改良、作物抗旱生理、耕作栽培、生态循环农业等领域的理论研究及新技术的开发与应用。现有在职职工 44 人，其中研究员 14 人，副研究员 17 人，博士 8 人，硕士 18 人；先后荣获全国青年科技创新先进集体、全国“青年文明号”标兵单位、甘肃省先进基层党组织、甘肃省科技工作先进集体等荣誉称号；享受国务院政府特殊津贴 5 人，全国先进工作者 3 人；入选全国优秀专家 1 人、国家“百千万人才”1 人、全国农业杰出人才 1 人、省领军人才 6 人、省优秀专家 3 人、省属科研院所学科带头人 1 人；甘肃省“青年五四奖章”获得者 2 人，甘肃省脱贫攻坚先进个人 2 人；博士生导师 2 人，硕士生导师 9 人。

研究所下设旱区农业生态研究室、旱地农业资源研究室、冬小麦育种室、高寒阴湿区农业持续发展研究室、区域发展与信息农业研究室、大豆研究室和作物生理研究室 7 个研究室，1 个甘肃省重点实验室，镇原、定西和庄浪 3 个试验站。拥有农业农村部西北黄土高原地区作物栽培科学观测实验站、农业农村部西北旱作营养与施肥科学观测实验站、国家土壤质量安定观测实验站、国家土壤质量镇原观测实验站、国家农业环境安定观测实验站、国家糜子改良中心甘肃分中心、国家陇东旱源农作物品种区域综合试验站、甘肃省旱作区水资源高效利用重点实验室、甘肃省半干旱区旱作农业环境试验野外科学观测研究站（定西安定）及定西市旱作集雨农业技术创新中心等 10 个科研平台。

研究所成立以来，共承担科研项目 200 余项，取得成果 100 余项，获奖 80 项，审定作物新品种 19 个，发表论文 980 篇，出版专著 13 部。成果与技术累计推广 10 亿亩，新增收益 55 亿元以上。

二、科技创新及学科建设

2021 年，研究所共申报各类科研项目 48 项，获得立项 23 项，合同经费 1 060 万元，到位经费1 042万元。获省科技进步奖三等奖 1 项，省专利奖三等奖 1 项。发表论文 33 篇，其中 SCI 收录 5 篇，一区 2 篇，CSCD 影响因子大于 1.0 的有 20 篇；出版专著 1 部，获授权专利 14 项，其中国家发明专利 5 项；获批颁布甘肃省地方标准 7 项，省级品种审定 1 个，选育冬小麦新品种 5 个，合作选育大豆新品种 2 个，结题验收项目 19 项，成果登记 8 项。

三、科技服务与乡村振兴

2021 年，研究所共布设各类试验示范 45

项，开展新品种、新技术示范推广 55 万亩。研究所先后在镇原、临夏、康乐、通渭等县组织开展各类培训 30 余次，培训技术人员、农户等 3 400 人次，发放良种、化肥、农药和科技资料等 15 000 余份。

为实现巩固拓展脱贫攻坚成果同乡村振兴有效衔接，研究所派出 1 名专业技术人员担任镇原县方山乡贾山村驻村第一书记兼工作队队长，开展科技帮扶工作。引进高效节水型小麦新品种"陇鉴 110 号"，种植示范 100 多亩，饲草甜高粱新品种 200 亩，早熟型马铃薯新品种"冀张薯 12 号"150 亩，粮饲兼用玉米 680 亩；推广麦后复种饲草新技术、马铃薯全程机械化操作技术及土蜜蜂养殖新技术等，进一步推动了贾山村农畜产品及养羊产业的发展。

四、人才培养和团队建设

2 人晋升研究员，2 人晋升副研究员，1 人入选省领军人才，1 人获甘肃青年科技奖，1 人被评为博士生导师；博士研究生毕业 1 人，科技人员攻读博士学位 1 人；1 人申报陇原青年英才，1 人获甘肃省青年科技奖，3 人被评为硕士生导师。

五、科技交流与国际合作

2021 年，研究所先后派出 50 余人次参加国内学术交流，100 余人次参加国内外线上学术会议，完成学术报告 19 场次，主办或承办现场观摩会、学术交流会 8 次。中国工程院院士、中国农业大学资源环境与粮食安全研究中心主任张福锁教授带领其研究团队及西北农林科技大学生态与水土保持专家 30 余人，赴定西试验站考察交流。所领导带领科技骨干，赴中国科学院水利部水土保持研究所及西北农林科技大学农学院学习交流及沟通科技合作，此外，还组织全体科技人员赴中国科学院寒区旱区环境与工程研究所临泽内陆河流域研究站和张掖市农业科学研究院参观交流学习。

六、科研条件与平台建设

2021 年，新增仪器设备 1 062 万元，共计 39 台（套），10 万元以上仪器设备 17 台（套）。在建基础条件与平台建设项目 5 项，其中定西试验站科研辅助设施建设项目已完成现场验收；国家土壤质量安定和镇原观测实验站建设项目开工建设，整体完成 60%；国家土壤质量安定和镇原观测实验站建设配套资金项目正在进行招标，与定西市农业科学院联合申报的国家"西北寒旱区作物绿色生产农业综合科研试验基地建设项目"可行性研究报告已获批复，"国家糜子改良中心甘肃分中心"通过省农业农村厅验收。

七、党建和精神文明建设

严格落实院党委决策部署，把党建和科研工作同安排、同落实，努力抓好党支部标准化建设，认真落实"三会一课"制度。全年组织集中学习 20 次，专题党课 13 次，开展形式多样的主题党日活动 11 次。班子成员认真履行"一岗双责"制度，坚持民主集中制原则，严格落实"三重一大"事项决策制度。全面推进党风廉政建设，组织召开研究党风廉政建设工作专题会议 2 次，开展全面从严治党集中学习教育活动 7 次，参与人数 43 人；开展廉政工作约谈 2 次，约谈人数 25 人次；梳理廉政风险点 4 处，开展廉政建设检查 2 次、专项整治工作1次。紧紧围绕院党委开展的整改落实“回头看”、省委第九巡视组反馈意见整改等工作，制定整改方案，成立专项整治工作领导小组，逐条逐项，认真整改，按时完成各项整改工作。

通过甘肃卫视、甘肃日报社、兰州晚报社等新闻媒体宣传报道30余次，建成定西试验站科技成果展览室。积极开展爱心捐款、义务劳动、志愿服务、疫情防控等活动。关爱退休职工生活，发放“九九重阳节”慰问品。旱农所党总支被评为甘肃省先进基层党组织，1人被评为甘肃省脱贫攻坚先进个人，1人被评为优秀党务工作者，2人被评为优秀共产党员。

生物技术研究所

一、基本情况

甘肃省农业科学院生物技术学科始创于1972年，历经多年发展，2001年组建甘肃省农业科学院生物技术中心，并于2006年成立了甘肃省农业科学院生物技术研究所。所内设置分子育种中心、种子种苗质量检测中心、特色作物苗木繁育中心、细胞工程研究室和微生物及循环农业研究室，共5个研究室，2个国家现代农业产业技术体系——中药材产业技术体系食用百合栽培技术岗位和特色油料产业技术体系胡麻兰州综合试验站。现有职工29人，其中管理岗位2人，专业技术人员27人，拥有省领军人才第一层次人选1人，研究员2人，副研究员14人，博士和在读博士6人，硕士16人。现有从事基因工程、细胞工程及其他农业生物技术研究所需价值近300万元的关键仪器设备。

二、科技创新及学科建设

2021年，研究所申报各类项目30多项，获得立项项目14项，合同经费277万元；在研项目38项，成果转化和技术服务合同经费达78.74万元，净收益67.35万元，创历史新高。完成验收项目13项，获省科学技术奖三等奖1项，授权发明专利2项，获得软件著作权3项；颁布地方标准2项，完成成果登记11项；全年发表论文8篇，其中，中文核心期刊5篇，SCI 1篇（联合发表）。1人入选国家产业技术体系岗位科学家，推荐1人在职攻读博士学位，1人担任驻村工作队队长兼第一书记，1人被聘为酒泉戈壁生态农业研究院玉门市清泉人参果专家工作站特聘专家。

三、科技服务与乡村振兴

认真落实永靖县中央定点科技帮扶项目。依托国家产业技术体系百合栽培岗位、胡麻试验站、三区项目、院成果转化项目等，先后在兰州市榆中县、永靖县徐顶乡、三条岘乡、新寺乡、坪沟乡、关山乡等开展科技服务工作。以示范基地和合作社为依托，发展特色种植业和养殖业，培育致富产业，共开展大规模的科技培训10余次，发放各类作物良种2 000公斤，除草剂、防虫药剂、叶面肥、土壤改良剂等1 100瓶（袋），开展了玉米、胡麻和中药材的新品种引进、高产栽培技术及病虫害防治培训、现场指导及技术咨询等工作。顺利帮扶工作人员替换工作。一名扶贫工作组队员4月顺利完成帮扶工作，继续派出1名驻村帮扶干部担任驻村第一书记，凝练帮扶成果，形成了以“特色种植＋标准化养殖”的绿色生产模式，有力推动当地种植业结构的调整、特色产业培育、产业关键技术的引进和应用，为帮扶地加快脱贫致富奠定了坚实的基础，取得了较好的帮扶效果。

四、人才培养与合作交流

制定了人才培养行动方案，实施更加开放的人才政策，吸引 3 名青年人才（编外人才）进入研究团队，柔性引进 1 名知名专家担任学术指导人；坚持唯才是举，以工作实效和道德品行作为人才评价的主要指标，全年推荐 2 人进行学历深造，1 人晋升副研究员，1 人在职攻读博士学位。成功举办甘肃省食用百合科技创新联盟成立暨第一届理事会；6 人参加第五届中国创新挑战赛（四川·南充）现场赛，并获得比赛优秀奖，10 人次参加国内培训和学术交流。

五、科研条件和平台建设

积极开展“甘肃农科种子种苗质量检测中心”建设工作，2021 年 5 月通过了由甘肃省种子管理站组织的现场考核评审，并积极按照专家评审意见进行整改。打造特色苗木繁育中心，围绕人参果、百合脱毒苗扩繁技术的成果熟化要求，在省农科院的支持下，对原有玻璃温室进行改造，第一期完成后具备脱毒苗脱毒快繁的基本要求，脱毒苗扩繁能力可达到年产 60 万株。第二期工程拟计划完成脱毒苗木的工厂化种植技术集成，建立水肥一体化的自动化苗床。

六、党建和精神文明建设

加强政治理论学习，把学习贯彻习近平新时代中国特色社会主义思想、习近平总书记“七一”讲话精神、十九届六中全会精神和党史学习教育作为首要任务，教育引导全所职工增强“四个意识”，坚定“四个自信”，做到“两个维护”。党总支召开学习会议 12 次，试验室党支部组织各类学习 24 次，所领导班子带头讲党课，撰写学习体会，认真执行请示报告制度。紧紧围绕“三重一大”决策制度，聚焦党组织工作职责，主动谋划、积极对接，确保重大问题在党组织会议上“应上尽上”。加强党的组织建设和日常管理，围绕党支部标准化建设，各支部认真安排部署党史专题学习教育活动、“十九届六中全会精神学习交流活动”、学习“七一”重要讲话活动，积极开展“为党旗添光彩，为群众办实事”活动，扎实有效推进“六个一”活动。严格落实党组织管党治党政治责任、第一责任人责任，认真履行“一岗双责”。以巡视问题整改为契机，结合巩固和拓展党史学习教育活动成果，切实提高政治站位，举一反三，引以为戒，坚定不移推进党风廉政建设和反腐败斗争，以对党忠诚、对人民负责的态度，做好巡视“后半篇文章”，推动全面从严治党、党风廉政建设和反腐败工作向纵深发展。加强宣传和研究所文化建设，积极组织参加院工会、团委组织的各类活动，其中 1 人获得全省最美家庭荣誉称号，2 人获得优秀共产党员称号、1 人获得优秀党务工作者称号，试验室党支部获得优秀基层党组织荣誉称号，2 人获得脱贫攻坚优秀个人称号，3 人分别获全院“一封家书”征文比赛二、三等奖。定期慰问帮扶职工家属，组织职工亲属了解研究所工作，拍摄科普宣传教育视频。在“兴农杯”运动会上，团体获得趣味运动项目二等奖，取得了优异成绩。

土壤肥料与节水农业研究所

一、基本情况

甘肃省农业科学院土壤肥料与节水农业研究所（原甘肃省农业科学院土壤肥料研究所，2007年更名）成立于1958年，是甘肃省专门从事土、肥、水农业资源高效利用研究的公益性科研单位。

现有编制58人，实有职工50人，其中研究员8人，副研究员22人，中级职称7人，初级职称6人，工人2人；博士8人，在读博士1人，硕士21人，本科生19人；2人入选“甘肃省领军人才”，2人入选“甘肃省555创新人才”。

研究所下设土壤、植物营养与肥料、水资源与节水农业、绿洲农业生态、农业微生物、农业资源高效利用、新型肥料研发7个研究室（中心）。拥有国家农业环境张掖观测实验站、国家土壤质量凉州观测实验站、农业农村部甘肃耕地保育与农业环境科学观测实验站、科技部干旱灌区节水高效农业国际科技合作基地、国家绿肥产业技术体系武威综合试验站5个国家级科研平台，甘肃省精准灌溉工程研究中心、新型肥料创制工程实验室、水肥一体化技术研发中心、绿洲农业节水高效技术中试基地、土壤肥料长期定位试验科研协作网、新型肥料创新联盟、院农业资源环境重点实验室7个省级科研创新平台。现有仪器设备价值1 200余万元，试验田280亩。在张掖、武威、靖远建有3个综合试验站，开展试验研究和技术推广工作。

自省建所以来，主持完成各类科技项目380余项，在水资源高效利用、耕地质量提升、化学肥料减施增效、绿肥资源利用与生产模式集成、农业面源污染防治和废弃物资源化利用等方面，先后获国家科技成果奖3项，甘肃省科技进步奖二等奖16项、三等奖15项，甘肃省专利奖3项，中国农科院科技进步奖一等奖1项，中国土壤学会一等奖1项。研发新产品30多个，获国家发明专利32项，制定地方标准37项，发表论文600余篇。

二、科技创新及学科建设

2021年，研究所共承担各类科研和示范推广项目42项，开展田间试验79项，占地面积400余亩，地点涉及张掖、武威、靖远等16个市（县），示范推广面积超过3万亩；向各级部门申报项目80项，获批33项，新上项目合同经费975.65万元，到位经费710.5万元；获甘肃省科技进步奖三等奖1项、神农中华农业科技奖三等奖1项、中国技术市场协会金桥奖1项；授权国家发明专利5项、实用新型专利5项、计算机软件著作权3项；发表论文37篇，其中SCI论文3篇。

三、科技服务与乡村振兴

先后赴亚盛集团、金九月肥业、华瑞牧业等涉农企业、生产基地调研，对接科技需求。与金九月共建露地芹菜、马铃薯新型专用肥示范基地3个，与民勤县甜瓜专业合作社共同打造甜瓜水肥高效利用生产示范样板5个，农户人均收入达1.6万元。与中国农业大学、张掖谷丰源公司合作共建的张掖科技小院，托管制种玉米水肥一体化种植区2万余亩，培训合作社、种田大户和公司业务骨干17场次，共计

300 余人参加。

选派 1 名科技人员赴镇原县方山乡开展帮扶工作，选派 11 名科技人员赴靖远、古浪、渭源等地开展“三区”科技服务，发放培训资料 3 000 余份，发放各类农作物良种、缓控释肥料、农药等农资 2 600 余份，示范推广玉米、绿肥、蔬菜新品种及深松技术 400 亩以上，开展各类技术指导和现场培训 15 场次，培训科技示范户 9 户，农民 1 830 余人次。

与庆阳沃玛、路桥集团等企业签订各类技术转让、技术服务合同 18 余项，合同总金额 553.18 万元，实现成果转化纯收入 270.46 万元。

四、人才培养和团队建设

本年度培养在读博士生 1 人，副研究员 1 人，助理研究员 2 人，加入中国土壤学会 1 人，1 人在新冠感染疫情防控中表现突出被评为最美志愿者。

五、科技交流与合作

全年共计邀请 16 名省内外专家来所访问交流，先后选派 22 批次、36 人次外出开展学术交流活动。组织或参与线上学术研讨、培训 68 人次。成功举办全国土壤质量提升理论与技术创新研讨会、西北耕地资源与土壤质量现场调研、甘肃省土壤肥料学会盐碱地论坛暨 2021 年学术年会、国家绿肥产业技术体系观摩示范等活动。

六、科研条件与平台建设

2021 年，获批农业农村部和中国农学会“科创中国”“一带一路”国际农业节水节能创新院（兰州），农业资源环境重点实验室顺利通过“CMA 质量体系认证”资质复评审，国家土壤质量凉州观测实验站、国家农业环境张掖观测实验站建设项目稳步推进。

七、党建和精神文明建设

2021 年，所党总支履行全面从严治党和党风廉政建设主体责任，组织党员干部学习十九届六中全会精神，习近平总书记在两院院士大会、中国科协第十次全国代表大会、庆祝中国共产党成立 100 周年大会上的重要讲话精神等。调整支部设置为张掖试验站、武威试验站、实验室和所机关 4 个党支部。组织全体党员开展道德讲堂、讲党课系列活动，赴兰州烈士陵园、六盘山红军长征纪念馆等地开展党史学习教育主题活动。参加院第十三届“兴农杯”职工运动会、庆祝中国共产党成立 100 周年系列活动“一封家书”征文比赛；在九九重阳节看望慰问退休职工，着力塑造和谐文明的发展环境。

蔬菜研究所

一、基本情况

甘肃省农业科学院蔬菜研究所是在甘肃省农业科学院园艺研究所（成立于 1958 年 10 月）蔬菜研究室的基础上，于 1978 年 10 月成立的，是全省唯一专门从事蔬菜科学研究的省级科研机构，下设茄果类、西甜瓜、种质资源、食用菌和蔬菜栽培 5 个专业研究室。蔬菜研究所以服务全省蔬菜、食用菌产业发展为宗旨，主要从事蔬菜种质资源创制与新品种选育，蔬菜高品质标准化栽培技术、园艺设施新材料、环境调控新技术研究。开展人才培养、成果转化、技术示范、科技服务与培训。建有蔬菜遗传育种与栽培生理实验室，拥有农业农村部西北地区蔬菜科学观测实验站和大宗蔬菜、特色蔬菜、西甜瓜、食用菌国家现代农业产业技术体系综合试验站等国家级科研平台，在永昌县和高台县各建有1个综合性试验站。

全所现有在职职工50人，科技人员45人，其中正高9人，副高25人，中级9人，初级2人；博士7人，硕士13人，硕士研究生导师4人，入选甘肃省领军人才4人。

二、科技创新及学科建设

2021年，研究所共承担各类科技计划项目39项，新上科研项目18项。年度争取项目合同经费727.45万元，到位经费666.85万元。申报2021年度甘肃省科技进步奖3项。按期结题验收科研项目15项，省科技厅登记成果6项；申报发明专利5项、植物新品种权保护1项，授权发明专利1项、实用新型专利8项、软件著作权3项，颁布实施甘肃省地方标准1项；通过农业农村部非主要农作物品种登记2个，申报农业农村部非主要农作物品种登记8个；发表学术论文26篇，其中CSCD论文9篇。

三、乡村振兴与产业支撑

原派驻镇原县方山乡贾山村的驻村帮扶队员圆满完成派驻任务，贾山村赠送锦旗一面。选派1名同志赴镇原县方山乡贾山村参加省委组织部的“乡村振兴”驻村工作队，驻村150余天，圆满完成各项驻村帮扶任务。开展设施大棚蔬菜以及露地大蒜的生产指导工作，引进示范新品种4个，示范种植大棚5个，露地大蒜种植面积10亩，推广新技术4个，提供良种、农药等农资2.4万余元；举办培训2场，培养基层技术骨干10人次，培训农民60人次。

依托国家产业体系试验站和“三区”科技人才技术服务团在“三州三区”开展瓜、菜、食用菌新品种、新技术引进示范推广等帮扶工作。建立示范基地10个，引进示范新品种45个，推广新技术13项；举办培训24场次，培养基层技术骨干34人，培训农民1 061人次，帮助受援对象增收176.6万元。圆满完成了2020年度3名县（区）科技人员一年期培训任务及2名“陇原之光”学员的培养任务。

开展种业强省、蔬菜种业振兴科技需求情况与实现路径调查研究，撰写提交专题报告、调查报告、政策建议两份。

四、科技服务与推广

依托重大科研项目，建立科技示范基地，示范推广新品种、新技术3万亩以上；积极拓展院地、院企合作，开展技术咨询和技术服务；在电视台、快手、抖音及政府和“三农”信息网站等媒体宣传报道莴笋、辣椒等新品种、新技术50次以上，浏览人数超10万人次。签订“四技服务”合同13项，合同经费207.45万元。实施院地院企成果转化项目18项，到位经费151.75万元。完成成果转化净收入87.05万元。

五、人才队伍与团队建设

推荐5人评审高一级专业技术职务，其中正高3人，副高1人，中级1人。引进设施园艺学方面的博士研究生 1 名。对所内研究室进行了调整，原有的 6 个研究室调整为 5 个研究室，分别为茄果类研究室、西甜瓜研究室、种质资源研究室、栽培研究室、食用菌研究室。选拔 4 名青年技术骨干担任研究室主任，选用年轻博士担任实验室主任，推举成立新一届所务委员会和学术委员会。

六、科技交流与合作

参加线下国内学术研讨与交流 46 人次，组织科研人员参加线上会议 3 次。邀请中国工程院张福锁院士等专家 8 人次来所交流指导。成功承办了国家大宗蔬菜产业技术体系西北片区“河西绿洲高原夏秋蔬菜节水优质栽培现场观摩会”。

2 名研究员应邀为“发展中国家现代旱作节水及设施农业技术国际培训班”进行了线上授课。承担的省科技厅外国专家项目“特色蔬菜种质资源和育种技术引进”，开展线上讲座 2 次，开展咨询 5 次。

七、科研条件和平台建设

撰写条件建设项目 4 项。对实验室现有仪器设备进行重新登记，并对仪器运行情况进行了检查，对故障仪器进行了维修，对失去维修价值的仪器进行了登记造册，申请了报废处理。根据现有仪器设备情况，对综合楼一楼各实验室进行了重新规划布局，新购置实验边台 32 米。

依托项目实施，为部分科研人员更换了办公计电脑，购置了光电测量仪器色差宝、便携式番茄糖酸一体机、医用冷藏保存箱等小型仪器设备，全年投入经费 5.36 万元。

八、党建和精神文明建设

扎实开展学四史宣传教育活动，深入学习贯彻习近平“七一”重要讲话精神和党的十九大及十九届历次全会精神。扎实做好建党 100 周年系列工作。认真落实“三会一课”制度，全年召开党员大会 16 次，所领导讲党课 6 次。全年组织开展了三次大型主题党日活动。推荐评选近 5 年先进基层党组织 1 个、优秀党务工作者 1 人、优秀共产党员 3 人。

强化“一岗双责”，认真落实党风廉政责任制。积极参加并圆满完成省纪委监委派驻省农业农村厅纪检监察组纪检业务培训班的学习任务。认真贯彻落实院纪委关于紧盯节假日等重要节点，严防腐败和违反中央八项规定精神和“四风”问题。按照省委第九巡视组向院党委巡视反馈意见，认真对照检查，认领问题，研究分析，制定了整改落实方案。开展以“明理增信、崇德力行”为主题的道德讲堂活动。组织离退休职工开展活动 2 次，全年慰问困难户、贫困党员、住院职工等 14 人次。

林果花卉研究所

一、基本情况

甘肃省农业科学院林果花卉研究所主要从事林果花卉种质资源收集、保存、评价与利用研究，新品种选育、栽培技术研究与集成创新，开展人才培养、技术示范、成果转化、科技服务与培训工作。现有职工 52 人，其中管理岗人员 1 人，科技人员 48 人，技术工人 3 人，副高级以上职称人员 27 人，中级职称 12

人，初级职称9人，博士7人，硕士21人，博士生导师1人，硕士生导师6人。入选甘肃省领军人才工程二层次4人，入选甘肃省省属科研院所学科带头人1人，享受国务院特殊津贴1人，全国五一劳动奖章获得者1人。

建有农业农村部西北地区果树科学观测实验站、甘肃省农业科学院高寒果树综合试验站、甘肃省主要果树种质资源库、甘肃省农业科学院秦安试验站、甘肃省农业科学院果树生物技术与生理生态实验室，现有各类实验仪器90多台（套），设生理生化实验室、生态实验室、组织培养实验室、土壤实验室和分子实验室5个专业实验室。有智能温室2栋、日光温室2栋，总面积1 960平方米；办公室建筑面积1 200平方米。林果花卉种质资源保存圃及品种园300亩，保存资源1 400多份。在甘肃省林果主产区的静宁、秦安、清水、景泰、高台、永靖等地建立苹果、桃、核桃、梨、葡萄、草莓试验示范基地26个。

二、科技创新及学科建设

全年研究所共承担各类项目41项，到位经费569.5万元，其中新上项目24项；获甘肃省科技进步奖二等奖1项，省级成果登记12项，登记品种1项，获授权发明专利2项，实用新型专利15项，软件著作权4项，颁布标准7项，发表科技论文37篇，其中CSCD论文17篇。现有果树育种、果树栽培、果树种苗繁育三个学科团队。

三、科技服务与乡村振兴

一年来，在全省果树种植区，先后有50余人次在全省22个县（市、区）开展了乡村振兴农业产业提升技术培训和现场技术指导工作。积极对接中央组织部委托中国农业科学院在甘肃舟曲县开展的科技帮扶农业产业提升项目中的花椒产业提升课题，围绕秦安桃产业发展面临问题、品种更新、技术推广、提升产业效益等方面与秦安县政府就桃优良品种及产业发展技术应用与示范合作签订协议，针对果树品种选择及提质增效关键技术，举办果农技术培训159期，培训当地农技人员、种植大户、专业合作社代表、土专家等6 000多人次。

四、人才培养和团队建设

2021年度新晋升研究员2人，副研究员1人，助理研究员2人，1名在职博士获博士学位，新增1名省领军人才，1人荣获“省级优秀科技特派员”称号。在育种方面，抗寒核桃种质资源、草莓新品系、紫斑牡丹杂交种均有所突破。

五、科技交流与国际合作

2021年开展合作交流共41次，邀请国家现代农业产业技术体系、中国农业科学院郑州果树研究所、农业农村部科技发展中心植物新品种测试处等单位国内知名专家学者考察指导工作9次，参会102人次；组织科技人员参加第八届国际园艺研究大会、第二届中国花椒产业发展高峰论坛，考察、学习昆明综合试验站示范基地，参加全国植物生物学大会、国家桃产业技术体系病虫害防控、经济信息交流会，智慧果园交流研讨会等学术交流会议34次，参会38人次。研究所到天水市果树研究所、陇南市经济林研究院、张掖市林业科学研究院、酒泉市林业科学研究所、兰州新区现代农业投资集团等多家单位调研、考察、交流、学习，通过“走出去、请进来”的方式，及时了解国内外果树育种、栽培科研进展，提高科技创新能力。

六、科研条件与平台建设

甘肃紫斑牡丹种质资源圃项目占地 11 亩，已建成观赏效果良好、品种资源丰富的牡丹品种园；已建成的农业农村部西北地区果树观测实验站、甘肃省果树果品标准化委员会平稳运行；成立了甘肃省林果花卉种质资源科技创新联盟，联合省内果业、林业相关单位及高校、企业等 14 家单位共同发起，以林果花卉种质资源收集保存与创新利用为主要内容，聚集省内科技人才和优势资源，加强协同创新和联合攻关，实现各联盟单位优势互补、资源共享、共赢发展。

七、党建和精神文明建设

扎实开展党史学习教育，组织全所职工到哈达铺、腊子口开展“党史学习教育”实践活动。认真履行全面从严管党治党主体责任。加强党支部建设标准化工作，督导基层党支部严格执行“三会一课”制度，进一步规范党内政治生活。认真抓好精神文明建设工作，组织全所职工积极参与院里举办的各项活动。研究所获得院第十三届运动会道德风尚奖、冠军 1 个，亚军 3 个，季军 1 个，以及参赛运动项目全部进入 4 强的好成绩，进一步活跃了职工文化生活，展现了本所精神风貌。认真落实退休职工两项待遇，组织全所退休职工举办了“榆中试验基地观摩学习”“重阳节茶话会”等活动。逢年过节，为退休职工送去组织的温暖，退休职工反响好。每年优化完善“党员联系群众、联系退休职工”制度。

植物保护研究所

一、基本情况

甘肃省农业科学院植物保护研究所成立于 1958 年，主要服务全省植物保护事业和无公害农业发展，从事农作物病虫草害预测预报、有害生物治理技术研究、农作物抗病虫性鉴定、新农药研发，农药登记试验，开展人才培养、技术示范、成果转化、科技服务与培训。现设麦类作物病虫害防治与生态调控研究室、农业昆虫及螨类研究室、农药与杂草研究室、生物防治与外来入侵生物研究室、经济作物病害研究室、玉米与杂粮作物病害研究室、昆虫标本室以及甘谷和榆中两个试验站。全所现有在职职工 51 人，其中研究员 10 人、副高职称 28 人、中级职称 8 人，硕士生导师 5 人、博士 12 人、硕士 21 人。入选甘肃省“333 科技人才工程”和“555 创新人才工程”第一、第二层次 6 人，甘肃省优秀专家 1 人，甘肃省领军人才 6 人，省属科研院所学科带头人 1 人，国家“百千万人才工程”1 人，甘肃省拔尖人才 1 人。

二、科技创新及学科建设

2021 年，研究所共承担在研项目 64 项，到位经费 521.51 万元；共登记评价成果 3 项，结题验收项目 17 项，成果登记 7 项；授权国家发明专利 4 件，实用新型专利 6 件，软件著作权 6 部，颁布地方标准 1 项；发表学术论文

31篇，其中SCI 2篇，影响因子5.0以上，出版专著2部，参编1部。

三、科技服务与脱贫攻坚

在抓好疫情防控的同时，利用“农情热线”、QQ、微信、快手、抖音等平台，做好病虫害防治和春耕科技服务，科技人员累计开展各类服务、宣传培训70多场次，培训基层技术人员、农业带头人和农民近6 000人；技术示范面积2 000多亩；推广带动技术辐射面积4万亩。开展镇原县方山乡张大湾村乡村振兴工作，围绕帮扶乡镇产业发展特点，深入调研，结合市（县）乡村发展规划，提出富民产业发展规划，通过品种引进与改良、产业基地建设等，全面完成帮扶工作。

四、人才培养和团队建设

全年在职攻读博士学位2人毕业，1人晋升研究员资格，4人晋升副研究员资格，5人被聘为硕士研究生导师，1人被中共中央宣传部、中国科协等提名为“最美科技工作者”。与甘肃农业大学植保学院、西北师范大学生命学院等联合申请到研究生联合培养基地，培养研究生11人。现有小麦条锈病可持续控制、农药毒理与杂草防控、生物防治技术研究与应用3个学科团队。

五、科技交流与合作

全年共有56人次参加国内外各类学术交流。通过“甘肃省农科院简报”和院局域网，报道项目重大进展和对外学术交流情况20余条。

六、科研条件与平台建设

承担完成了甘谷试验站设施条件改造提升工程科研条件建设项目，完成了对站内废旧建筑设施（含危房）、配电室等进行了拆除，对站内灌溉水渠和新建围墙进行了铺设及修补，对站内部分田间道路进行了硬化，试验站条件得到有效改善。完成对兰州温室的提升改造，筹建种子储藏室1间，购买种子低温低湿储藏柜2部，鼓风干燥箱2台，种子保存箱10个，便携式半导体冰箱1台，架设了自动/手动一体化全光谱LED植物生长灯，便携式冷藏箱3部，新增组合式大型控温振荡器一组3台，增加微生物中试发酵罐一套，有效改进了温室研究条件，解决了条锈病研究和微生物发酵中试的实验条件问题。

七、党建和精神文明建设

研究所党总支下下设机关党支部、科研党支部、试验站党支部和离退休党支部4个党支部。现有在职党员32人，离退休党员6人。

2021年，坚持建立健全党务工作规章制度，努力抓好党支部标准化建设，发挥党总支和党支部在全所工作中的领导核心作用，解决职工群众最关心的热点、难点问题。充分发挥工青妇联功能。培训入党积极分子2人；各支部“甘肃党建”完成率达100%。通过“学习强国”平台学习情况督促检查，形成了自我对照、自我比较、自我追赶的氛围。切实推进老干部信息化建设，成立的“敬老护老爱心团队”，将退休职工的难处和需求，当成在职人员的工作责任，同时发放“九九重阳节”慰问金和生日蛋糕卡。组织参加院所各类活动，开展红色基地教育、观看红色电影、观看警示教育片、向身边榜样学习、道德讲堂等形式多样的主题党日活动。党总支紧扣党史学习教育“我为群众办实事”要求，积极响应省扶贫基金会和院工会的倡议，为张大湾小学捐赠了10套“爱心包”。严格落实疫情防控措施，安排20人次在办公区、家属区值班，购买防疫物资，共花费5 000余元。

农产品贮藏加工研究所

一、基本情况

甘肃省农业科学院农产品贮藏加工研究所成立于2001年，属公益类科研事业单位，主要从事农产品精深加工、采后处理、贮运保鲜等技术的研究与新产品开发，特色植物资源有效成分分析评价与利用研究，农产品现代贮运工程技术集成示范等工作。拥有国家果品加工技术研发分中心和国家农产品加工业预警甘肃分中心、甘肃省农业废弃物资源化利用工程实验室、甘肃省果蔬贮藏加工技术创新中心等研发平台。研究所已建成农产品加工、农产品贮藏保鲜和现代贮运中试研究3个小区。下设果蔬加工、果蔬保鲜、生物机能、马铃薯贮藏加工、加工原料与质量控制、畜产品加工6个研究室；拥有果蔬加工、生物发酵、采后处理、贮藏保鲜和果蔬太阳能脱水、畜产品加工、马铃薯主食化加工7个中试车间，拥有实验研究及检测仪器200多台（件）。

二、科技创新及学科建设

全年申报各类项目84项，新立项项目25项，新增项目合同经费609.25万元，到位经费878.45万元。研究所获得甘肃省科技进步奖三等奖1项，甘肃省专利奖二等奖1项；通过结题验收项目9项，完成成果登记项目2项，申报发明专利5项，实用新型专利4项，外观设计专利1项，获得授权发明专利1项、实用新型专利4项、外观设计专利1项；制定地方标准4项，发表学术论文23篇，其中SCI论文1篇，CSCD来源期刊3篇，核心期刊9篇；向相关部门递交咨询报告5篇。设立薯类及小杂粮贮运与产品开发、果蔬药贮运及产品开发、果蔬精深加工技术及工艺优化、农业微生物及废弃物循环利用4个研究力量相对稳定、科研投入比较集中的优势学科团队。

三、科技服务与推广

在兰州、定西、天水、金昌、天祝藏族自治县、东乡族自治县、麦积区、庄浪县等县（市、区）为当地农户、种养大户、企业家就果蔬、核桃、马铃薯、甜高粱丰产栽培和病虫害防控及贮藏保鲜、冷链物流、畜产养殖加工、防疫及作物秸秆饲料化利用等方面集中科技培训20场次，技术指导18场次，利用微信、视频等媒体形式远程咨询和解疑答惑。培训指导农民、骨干和企业人员4 500人次，发放培训教材、宣传手册、技术指南3 300余份。研究所国家产业技术体系岗位专家在新疆阿克苏、烟台等地为当地林果技术服务中心和高级研修班做了专题学术报告，为当地苹果高值化加工提供了科技助力，为助力乡村振兴贡献了力量；在安定区、东乡区免费建造模块化马铃薯贮藏设施5座，有力提升了当地马铃薯贮藏水平，降低了农民损失，提升了经济效益和收入水平。

四、人才队伍与团队建设

全所现有专业技术人员34人，其中高级职称21人、博士7人、硕士19人，入选国家现代农业产业体系岗位科学家2人，入选“甘肃省千名科技领军人才”1人，入选甘肃省“333”学术技术带头人2人。研究所被中共中央组织部评为“全国先进基层党组织”，2014年，研究所被中组部、中宣部、人力资源和社会保障部、科技部等部委联合授予“全国专业技术人才先进集体”荣誉称号。引进中国农科院加工所高层次人员1名任副所长，1名青年科技人员获得博士学位，1名青年科技人员进驻中国农业科学院农产品加工研究所博士后工作站。

五、科技合作与交流

坚持加大开放力度，积极开展合作和学术交流，全年共外派科技人员参加各种学术交流活动25场次、38人次，在兰州承办了第十届园艺产品保鲜贮运共性技术理论与实践研讨会，来自国家现代农业产业技术体系采后贮藏保鲜技术岗位专家及部分团队成员共40余人参会。

为清晰掌握全省农产品加工业发展现状，切实摸清甘肃农业主导产业发展情况、存在问题、制约因素，组织业务骨干分组深入全省14个市（州）、兰州新区和56个县（市、区）、220余家企业，围绕甘肃省“牛羊菜果蔬药”六大特色优势产业开展了专题调研，并向省农业农村厅提交了《甘肃省农产品加工业发展情况》调研报告。

六、科研条件与平台建设

承担的“果酒及小麦新产品研发平台建设”项目进展顺利，主体工程已基本完工。“植物多元化加工与贮藏保鲜急需仪器设备购置”项目所有仪器设备均已安装调试完毕，全年投入总经费约116万元，对现有的旧厂房部分设施进行拆除和改造，建成面积为204平方米的马铃薯加工中试车间1座，正在准备现场验收工作。以上平台的建设，为进一步培育学科团队、加快学科建设奠定了良好基础。

七、党建和精神文明建设

以党史学习主题教育为契机，扎实推进党员干部及职工的思想作风建设，研究所开展了7次党史学习教育研讨交流，讲党课5次，党史知识测试1次，每位党员提交交流发言材料1篇，撰写心得体会4篇，制作《我来讲党史》微视频1部，“我为群众办实事”活动6次，年轻党员干部下基层开展志愿服务活动3次。所党支部严格执行“三会一课”制度，认真开展组织生活会，组织全体党员参加主题党日活动等。支部组织党员通过音频、视频、“学习强国”“甘肃党建”等学习平台将政治理论学习融入日常。通过学习，全所职工牢记初心使命，提高了思想认识和政治觉悟，树立了把初心写在行动上、把使命落在岗位上的思想观念，以实际行动为甘肃省农业科技事业发展贡献自己的力量。

畜草与绿色农业研究所

一、基本情况

甘肃省农业科学院畜草与绿色农业研究所，成立于2006年，加挂绿色农业兰州研究中心牌子。原名甘肃省农业科学院畜禽品种改良研究所，2009年经省编办批复，更名为甘肃省农业科学院畜草与绿色农业研究所。2013年4月，研究所独立运行，是集畜牧、草业、绿色农业研究为一体的综合性科研机构，主要从事畜禽品种改良、牛羊健康养殖、饲草饲料开发利用、绿色农业，以及科技扶贫、技术培训等方面的社会公益性科研及推广工作。畜草所在职职工27人，其中副高以上技术职务14人，中级职称10人，博士6人，硕士16人，入选省领军人才1人。研究所下设养牛、养羊、饲草、饲料、绿色农业5个专业研究室。

二、科技创新及学科建设

2021年，研究所组织撰写并申报各类项目62项，新上项目21项（自筹项目3项），合同经费599万元，2021年共承担各类项目49项，到位经费363.93万元；完成国家自然科学基金、国际合作项目、省市科技计划等13个项目的结题验收工作，成果登记2项；登记软件著作权8项，获实用新型专利授权8项；出版专著1部，发表论文18篇，其中SCI 1篇，CSCD 7篇；参编发布甘肃省地方标准《绿色食品　肉羊生产技术规范》。

三、科技服务与乡村振兴

2021年，为甘肃共裕高新农牧科技开发有限公司、甘肃华沣昱农林草研究院有限公司、中国石油化工集团公司、玉门市4家种植农民专业合作社等提供技术服务，签订技术服务协议8项，技术服务收入55.53万元。

在定点帮扶的镇原县方山乡王湾村加大玉米、燕麦、苜蓿等良种全覆盖的科技服务力量，全年指导种植玉米1 200亩、小麦1 400亩、胡麻600亩、马铃薯340亩、中药材230亩、万寿菊95亩、苜蓿1 000亩。驻村工作队累计为村民发放玉米良种664袋，优质甜高粱良种50袋，救灾应急物资3 000余元，并协助建立了冬小麦种植示范田。通过“三区”项目选派19名科技骨干，赴环县、东乡区、天祝县等11个县的12个贫困村、7个农民专业合作社和5个农牧企业开展科技服务活动；共开展各类种养殖技术培训及现场指导35场，共计1 096人次；发放舔砖7 000公斤、饲用玉米良种“陇单4号”200公斤、藜麦种子60公斤、兽药20种300盒、培训资料550余册。

与中国石化、东乡区政府合力打造“政府＋科研单位＋企业＋新型经营主体＋农户”的产业发展模式，指导10个乡镇50个村完成1.6万余亩藜麦种植工作，带动藜麦种植户4 965户；开展科技培训3期、30余场次，培训农业科技人员和农户5 026人次；协助金昌、东乡、临夏等地制定完善相关产业发展规划5项，为定西、庆阳、玛曲等地无偿提供线上线下咨询服务110余次。

四、人才培养和团队建设

引进动物遗传育种与繁殖专业博士1人，

吸引面试高学历人才3人来所工作，鼓励在职攻读博士学位，选聘1名青年科技人员担任研究室主任，2人晋升副高级职称，2人晋升中级职称。鼓励青年科技人员参加学术交流会议，支持青年科技人员参加各类专业技能培训，强化科技创新能力。

五、科技交流与国际合作

与高校、科研单位、企业联合申报国家重点研发计划“畜禽品种与现代牧场创新重点专项”等项目6项。与中国科学院、中国农业科学院、宁夏大学、省畜牧技术推广总站在苜蓿矿物营养成分研究、草畜生态循环技术示范、藜麦新品种培育等方面合力开展技术攻关；选派28人次参加国内各类学术会议20场次。依托国家引才引智示范基地，研究所与巴基斯坦木尔坦农业大学签订合作协议，参加由该校举办的“藜麦，一种未来食物”网络视频会议。

六、科研条件与平台建设

“甘肃省牛羊种质与秸秆饲料化重点实验室”通过省级验收。省级工程研究中心“甘肃省藜麦育种栽培技术及综合开发工程研究中心”完成仪器设备采购招标工作。院级“动物营养与饲料研究中心建设”项目完成饲料加工机组的招标、合同签订工作。

七、党建和精神文明建设

以“党史”学习教育为契机，深入推进党的建设工作。全年组织党史学习教育集中学习5次，专题研讨交流6次，专题党课5次，红色教育基地观摩2次，为全所职工发放“四史”学习教育书籍，集体观看党史教育短片5部、“七一”讲话专题片1部；组织职工参加庆祝中国共产党成立100周年“四史”宣传教育知识竞赛、国家保密局保密知识竞赛以及甘肃省国家工作人员学法考试。深入开展“我为群众办实事”实践活动。完善库房、实验室配套设施，优化报销审批流程，选派10名党员参加省委组织部和省农科院组织的疫情防控志愿服务，组织19名科技人员深入乡村振兴一线，积极开展科技帮扶志愿服务活动。组织选派基层党务工作者参加院党委组织的党建工作能力提升培训3人次，组织开展党支部标准化建设工作规范集体学习8次，持续推进党支部标准化建设；完成了党总支委员增补和退休人员党支部调整，规范了组织结构，增强了基层党组织的战斗力；做好党员信息采集工作，党员信息管理工作得到进一步规范；以全面从严治党政治责任“六个一”活动为抓手，深入开展日常监督、靠实压实管党治党政治责任，推动监督下沉、监督落地；领导班子全年组织召开党风廉政建设专题会议2次，组织所属3个支部开展从严治党集体学习4次；加强党风廉政建设和反腐斗争宣传，组织党员干部观看国家安全警示、道德教育、弘扬科学家精神等教育纪录片2次；综合运用监督执纪“四种形态”，开展集体提醒约谈1次，个人提醒约谈8人次；认真抓好省委第九巡视组反馈意见的整改落实工作，贯彻落实中央“八项规定”精神。

农业质量标准与检测技术研究所

一、基本情况

甘肃省农业科学院农业质量标准与检测技

术研究所隶属于甘肃省农业科学院，创建于2011年，与甘肃省农业科学院畜草与绿色农业研究所同一法人，独立运行，是集农产品质量安全与标准领域科学研究、农业检测与农产品营养品质鉴定评价等技术服务于一体的公益性科研机构。下设风险分析研究室、农业标准研究室、营养功能研究室、农兽药残留研究室、重金属及农业环境研究室、微生物及生物毒素研究室。全所现有在职职工 24 人，退休职工 11 人，在职职工中，专业技术人员 23 人，其中高级职称 8 人，中级职称 14 人，硕士及以上 12 人。实验室和办公用房 2 091 平方米，拥有仪器设备 160 多台（套），其中大型仪器设备 20 多台（套），仪器设备价值达 896 万元。拥有农业农村部农产品质量安全风险评估实验室（兰州）、全国农产品地理标志产品品质鉴定检测机构、全国名特优新农产品营养品质评价鉴定机构、全国农产品质量安全科普基地、甘肃省农业科学院农业测试中心、甘肃名特优农畜产品营养与安全重点实验室、甘肃农业大学教学实习基地、甘肃省农科院质标所农产品质量安全检测技术中心 8 个科研平台，获得甘肃省农业科学院农业测试中心、全国名特优新农产品营养品质评价鉴定、全国农产品质量安全科普、有机产品检测机构、三聚氰胺检测能力验证合格实验室、甘肃农作物新品种品质鉴定单位、甘肃省肥料田间肥效鉴定单位 7 项资质。

二、科技创新与学科建设

全年研究所组织申报各类项目文本 27 项，获准立项 8 项，承担实施各类科研项目 19 项；以第一完成人获甘肃省科技进步奖三等奖 1 项，结题验收项目 5 项，科技成果登记 1 项；授权实用新型专利 3 项，计算机软件著作权 3 项；以第一作者（通信作者）发表科技论文 6 篇。学科研究领域涉及农产品质量安全检测与评价、农产品风险预警与评估、食用农产品营养与安全、农产品质量安全与过程控制。通过服务科研单位、地方政府、中小微企业和创新创业团队，研究所取得了科技成果转化收入 110 万元。

三、科技服务与乡村振兴

全年与企业和地方相关部门签订检测技术服务等合同 105 份，受理委托检验样品 483 批次，样品数 4 103 份，核报委托检验检测数据 15 021 个，出具检验报告 900 余份。积极落实帮扶工作任务，选派 1 人在镇原县方山乡贾山村开展巩固脱贫攻坚成果、有效衔接乡村振兴工作，向帮扶村捐赠农资，合计 6 750 元；全年向镇原县方山乡关山村捐赠小杂粮谷子良种 25 公斤、玉米陇单 339 良种 50 公斤、饲用甜高粱良种 40 公斤。开展“山旱地特色小杂粮新品种新技术”“饲用甜高粱种植及养殖关键技术”培训 5 场次、共 300 余人，发放培训材料 300 余份。同时，组织“名特优新农产品营养品质鉴定评价”团队骨干赴两当县开展全国名特优新农产品登录推介宣传及调研工作，完成 19 个“甘味”农产品营养品质评价鉴定报告和全国名特优新农产品名录收集登录申报工作，帮助企业进行标准化生产技术指导、提升产品品质，打造产品品牌，助力乡村振兴。

四、人才培养和团队建设

加强在职培养，支持 1 名青年科技人员攻读博士学位，提高学历层次；加强专业和技能培训，选派 6 批 9 人次参加各类学术交流和技能实操培训；选派2人参加全国名特优新农产品暨特质农品品审品管专题培训，经考核合格，获得“品审品管A级证书”。现有农产品质量安全检测与评价、农产品质量安全风险预警与评估、食用农产品营养与安全、农产品质量安全过程控制4个学科团队。

五、科技交流和国际合作

选派4批8人次通过现场或网络视频等方式，参加各类大型仪器公司组织的仪器和检测技术交流会。选派3批4人次参加全省农产品质量安全形势分析推进会、甘肃省无公害农产品认定评审会、“甘味”特色农产品加工销售培训会等，并进行大会交流和专题报告，与省、市、县农产品质量安全监管部门广泛开展风险交流。

六、科研条件与平台建设

有效发挥全国名特优新农产品营养品质评价鉴定机构、全国农产品地理标志产品品质鉴定检测机构及全国农产品质量安全科普示范基地等科研平台作用。积极申报农业农村部农业科技创新能力条件建设项目“西北小杂粮质量安全与营养评价重点实验室”和“甘肃省农药风险监测中心”，并入选省农业农村厅项目储备库。充分发挥仪器设备维修更新基金作用，自筹资金7.3万元，用于检定维修气质联用仪、气相色谱仪、原子荧光仪及通风设备等；自筹资金3.2万元用于购置电热板等急需小型仪器设备及办公设备。

七、党建和精神文明建设

认真履行全面从严治党主体责任，以党支部标准化建设为统领，发挥党组织的政治引领和战斗堡垒作用，促进党建、科研工作两不误。认真学习贯彻党的十九大和十九届历次全会精神，深入开展党史学习教育和“四史”宣传教育，严格落实“三会一课”等政治生活制度，“甘肃党建”上传率100%。狠抓巡视问题整改落实，落实全面从严治党政治责任“六个一”活动及违反中央八项规定精神问题自查自纠。加强党风廉政建设，开展警示教育，做好疫情常态化防控。班子成员严格落实“一岗双责”，严格执行“三重一大”事项议事决策制度。强化意识形态领域管理，充分利用院局域网，宣传报道最新科研动态及学术交流活动，全年共报道12次，提高影响力。

经济作物与啤酒原料研究所

一、基本情况

甘肃省农业科学院经济作物与啤酒原料研究所（甘肃省农业科学院中药材研究所）是甘肃省农业科学院下属具有独立法人资格的全民所有制事业单位，下设大麦育种研究室、青稞育种研究室、特色经济作物研究室、中药材资源与营养调控研究室、大宗道地中药材研究室、特色中药材研究室6个研究室，拥有1个中心、2个实验室、2个综合性农业科研试验站，分别为国家大麦改良甘肃分中心，西北啤酒大麦及麦芽品质检测分析实验室、甘肃省中药材种质改良与质量控制工程实验室和黄羊试验站、岷县中药材试验站。研究所主要研究领域有啤酒原料与特色经济作物种质创新、保存及新品种的选（引）育、高效栽培技术研究、产业化开发以及相关技术培训等；甘肃道地中药材种质创新、保存及新品种的选（引）育、种子种苗繁育、高效栽培技术研究，珍稀濒危药用植物的保护与开发研究。现有在职职工34人，其中高级职称22人，中级职称7人，博士研究生4人，在读博士1人，硕士研究生6人，农业推广硕士5人；1人入选甘肃省“领军人才”第一层次，1人享受政府特殊津贴。所党总支共有党员31人，其中在职党员20人，退休党员11人。下设三个基层党支部，分别为啤酒原料研究组党支部、中药材研究组党支部和退休党支部。

二、科技创新及成果转化

2021年，全所新立项项目22个，共计争取合同经费671万元；4个品种进行了国家非主要农作物品种登记，3个成果进行了成果登记，1个品种获得植物新品种权授权；2个专利获得发明专利授权，6项新型实用专利获得授权；制定地方标准8项，技术规程1项；完成5个项目的结题验收，共撰写科技论文30篇，其中10篇为CSCD收录。

引进糯大麦与裸大麦种质资源905份，筛选出2 915个性状优异单株，641个优异株系；引进各类青稞种质资源193份，筛选出优异种质资源29份；筛选出啤酒大麦及功能性大麦新种质49个，饲用大麦新种质3个；筛选出苗期氮高效利用型青稞资源种质5份，选育出3个产量较对照甘啤7号增产、蛋白质含量高于13.5%的抗旱啤酒大麦新品系；收集板蓝根种质资源42份，确定核心种质12份；收集国内大黄种质资源42份，筛选出红色根皮材料2份、黄色根皮材料4份；引进国内半夏新种质19份；收集羌活、高乌头、甘肃贝母（川贝母）、川赤芍野生资源20份。构建和完善了一批中药材种子异地繁殖、质量提升、贮藏、丸粒化加工技术以及育苗、机械化种植技术。在道地产区示范种植板蓝根、当归、半夏集成技术4 200亩。种植饲用甜菜新品种30亩，生产饲用甜菜原料346.5吨，建立“饲用甜菜＋玉米秸秆”黄贮新型饲草生产线2条，生产“饲用甜菜＋玉米秸秆”新型饲草132吨。全年研究所通过成果权转让、良种销售、提供技术咨询服务等方式完成成果转化34.91万元。

三、科技服务与脱贫攻坚

选派2人参加了由省委组织部组织的“我为群众办实事”技术服务活动，8人参加“三区”人才培训计划，进行中药材种植技术及病虫害防治技术指导培训、中药材标准化生产示范基地建设、青稞与饲用大麦新品种示范推广、饲用甜菜品种及作物秸秆高效利用技术示范推广工作；发放植物药剂2 100袋，发放培训资料5 000份，开展技术培训30余场次，培训种植户3 000余人次。

四、人才培养和团队建设

优化完善中药材学科设置，形成了中药材资源与营养调控、大宗道地中药材、特色中药材3个中药材学科团队。引进博士1人，晋升研究员3人，晋升助理研究员1人。1人遴选为硕士研究生导师、1人被聘为酒泉职业技术学院校外导师、2人被聘为优势特色农产品首席评价专家。

五、科技交流与国际合作

邀请大麦青稞产业体系种质资源收集与评

价岗位科学家郭刚刚博士来所访问，与华润雪花啤酒（中国）有限公司建立了新品种选育应用及优质原料基地建设合作关系，2 人参加了国家重点研发计划“养分原位监测与水肥一体化技术及其装备”项目总结会暨自评价会，与漳县合作开展淫羊藿繁育驯化基地建设，成功举办了中药材生产全程机械化推进大会暨甘肃省农机推广“田间日”活动。

六、科研条件与平台建设

自筹资金完成了岷县试验站实验室改造、办公区围栏制作、试验站标识建设及田间道路建设，完成了黄羊试验站维修改造前期调研和设计工作。

七、党建和精神文明建设

强化政治引领，不断加强思想建设，全年召开党员大会 13 场次，深入学习习近平总书记“七一”重要讲话、建党 100 周年大会讲话、在纪念辛亥革命 110 周年大会上的讲话和十九届六中全会报告，提高政治理论素养。通过领导讲党课、网络专题讲座、交流心得体会、观看爱国主义影片等形式加强学习教育，推进学习型党组织建设。精心谋划组织，扎实推进党史学习教育，不断推进党史学习教育走深走实；将党建工作和业务工作融合推进，组织党员科技工作者参与产业调研，结合科研工作，为农民群众排忧解难。突出标准化建设，不断加强基层党组织战斗堡垒作用。落实支部书记基层党建“第一责任人”职责，坚持抓好“三会一课”制度的落实；建立在职党员与退休党员结对联系制度、党员联系群众制度。持续推动全面从严治党和党风廉政建设，深入学习贯彻十九届中央纪委五次全会精神和省农科院 2021 年深化全面从严治党工作会议精神，按照驻省农业农村厅纪检监察组《落实全面从严治党政治责任“六个一”活动实施方案》要求，认真开展工作。对历次整改反馈问题进行了“回头看”，进一步严明了出勤纪律，对 2017—2020 年科研业务租车情况进行了自查和整改；加强精神文明建设，营造干事创业的良好氛围。开展“宪法伴我行”道德讲堂活动，组织“三八”妇女节女职工“大步迈向新征程，铭记党恩展风采”健康徒步行和经典诵读活动，组织全所职工参加“第十三届兴农杯职工运动会”，开展走访慰问退休党员和职工送温暖活动，不断增强全所职工的获得感、幸福感和归属感。

农业经济与信息研究所

一、基本情况

甘肃省农业科学院农业经济与信息研究所前身为甘肃省农业科学院科技情报研究所，始建于 1978 年 10 月，于 2006 年 11 月科技体制改革中更名为科技信息中心，2009 年 2 月更现名。内设机构有：农业经济研究室、农业信息化研究室、工程咨询研究中心，《甘肃农业科技》编辑部、办公室 5 个部门。在职职工 40 人，离退休职工 19 人，其中有正高职称 5 人、副高职称 14 人、中级职称 14 人，省领军人才第一层次 1 人，“555”人才第二层次 1 人，注册咨询工程师 7 人，博士 2 人，硕士 9 人。研究所自成立以来，根据农业科技工作的需要，逐步健全机构，拓宽业务范围，提高服务职能，使农业经济研究、农业科技信息利用、文献信息服务、科技期刊编辑出版、网络信息和农业工程项目咨询等学科领域形成了自己的专业特色和服务体系；在农业经济研究领域先后获得 15 项成果奖，其中省部级奖 5 项，农业信息技术领域获省部级奖 2 项，科技期刊编辑出版获得 8 项奖励。

二、科技创新及学科建设

2021 年全年共组织申报国家社会科学基金、国家自然科学基金、省社会科学基金、省科技厅、省科协等各类项目 36 项，获准立项 16 项，新上项目合同经费 253.84 万元，协作项目经费 20 万元。编研完成甘肃省农业科技绿皮书《甘肃农业改革开放发展研究报告》《甘肃农业现代化发展研究报告（2019）》荣获甘肃省第十六次哲学社会科学优秀成果奖二等奖。牵头申报的“甘肃省数字农业工程研究中心”获省发改委批复，研究所科研平台建设取得突破。

三、科技服务与乡村振兴

2021 年，洽谈咨询项目 49 项，承接咨询项目 30 项，其中规划 18 项、可行性研究报告 10 项、建议书和评估报告各 1 项。咨询项目合同经费达到 328.69 万元，洽谈项目成功率达 61.22%，取得咨询工作“十四五”开门红，超额实现预期目标。研究所主动与其他各研究所、职能处室、试验站（场）对接沟通，认真核对上传各类信息上万条，新版网站于今年 10 月全面上线运行。主动为民办实事，争取到中国电信安宁分公司强力支持，在总费用不增加的情况下，拆除中国联通专线，将局域网出口带宽由原来的 550Mbps 提高到 1 000Mbps，网络突发流量的响应能力得到极大提升。

切实承担起镇原县方山乡关山村科技帮扶第一书记单位的职责，驻村工作队以饱满的热情，积极开展村情调研和驻村帮扶工作，取得了阶段性成效。协助村“两委”推进党支部标准化建设和村级资料完善，帮助整理编写了《关山村党史学习教育方案》《关山村党史学习应知应会 100 条》《中共一大到十九大简史》等资料。开展村情调研和帮办实事，利用卫星遥感图和专业制图软件制作了关山村地形图。在新冠肺炎疫苗接种期间，积极入户宣传、动员村民接种疫苗。开展了内容丰富的慰问活动及良种发放和科技示范工作。

四、人才培养和合作交流

1 人晋升研究员专业技术职务，2 人晋升副研究员专业技术职务，1 人晋升助理研究员专业技术职务；1 人被聘为甘肃省人民政府参事室特约研究员。全年共有 21 人次参加学术交流会和岗位培训，通过学习、交流、培训等各种方式，持续提升人员综合素质，培养多面手队伍，全面提升争锋硬实力。

五、党建和精神文明建设

深入贯彻新时代党建工作新要求，以党史学习教育为重点，把学史明理、学史增信、学史崇德、学史力行的目标要求贯穿始终，把学党史、悟思想、办实事、开新局的要求体现到实际行动上来，努力做到学有所思、学有所悟、学有所得。一是强化政治引领，夯实思想基础；二是创新学习形式，注重学习实效；三是开展特色活动，推动理想信念教育；四是知行合一，发挥作用；五是强化党风廉政建设，筑牢廉洁自律防线；六是发挥工青妇群团组织作用，增强职工凝聚力。全所职工在院第十三届“兴农杯”职工运动会上展现了良好的精神面貌并取得了优异的成绩，被院工会评选为文明风尚奖。

张掖试验站（场）

一、基本情况

甘肃省农业科学院张掖试验站（场）位于张掖市甘州区城南张大公路九公里处，是甘肃省农业科学院按照全省农业科研布局设置在河西走廊绿洲灌区的综合性农业科研创新基地。现有在职职工 87 人，其中管理和专业技术人员 35 人，拥有初中级专业技术人员 26 人，高级工以上技术工人 51 人。内设办公室、财务科、科研生产科、综合科和成果转化科 5 个职能科室，下辖林果中心、设施农业中心、贮藏保鲜中心、特色农业中心等 4 个承担科研示范和成果转化职责的单位。

二、科研条件与基地建设

张掖试验站（场）依托青藏区综合试验基地等平台，全年共承担实施条件建设、科技创新、成果转化等各类项目 6 项，累计到位项目资金 303 万元。完成旧礼堂增加库容 4 000 立方米、维修场区道路 1.78 千米，修整篱笆 2.3 千米，种植绿化树木 800 多株，绿化面积 5 000 平方米。持续加强果园管理投入和技术培训，全年开展培训 4 次，培训人员 130 多人次，投入有机肥 260 吨、化肥 262.7 吨。连栋温室完成育苗山桃毛桃 10 万株、榆树 4.2 万株及丁香 8 700 株；引进多头月季、油画吊兰等花卉品种 1.5 万株。积极发展特色农业，种植制种玉米 1 000 多亩，引进酿酒高粱制种 500 多亩，娃娃菜、笋子、辣椒等蔬菜约 100 亩。发展经济林木苗木基地 150 亩，引进、驯化、繁育苹果、梨等经济林苗木以及金叶榆、紫叶矮樱、水蜡等绿化苗木 90 万株。利用植保无人机对全场及周边 900 亩果园、大田、苗木基地等进行病虫害防治，与张掖市众智众创科技公司合作，进行无人拖拉机田间作业应用示范，全力打造智慧农业示范基地。

三、科技交流与合作

坚持开放办场、合作办场的路线和政策，积极吸纳相关科研单位到试验场开展科技研发，着力打造集技术、成果、资金、人才、信息于一体的创新平台，切实提升基地开放共享水平。本年度省农科院作物所、土肥所等 6 个研究所在科研平台开展合作，3 个国家级试验站，9 个课题组 30 多名科研人员入驻试验场开展科研工作，平台正在承担各类科研项目 25 项，科研项目资金 2 934 万元。研究所和试验场合作稳步推进，已与院属 4 个研究所初步达成协议，积极开展全面合作。积极开展院地合作，与张掖市农业农村局、市农科院、市植保站、甘州区林草局、河西学院、兰州少年宫等单位不断深入联系，积极开展合作交流和技术培训，年度来场参观交流和培训达 500 人次。

四、制度建设

持续推进经营体制改革，加快体制机制创新，按照企业化管理导向，稳定完善承包经营机制，坚持以岗位管理为主、不同身份人员一体化管理的模式，切实提高管理运行效率和规范化管理水平。严格执行《张掖试验场“三重一大”事项决策制度实施细则》《张掖试验场“三重一大”事项公开制度》等制度办法，全年召开各类议事会议 20 余次，强化决策办事流程管理。修订完善《张掖试验场经营管理暂行办法》等制度办法 25 条，稳定完善以承包经营为核心、统分结合的双层经营体制，优化机关科室管理服务职能，明确职责任务，完善绩效考核管理制度。推进林果中心等四个下属部门启动运行，实行目标责任制管理，赋予经营管理人员自主权，制定奖励考核办法。对场属各经营单位的财务实行统一管理，由场财务科实行统一记账、统一结算。促进资产保值增值，深入排查现有房屋、库房、果园、大田等资源和基础设施现状，分类建立资源台账，提出资源利用方案。

五、民生保障和条件改善

调整增加部分职工果园承包面积，促进全场职工承包果园面积趋于平衡，人均承包 17.3 亩，稳定职工收入。组建果园管理技术服务队、农机服务社技术输出组织，组织职工外出务工 200 多人次，鼓励、规范职工发展林下养殖，多渠道为职工增收创造条件。大力整治场区环境，平整原三站、二站垃圾场，清理拉运陈年垃圾整治居住环境。积极争取发放临时救助、医疗救助等各类补贴，共计 17.49 万元。完成困难职工摸排，为一线承包职工夏天送清凉慰问品，为全体职工发放福利，为受灾困难职工发放生活补助等。

六、党建和精神文明建设

深入开展党的思想政治建设，认真落实党建主体责任，全年召开党委会、党员大会、党建专题会议等 10 余次；召开党史学习教育学习会与推进会 10 余次，开展交流研讨 5 次，撰写学习心得 100 余份；严格落实“三会一课”制度，举行不同形式的主题党日活动 60 余次，领导讲党课 5 次；深入开展“为党旗添光彩，为群众办实事”活动，征集问题 58 条，开展帮扶活动 48 项，帮扶承包职工 32 人。扎实推进全面从严治党和党风廉政建设工作，全年专题研究党风廉政建设和反腐败工作 2 次，在五一、十一等关键节点和日常工作中，对“四风”问题开展党风廉政建设，提醒约谈 70 人次，对年轻干部等管理人员进行谈心谈话 5 次。根据省委第九巡视组反馈整改意见及巡视、审计提出的其他问题，积极开展专项整改活动，完成各项整改任务。积极配合地方政府做好属地疫情防控，组织全场 30 多名党员干部积极投身疫情防控一线，配合社区做好卡点值班、体温测试、核酸检测、物资代送、环境消毒等各项工作；为值班人员、社区特困户、低保户及低收入家庭共 60 余人送去米、面、油等日常生活物资。

黄羊试验站（场）

一、基本情况

甘肃省农业科学院黄羊麦类作物育种试验站（场）位于武威市凉州区黄羊镇，始建于 1958 年，是省农科院原院部所在地，主要从事作物种质创制、新品种选育及成果示范推广等工作，立足河西走廊、服务全省粮食安全和农业供给侧改革，是省农科院布设在石羊河流域的科技创新基地。现有在职职工 26 名，其中科技管理人员8人，技术工人18人，在科技人员中，中级职称7人，高中级技术工人18人，研究生及以上学历2人。目前黄羊麦类作物育种试验站（场），内设有综合办公室、创新基地服务中心、产业开发中心、后勤服务中心等部门。

二、科技交流与合作

不断拓展所场合作内容，院内5个研究所、6个研究团队来场开展研究示范项目11项，进行了小麦、大麦、玉米、胡麻、大豆新品种选育及种质资源繁育利用研究，开展了作物高效节水、节肥、节药研究以及大豆间套作技术研究与示范等。实施的科研项目涵盖了行业专项、重大专项、产业技术体系、引智项目、国家自然科学基金项目等。全年到场交流人员达200人次。所场合作由简单的土地出租，逐渐转变为科研全过程参与和日常管理，试验站管理人员承担了3个课题组的田间管理工作。

三、制度建设

紧紧围绕试验场的“四个功能定位”，完善所场合作机制，提高试验场的发展质量和效益，有效盘活存量资源，大力培育新优产业、推进科技成果转化，加快试验场转型发展，突出科技支撑服务职能，有力推动院党政重大决策部署的承接、落实。加强单位内部管理，健全规章制度，2021年修订完善各类管理制度5项。

四、条件改善和民生保障

以打造具有区域特色的标准化创新基地为目标，稳妥推进基础条件提升改造。争取院列基础条件改善项目“黄羊麦类作物育种创新基础科研条件改善”、成果转化“农作物新品种新技术孵化与市场培育”项目，到位资金100万元。持续加大民生保障力度，有效落实“五险一金”“两增一免”等改革方案，使全场职工年收入稳定增加，生产生活条件明显改善。积极落实各种劳动福利待遇，自筹资金组织全场在职职工和离退休职工进行健康体检，邀请大夫来场里实地进行健康咨询和体检报告的解读，做到早发现、早提醒、早医治。为1名职工亲人去世发放慰问金1 500元，发放院工会困难慰问金6 000元。

五、党建和精神文明建设

持续加强理论武装，以党的十九大精神为指导、以做好省委第九巡视反馈问题整改工作为抓手，扎实推进基层党建工作，抓好干部职工零散时间学习，全年共组织集中学习20余次、座谈会4次。坚持加强试验场文化建设和宣传工作，定期制作党支部工作、科研服务、商贸管理等工作动态宣传栏，丰富单位文化。加强基层党组织建设标准化，认真贯彻落实省、院党建标准化方案，扎实推进党支部建设标准化，结合实际制定党支部建设标准化推进计划，认真查找存在的问题，制定工作措施，逐项整改落实。严格“三会一课”制度，做好党建管理信息化。改善工作作风，严格按照“一岗双责”的要求，加强干部职工监督管理，按要求对各部门负责人进行廉政责任约谈，提高其拒腐防变的意识和能力。坚决贯彻落实民主集中制原则，重大决策事项及时形成会议纪要，彰显科学、民主、依法决策精神。党支部认真对照梳理各项整改任务，及时召开专题会议，安排部署各项整改措施，切实做到任务到人、责任到岗、要求到位，扎实做好巡视整改落实工作。

榆中园艺试验站（场）

一、基本情况

甘肃省农业科学院榆中园艺试验站（场）前身为甘肃园艺试验总场。1958 年迁址榆中县，1973 年由甘肃省农林厅划归甘肃省农业科学院，主要承担全省高寒农业科技试验示范推广及成果转化应用的重要职能。试验站现有职职工 53 人，其中科技管理人员 15 人，科技人员中有高级职称 1 人，中级职称 7 人，初级职称 7 人，研究生及本科以上学历 13 人，高中初级技术工人 38 人。内设办公室、生产研发中心、产业开发中心、财务结算中心、后勤服务中心 5 个职能部门。

二、科研条件和平台建设

榆中试验站（场）秉持“科研立场、人才强场、项目兴场、产业富场”战略，聚焦城郊和都市农业，努力打造集科技创新、试验示范、成果转化、人才培养、科普教育于一身的农业综合试验基地。借助“三平台一体系”建设，围绕“综合创新试验基地建设”目标，依托服务科学试验研究项目建设科技创新、试验示范、科普教育、乡村振兴教育、丝路寒旱甘味农产品科技成果转化，开展科技创新试验示范、科技推广及成果转化应用。2021 全年扎实推进“省农科院榆中试验基地综合实验楼建设及装修工程”项目建设，实施科技成果转化类项目 1 项、科研条件建设类项目 2 项、创新能力提升储备项目 1 项。试验站（场）条件基础建设和科研平台建设全面提升。

三、科技交流与合作

以新发展理念引领高质量发展，围绕创新发展前沿，打造科研服务生产平台，服务底层技术创新，坚持开放办站，结合产业培育需求，完善服务机制，探索形成可落地的产业模式；与马铃薯所、林果所、植保所 3 个常驻研究所，7 个创新团队已建成国家级科研平台建设 6 个，省级科研平台建设 6 个，开展各类科研项目 17 项。

四、民生保障和条件改善

为提升群众幸福感，真诚回应职工群众的“急难愁盼”，解决历史遗留经适房房产办理 106 套；新建 2 座水冲式便民公共厕所；清理水电管网，清运各类生活和生产垃圾 50 余吨；新建草坪绿地 800 平方米，花园设立 30 个文明标语，办公区周边设立 10 个垃圾分类箱；储备疫情防控物资数百件，筹措资金对全场困难职工和 70 岁以上老职工生老病死慰问共计 15 人次，落实 3 名职工退休享受计划生育奖励政策。

五、党建和精神文明建设

始终坚持以习近平新时代中国特色社会主义思想为指导，巩固和深化党建工作成效，围绕中心，服务大局，努力将党组织的政治优势转化为党史学习教育工作优势，认真落实党建主体责任，扎实开展党组织标准化建设。认真落实“三会一课”制度，举办主题党日活动12次，上专题党课8次，召开专题组织生活会2次，签订党风廉政承诺书12份。全面落实省委巡视整改任务，累计完成整改11项。为加强干部队伍建设，注重培养选拔和推荐政治素质高、业务能力强、工作作风优良的优秀年轻干部到中层领导岗位，全年提拔新任院管领导正职1人、副职3人（挂职2人），试验站（场）新提拔中层年轻干部1人。

十、 表彰奖励

2021年受表彰的先进集体

2020—2021年度文明室（组）（6个）

作物所玉米研究室

生技所食用百合研究室

植保所农药与杂草研究室

张掖场特色农业中心

院人事处劳动工资科

2020—2021年度院先进集体（15个）

马铃薯所马铃薯遗传育种研究室

小麦所春小麦研究室

旱农所定西试验站

土肥所农业资源与环境检测中心

蔬菜所栽培研究室

林果所苹果课题组

加工所马铃薯贮藏加工研究室

畜草所养牛研究室

质标所农兽药残留研究室

经啤所中药材研究室

农经所《甘肃农业科技》编辑部

后勤中心锅炉房

榆中场后勤服务中心

黄羊场办公室

院办公室文秘科

甘肃省先进基层党组织

旱地农业研究所党总支

全省脱贫攻坚先进集体

院脱贫攻坚工作协调领导小组办公室

院派驻镇原县方山乡贾山村驻村帮扶工作队

2019年度省直有关单位国有普资产统计工作业绩突出集体

科技成果转化处

甘肃省第六届科普讲解大赛优秀组织奖

科技合作交流处

2021年受表彰的先进个人

2020—2021年度院先进工作者（32名）

赵　利　王亚萍　李建武　郭　莹

何丹凤　党　翼　石有太　贾秉璋

杨虎德　赵　鹏　段艳巧　王晨冰

张　翔　郭　成　王学喜　何振富

陶海霞　蔡子平　刘润萍　何　娟

王美灵　郭天云　蔡永超　张宝时

岳临平　赵鹏彦　陈卫国　吕迎春

杨学鹏　高　磊　崔东亮　薛　莲

享受国务院政府特殊津贴专家　张建平

全省脱贫攻坚先进个人　吕军峰

九三学社脱贫攻坚民主监督先进个人

包奇军

全民科学素质工作先进个人　王玉安

中国民主促进会全国社会服务暨脱贫攻坚工作先进个人　鲁清林

2020年度庆阳市脱贫攻坚帮扶先进个人

王　勇

全省科技统计工作先进个人

李明泽　吕迎春

甘肃省第六届科普讲解大赛通报表扬个人

周　晶

甘肃省第六届科普讲解大赛优秀奖

朱子婷

全省档案工作先进个人　郭秀萍

纪念中国民主同盟成立80周年暨甘肃民盟组织建立80周年突出贡献奖　杨晓明

十一、大事记

甘肃省农业科学院2021年大事记

1月13日，甘肃省科学技术厅党组书记、厅长张世荣，带领农村科技处处长王芳、高新处处长牛振明莅临甘肃省农业科学院调研科技工作。

1月14日，中共甘肃省农业科学院机关委员会党员大会隆重召开，会议听取并审议通过了由机关党委书记汪建国同志代表第一届委员会所做的工作报告，选举产生了新一届机关委员会和机关纪律检查委员会。

1月21日，甘肃省农业科学院工会召开第五次会员代表大会，大会听取并审议通过了第四届委员会做的工作报告，选举产生新一届工会委员会、经费审查和女职工（妇委会）委员会。

2月3日，甘肃省农业科学院召开2021年工作会议。

2月5日，甘肃省农业科学院开展“新春慰问送祝福，佳节真情暖人心”走访慰问活动，院领导班子成员分别走访慰问了全院离休老干部、退休地级干部、困难老党员和职工，为他们送上了慰问金。

2月5日，甘肃省农业科学院召开全院离退休职工情况通报会。

3月1日，农业农村部召开节水农业专家指导组成立视频会议，甘肃省农业科学院院长马忠明研究员入选农业农村部节水农业专家指导组，并代表专家组成员做了发言。

3月4—10日，全国政协委员、甘肃省农业科学院院长马忠明赴北京参加全国政协十三届四次会议。

3月16日，甘肃省农业科学院召开党史学习教育动员大会，安排部署全院党史学习教育工作。

3月16日，甘肃省人力资源和社会保障厅专业技术人员管理处来甘肃省农业科学院专题调研甘肃省领军人才工作。

3月26日至6月20日，十三届甘肃省委第八轮巡视、第九巡视组对中共甘肃省农业科学院党委进行巡视。

3月25日，甘肃省农业科学院召开2021年深化全面从严治党工作会议。

3月27—28日，甘肃省农业科学院党委书记魏胜文、院长马忠明带领院办公室、财务资产管理处及科技成果转化处负责人及有关人员，先后到张掖试验场、黄羊试验场调研并现场办公。

3月30日，甘肃省农业科学院党委书记魏胜文、院长马忠明带领院办公室、财务资产管理处、成果转化处负责人及相关人员赴榆中试验场调研并现场办公。

4月1日，海南省农业科学院党组书记、院长周燕华一行来甘肃省农业科学院调研交流。

4月9日，全国政协委员、甘肃省农业科学院院长马忠明为全院离退休人员党员同志宣讲全国政协十三届四次会议和第十三届全国人大第四次会议精神。

4月13—14日，甘肃省农业科学院院长马忠明带领科研管理处负责人赴天津市参加由甘肃省科技厅组织的东西部协作对接工作，并代表甘肃省农业科学院与天津市农业科学院签订了科技合作框架协议。

4月14日，甘肃省农业科学院在2020年度省直机关工会重点工作考核中被评为“优秀”等次。

4月16—21日，甘肃省农业科学院院长马忠明、副院长宗瑞谦带领院办公室、基础设施建设办公室负责人赴福建、海南及上海考察调研。

4月27日，科学技术部国际合作司一级巡视员阮湘平一行在甘肃省科学技术厅副厅长巨有谦、国际合作处副处长郭涛等陪同下来甘肃省农业科学院调研国际合作工作和中以合作示范项目进展情况。

4月28日，甘肃省农业科学院会川马铃薯试验站召开甘肃省高标准农田建设撂荒地整治暨马铃薯绿色标准化基地建设现场推进会。

5月7日，甘肃省人民政府参事室党组书记、主任王华存带领省政府参事课题组一行来甘肃省农业科学院，就“双循环新发展格局中甘肃如何积极作为”课题进行调研座谈。

5月8日，院团委组织开展了“追寻红色记忆、践行青春使命——甘肃省农业科学院五四青年节主题活动”。

5月8日，“饲用高粱研发中心”揭牌暨合作项目签订仪式在甘肃省农业科学院科技成果孵化中心举行。院长马忠明为“饲用高粱研发中心”揭牌。

5月11日，应嘉峪关市政府邀请，甘肃省农业科学院院长马忠明、副院长贺春贵，带领院办、成果处负责人及畜草所、加工所、林果所相关专家赴嘉峪关市调研并与市政府签订科技合作框架协议。

5月12日，甘肃省农业科学院院长马忠明、副院长贺春贵一行赴酒泉，与酒泉市人民政府就联合举办“第三届甘肃省农业科技成果推介会”相关事宜进行洽谈。

5月13日，甘肃省党史学习教育第五巡回指导组组长王进明一行到甘肃省农业科学院就党史学习教育工作进行巡回指导。

5月13日，甘肃省农业科学院院长马忠明、副院长贺春贵带领院办、成果转化处、土肥所、林果所、加工所、蔬菜所负责人及相关专家赴临泽县，就戈壁农业、蔬菜产业和凹凸棒产业发展情况进行考察调研。

5月13—14日，甘肃省农业科学院院长马忠明、副院长贺春贵一行先后赴张掖试验场、黄羊试验场和武威绿洲农业试验站，实地检查试验站建设及项目执行情况。

5月15日，甘肃省林果花卉种质资源科技创新联盟成立大会在甘肃省农业科学院召开。

5月20日，甘肃省农业科学院召开2020年度院管领导班子和领导人员考核结果通报会，通报了县处级领导班子和领导人员2020年度科学发展业绩考核结果。

5月20日，甘肃省脱贫攻坚总结表彰大会在兰州隆重举行，会上甘肃省农业科学院脱贫攻坚工作协调领导小组办公室、派驻庆阳市镇原县方山乡贾山村驻村帮扶工作队，以及旱地农业研究所吕军峰同志分别荣获“全省脱贫攻坚先进集体”和“全省脱贫攻坚先进个人”荣誉称号。

5月21日，由科技部中国农村技术开发中心和甘肃省科学技术厅共同主办的“100＋N”开放协同创新体系建设暨甘肃农业科技创新发展研讨会在兰州召开。甘肃省农业科学院院长马忠明参加会议并代表省属科研院所做了典型发言。

5月28日，甘肃省农业科学院召开全院安全工作会议。

5月29日，甘肃省农业农村厅召开甘肃省农业种质资源普查部署电视电话会议，甘肃省农业科学院院长马忠明参加会议并做交流发言。

5月31日，甘肃省农业科学院举行“甘肃省数字农业工程研究中心”等研究平台授牌揭牌仪式。院长马忠明、副院长宗瑞谦为“甘肃省智慧农业研究中心”“国家农业信息化工程技术研究中心甘肃省农业信息化示范基地”“智慧农业专家工作站”“甘肃省数字农业工程研究中心”进行授牌揭牌。

6月2—3日，甘肃省农业科技创新联盟2021年工作会议在甘肃省农业科学院召开，甘肃省农业科学院院长、联盟理事长马忠明出席会议并做2020年联盟工作报告。

6月3日，甘肃省马铃薯产业科技创新联盟成立大会在甘肃省农业科学院召开。

6月3日，甘肃省食用百合科技创新联盟成立暨第一届理事会在甘肃省农业科学院召开。

6月4日，《甘肃农业科技》第十届编委会第一次会议在甘肃省农业科学院召开。

6月10—11日，由甘肃省农业科学院小麦研究所和天水市农业学校联合主办的“弘扬科学家精神　谱写时代新篇章”主题兰天系列冬小麦新品种观摩会在清水试验站举行。

6月16日，“我为兰州添一抹绿”兰州市少年儿童第十二届生态道德实践活动在甘肃省农业科学院开营。

6月20日，甘肃省农业科学院举行“土壤质量提升理论与技术创新研讨会”。

6月21—23日，由甘肃省纪委监委派驻甘肃省农业农村厅纪检监察组主办，甘肃省农业科学院纪委承办的纪检业务培训班在甘肃省农业科学院成功举办。

6月28—29日，甘肃省农业科学院院长马忠明带队赴黄羊镇和秦王川检查科研工作。

6月30日，甘肃省农业科学院召开庆祝中国共产党成立100周年表彰大会。

6月30日，甘肃省农业科学院举行“光荣在党50年”纪念章颁发仪式，向党龄达50周年以上的老党员颁发纪念章。

6月30日，在举行的甘肃省“两优一先”表彰大会上，甘肃省农业科学院旱地农业研究所党总支荣获“甘肃省先进基层党组织”荣誉称号。甘肃省委书记、省人大常委会主任尹弘同志为旱农所党总支颁发了奖牌。

7月1日，甘肃省农业科学院开展“七一”走访慰问老党员、生活困难党员和老干部活动。

7月2—4日，由甘肃省农业科学院小麦研究所和山丹县农业农村局联合主办的“高产节水春小麦新品种陇春41号观摩会”在河西灌区成功举行。

7月7日，甘肃省农业科学院党委书记魏胜文，党委委员、党办主任汪建国一行赴张掖试验场走访慰问老党员、困难党员，并出席张掖试验场“光荣在党50年”纪念章颁发仪式，为张掖试验场党员干部讲授专题党课。

7月8日，甘肃省农业科学院党委书记魏胜文，党委委员、党办主任汪建国一行赴黄羊试验场走访慰问困难党员，调研指导党支部建设工作，并为黄羊场全体党员讲授专题党课。

7月8日，由甘肃省人民政府主办，甘肃省农业科学院与甘肃省经济合作中心联合承办的第27届中国兰州投资贸易洽谈会现代丝路寒旱农业高质量发展论坛在兰州顺利召开。

7月12—14日，甘肃省农业科学院党委书记魏胜文赴甘南、临夏检查院列区域创新中心项目建设进展情况。

7月13—15日，甘肃省农业科学院院长马忠明赴青海西宁参加西北农林科技创新联盟一届六次理事工作会议。

7月21日，十三届甘肃省委第八轮巡视第九巡视组向甘肃省农业科学院党委反馈巡视情况。

7月23日，甘肃省农业科学院党委召开扩大会议，传达学习习近平总书记重要讲话精神，专题研究部署巡视反馈整改工作。

7月25日，全国政协委员、中国农业科学院原党组书记陈萌山来甘肃调研期间，考察观摩了甘肃省农业科学院会宁试验站。

7月27—29日，甘肃省农业科学院院长马忠明带队赴武威、张掖开展科研工作检查。

7月30日，甘肃省农业科学院召开2021年上半年科技工作情况通报会，院长马忠明回顾总结了全院上半年科技工作进展情况，安排部署了下半年科技工作重点任务。

8月6日，甘肃省副省长孙雪涛莅临甘肃省农业科学院调研并主持召开现代种业发展座谈会。

8月11日，第三届甘肃省农业科技成果推介会线上启动仪式在甘肃省农业科学院举行。

8月16日，甘肃省农业科学院院长马忠明带队赴靖远检查科研及试验站建设工作。

8月25日，由甘肃省农业科学院、中国社会科学文献出版社联合举办的《甘肃农业科技绿皮书：甘肃农业改革开放研究报告（2021）》成果发布会在甘肃兰州举行。

8月19—26日，甘肃省农业科学院院长马忠明参加全国政协开展的“加大中医药资源的发掘和保护”重点提案督办调研。

8月26日，甘肃省农业科学院召开中国民主促进会甘肃省委员会直属甘肃省农业科学院支部第六次全体会员大会。

8月31日，甘肃省农业科学院召开干部会议，宣布了甘肃省人民政府、甘肃省委组织部关于樊廷录同志任甘肃省农业科学院党委委员、副院长的决定。

8月31日，甘肃省农业科学院召开十三届甘肃省委第八轮巡视第九巡视组巡视省农业科学院党委情况反馈意见整改工作会议。

9月1日，甘肃省科学院党委副书记、院长高世铭一行来甘肃省农业科学院调研交流。

9月10日，中国民主同盟甘肃省委副主委、甘肃省供销合作联合社一级巡视员王福明一行来甘肃省农业科学院就“甘肃打好种业翻身仗策略”进行专题调研。

9月10日，甘肃省农业科学院成功召开第十四次团员青年代表会议暨青年工作委员会成立会议。

9月16—18日，甘肃省农业科学院作物研究所、畜草与绿色农业研究所在东乡族自治县联合承办甘肃省小杂粮作物新品种选育与产业化示范、特色藜麦产业培育及科技扶贫模式推广现场观摩会。

9月23—26日，甘肃省科技厅副厅长葛建团一行在海南调研国家南繁育种基地期间，调研了甘肃省农业科学院作物所南繁育种基地。

9月24日，由甘肃省农业科学院、西北农林科技大学组织，甘肃省农业科学院旱地农业研究所和平凉市农业科学院承办的旱作玉米绿色丰产增效技术观摩会在泾川高平举办。

9月23—29日，甘肃省农业科学院成功举办第十三届“兴农杯”职工运动会。

9月27日，山西省政协党组成员、副主席王立伟一行到甘肃省农业科学院小麦所清水试验站考察调研小麦种业发展情况。

9月28—29日，甘肃省农业科学院院长马忠明带领甘肃省政府决策咨询委员会“甘肃打造种业强省对策建议”课题组成员，赴定西市调研马铃薯、中药材等种业发展情况。

9月30日，甘肃省农业科学院林果花卉研究所研究室党支部被中共甘肃省委组织部授予“全省标准化先进党支部”荣誉称号。

10月11—14日，甘肃省农业科学院院长马忠明带领省政府决策咨询委员会“甘肃打造种业强省对策建议”课题组成员，赴酒泉市和张掖市调研玉米、瓜菜、马铃薯、油菜、中药材等种业发展情况。

10月13日，科技部外国专家服务司二级巡视员刘懋洲一行来甘肃省农业科学院调研引才引智工作。

10月13—16日，甘肃省农业科学院党委书记魏胜文先后赴张掖、黄羊、榆中试验站（场）出席干部宣布会议，并督导检查巡视整改和深化改革工作。

10月15日，中国农业科学院、中国工程院原副院长刘旭院士一行到甘肃省农业科学院开展甘肃省第三次全国农作物种质资源普查与收集行动工作调研。

10月17—18日，甘肃省农业科学院院长马忠明一行，赴南京参加中国农业科技管理研究会领导科学工作委员会2021年年会。

11月3日，甘肃省农业科学院作为第三参与单位、樊廷录研究员作为第三完成人的“北方旱地农田抗旱适水种植技术及应用”获国家科学技术进步奖二等奖。

11月23日，由科学技术部主办、甘肃省农业科学院承办的“现代旱作节水及设施农业技术国际培训班”在甘肃省农业科学院成功开班。

11月26日，十三届全国政协第57次双周协商座谈会在北京召开，全国政协委员、甘肃省农业科学院院长马忠明参加会议并发言。

11月26—28日，甘肃省农业科学院院长马忠明一行赴济南参加由中国农业科学院、农业农村部科技发展中心和山东省农业科学院共同主办的第二届“给农业插上科技的翅膀”理论研讨会。

12月7日，瓜州县委书记杨栋、副县长赵占龙，带领县农业农村局、县财政局及县农技中心负责人一行，来甘肃省农业科学院对接科技合作事宜。

12月10日，甘肃省农业科学院召开甘肃省第三次全国农作物种质资源系统调查启动会。

12月10日，甘肃省农业科学院办公室成功举办文秘、保密及档案管理培训班。

12月14日，甘肃省农业科学院党委举办学习贯彻党的十九届六中全会和习近平总书记“七一”重要讲话精神宣讲报告会。院党委书记魏胜文做了专题宣讲。

12月14—16日，甘肃省农业科学院举办学习贯彻党的十九届六中全会和习近平总书记“七一”重要讲话精神研讨培训班。

12月14—17日，甘肃省农业科学院成功举办2021年党建业务骨干能力提升培训班。

12月16—18日，甘肃省农业科学院院长马忠明带领院办公室、科研管理处、合作交流处、作物研究所、小麦研究所负责人及有关专家，赴海南省三亚市参加“2021国际种业科学家大会”。

12 月 21 日，甘肃省农业科学院党委书记魏胜文在院机关离退休干部学习十九届六中全会精神专题培训班上讲授了全会精神专题党课。

12 月 23 日，甘肃省人民政府外事办公室副主任马聪一行，来甘肃省农业科学院调研外事交流工作。

12 月 23 日，宁夏农林科学院党委副书记白小军一行来甘肃省农业科学院调研种质资源库建设相关情况。

12 月 30 日，甘肃省农业科学院举办“喜迎二十大、奋进新征程”迎新年环院健步走活动。